游戏感

游戏操控感和体验设计指南

[美] 史蒂夫·斯温克(Steve Swink) 著

腾讯游戏 译

Game Feel
A Game Designer's Guide to Virtual Sensation

电子工业出版社
Publishing House of Electronics Industry
北京·BEIJING

Steve Swink, Game Feel: A Game Designer's Guide to Virtual Sensation, 1E, ISBN: 978-0-12-374328-2

Copyright© 2009 by Taylor & Francis.

Authorized translation from English language edition published by CRC Press, an imprint of Taylor & Francis Group LLC; All rights reserved;

Publishing House of Electronics Industry is authorized to publish and distribute exclusively the Chinese (Simplified Characters) language edition. This edition is authorized for sale throughout Mainland of China. No part of the publication may be reproduced or distributed by any means, or stored in a database or retrieval system, without the prior written permission of the publisher.

Copies of this book sold without a Taylor & Francis sticker on the cover are unauthorized and illegal.

本书原版由 Taylor & Francis 出版集团旗下 CRC 出版公司出版,并经其授权翻译出版。版权所有,侵权必究。

本书中文简体翻译版授权由电子工业出版社独家出版并仅限在中国大陆地区销售,未经出版者书面许可,不得以任何方式复制或发行本书的任何部分。

本书封面贴有 Taylor & Francis 公司防伪标签,无标签者不得销售。

版权贸易合同登记号　图字:01-2017-4845

图书在版编目(CIP)数据

游戏感:游戏操控感和体验设计指南 /(美)史蒂夫·斯温克(Steve Swink)著;腾讯游戏译. —北京:电子工业出版社,2020.4
书名原文:Game Feel: A Game Designer's Guide to Virtual Sensation
ISBN 978-7-121-36324-5

Ⅰ.①游… Ⅱ.①史… ②腾… Ⅲ.①电子游戏-游戏程序-程序设计-指南 Ⅳ.①TP317.61-62

中国版本图书馆 CIP 数据核字(2020)第 004263 号

责任编辑:牛　勇
文字编辑:田志远
印　　刷:三河市良远印务有限公司
装　　订:三河市良远印务有限公司
出版发行:电子工业出版社
　　　　　北京市海淀区万寿路 173 信箱　邮编:100036
开　　本:720×1000　1/16　印张:23.5　字数:470 千字
版　　次:2020 年 4 月第 1 版
印　　次:2020 年 6 月第 5 次印刷
定　　价:99.00 元

凡所购买电子工业出版社图书有缺损问题,请向购买书店调换。若书店售缺,请与本社发行部联系,联系及邮购电话:(010)88254888,88258888。
质量投诉请发邮件至 zlts@phei.com.cn,盗版侵权举报请发邮件至 dbqq@phei.com.cn。
本书咨询联系方式:010-51260888-819,faq@phei.com.cn。

推荐序

用高品质的"游戏感"缔造玩家的美好回忆

游戏行业发展到今天,已经有几十年的历史。当我们回忆起很多年前那些曾经令我们"痴迷"的经典游戏时,总会有一种复杂的、独特的体验感重新向我们袭来,即使很多年过去了,那种感觉依然清晰而美好。

这种体验感,或许恰恰可以被称为"游戏感"。今天,当我们从一名普通的游戏玩家成为游戏行业的一分子时,我们的责任是去创造高品质的"游戏感",为新一代玩家缔造属于他们的、美好的游戏回忆。

为了帮助更多的人去理解、掌握、创造高品质的"游戏感",腾讯互动娱乐事业群特别联合电子工业出版社翻译并出版了这本《游戏感:游戏操控感和体验设计指南》。

本书原作者史蒂夫·斯温克(Steve Swink)是一名独立游戏开发者,也是作家、讲师。这种独特的身份让他对游戏行业有很多独到的认知,而且让他有很强的意愿、很好的能力将这些宝贵的认知分享给更多的人。

史蒂夫·斯温克作为 Flashbang Studios(闪光弹工作室)的游戏设计师和合伙人,曾经参与过《越野狩猎迅猛龙》(*Off-Road Velociraptor Safari*)、*Splume*、《喷气雷龙》(*Jetpack Brontosaurus*)、《牛头怪陶瓷店》(*Minotaur China Shop*)等游戏的制作。这本《游戏感:游戏操控感和体验设计指南》是他多年行业经验的总结。在书中,他回答了什么是"游戏感"、如何度量"游戏感"、"游戏感"背后的原理是什么等一系列关键问题。他还以一种非技术化的写作方式,通过游戏中的实际案例对"游戏感"进行说明,并探讨未来"游戏感"在游戏行业将会如何发展。

我们希望,不管是游戏行业的专业人士,还是普通游戏玩家,都能阅读本书。通过本书,我们可以对"游戏感"这个游戏行业中的基本问题产生深刻的理解。

对于广大游戏开发者、设计者而言，本书更是可以打开一片广阔的天地，让我们从另外一个角度切入游戏设计领域，去打造更棒的游戏。

近年来，腾讯游戏业务虽然得到较快发展，但如何培养专业化、国际化的人才，一直是我们在不断思考和探索的课题。正因如此，我们从几年前开始，在内部推出了名为"西行者"的人才培养项目。我们挑选综合素质高、英文基础好、热爱游戏的年轻员工，通过1～2年的高强度培训和实践，帮助他们快速成长。在"西行者"项目中，学员除了要大量体验和实践游戏的开发和运营，阅读并翻译欧美权威的游戏行业专著也是他们的重要课程，而本书就是"西行者"项目学员参与翻译的成果之一。

为了进一步确保翻译质量，我们特地邀请腾讯互娱新体验与技术部总经理沈黎、腾讯互娱天美T1助理总经理单晖，以及拥有丰富书籍翻译经验的腾讯互娱新体验与技术部专家策划沙鹰、腾讯互娱天美工作室群高级游戏策划陈潮，全程对本书整体品质进行把关，确保读者拥有良好的阅读体验。

囿于能力和精力，书中的差错和谬误在所难免，恳请大家予以包涵。我们特别期待大家对本书提出宝贵的意见和建议，以便我们不断改进、提高，一起为中国游戏行业的发展贡献力量。

最后，请允许我再次对原著作者表示感谢，同时也感谢腾讯"西行者"项目全体成员以及腾讯互动娱乐事业群人力资源中心的同事，正是你们的努力，本书才得以问世。

腾讯集团副总裁　唐毅斌

推荐语

（按姓氏笔画为序）

当我们评价一款游戏的时候，"游戏性""手感"经常是很多人喜欢挂在嘴边的词汇。但如何定义游戏性和手感，却像评价莎士比亚笔下的哈姆雷特那样，每个人都有不同的看法。

本书的作者通过自己在游戏行业浸淫多年得到的经验，巧妙地提出了游戏感（Game Feel）的概念，并通过提炼欧美游戏行业成熟的制作流程并将之量化，使之成为一种系统化、理论化、看得见、摸得着的东西，对每位从业人员都有一定的启发和参考。

游戏行业是一个发展日新月异的行业，作为从业者，我见证了游戏开发在玩法、操作、媒介上大量的变革。希望读者通过阅读此书，能够系统化地了解游戏制作，并且对自己的游戏作品保持匠心和敬畏，期待能在将来制作出最伟大的作品献给世界，献给自己。

腾讯互娱北极光工作室群总裁　于海鹏

在游戏开发过程中，很多团队往往会非常细化地去拆解游戏各个模块，并使之协同运作和达到设计目标。但从用户角度来看，游戏给人的感受可能只有简单的好玩与不好玩之分。本书所阐述的内容，正是从感受出发，分析如何营造出良好的"体验感"，回归游戏最简单的本质。

我们可以把这种感受理解为操作与视听结合的"核心体验感"，如何能打磨好这个感受，是体系化的设计思路和细节把控融合的成果。如果在这方面没有处理好，很可能做出一个拥有大量内容和系统的"大作"，但实际玩起来的游戏感则是粗糙、乏味的。

本书通过分析一些经典的案例，以及对游戏感本质的思考，启发开发者的思路,并加强其对游戏感的重视程度。

我建议读者在阅读过程中能够结合自己体验过的游戏,细致地思考与之对应的游戏感。在设计和开发过程中先做出好的"核心体验",再去做内容的扩充。

腾讯互娱STG品类发行业务负责人　许　光

如果让我列出一个与游戏设计相关的推荐书单,史蒂夫·斯温克(Steve Swink)的 *Game Feel* 是必然会入选的一本,这基于以下两个原因。

第一个原因:虽然针对游戏设计的逆向解构非常多(游戏研发作为一个已经高度成熟的行业,其岗位设置和人员分工也是这种解构的结果),但从游戏给人带来的"感觉"这样一个角度去解构游戏设计,会不断提醒我们作为设计者应该从体验的整体结构的角度去理解设计,从用户的视角去检验设计。这样的提醒无论对处于什么阶段的设计者都是至关重要的。

第二个(更重要的)原因:针对"感觉"这样一个抽象的对象,作者按照定义(什么是游戏感)、分解(游戏感在输入、操控、响应等不同维度的解析)和实例(《超级马里奥64》这样大家都耳熟能详的游戏)三个标准化动作,进行了非常具体的分解和剖析,最终形成了对此抽象概念非常明确的、可实际应用的规则、边界和方法论。基于这样的写作目的,本书阅读起来也许会让人感觉略显"教条",因为部分"概念"被不断重复,一些"常识"被不断论述。但正是这样将"抽象"具体化,将"特例"范例化,将"常识"标准化,围绕一个"目标"(做游戏感好的游戏),定义相关"概念"(什么是游戏感),进而定义相关"规则""标准""方法"的思维模式和科学态度,让游戏设计这个学科的理论体系得以建设,让游戏这个行业的工业化成为可能。学习这样的思考方式和专业态度,无论对处于什么阶段的设计者来说,都一定是受益匪浅的。

腾讯互娱天美L1工作室总经理、《王者荣耀》制作人　李　旻

游戏作为一门艺术,也需要"技术"的解构。史蒂夫·斯温克(Steve Swink)从理性层面解释了何为游戏感,同时用大量案例分析了如何制作一款让玩家感觉良好的游戏。无论是热爱游戏、想要进入这个行业的新人,还是在行业里深耕多年的资深者,都能从本书获得启发。中国游戏行业的高速发展离不开具有国际化

视野与专业化能力的复合型人才，此书也为中国游戏人提供了很多有价值的参考。

腾讯游戏学院院长　夏　琳

当我们漫步在河边或者宁静的湖边时，我们不仅会被美景深深吸引，更会情不自禁地蹲下，仔细地寻找一块形状适宜的小石头，摆好姿势，将这个小石头以一定的角度和速度扔向水面，还要给小石块添加一些自转，然后期待它可以在水面上弹跳几次，打几个水漂。而在我们扔之前，并不能确定小石头是否会成功地完成弹跳，但这并不会阻挡我们再次尝试。当小石头真的弹跳了数次后，那种喜悦和激动，我想大家都曾体验过。

这就是游戏感的一种现实表达。要想深刻地理解为什么我们那么喜欢向水里扔石头，且享受这其中的快乐，看这本书就对了。

在十五年的游戏行业生涯中，我一直在思索一些听起来非常虚无缥缈，但却真实存在的理论，什么让游戏变得好玩？什么让游戏有一种激发玩家冲动和喜悦的原动力？本书所描述的游戏感，想必就是其中的奥妙之一。

对于爱好游戏、希望进入这个行业的年轻人，本书可以带给你更扎实的逻辑、更清晰的理解，以及对于游戏本质的认识。读懂本书的要点后，不仅会对你在未来开发游戏有很大的帮助，并且会让你对目前所接触到的游戏有更清晰、更深刻的理解和分析。而这样的理论支持，对于在未来提升自己的设计能力、职业发展也同样有莫大的帮助。

对于已经在行业内摸爬滚打很多年的"老兵"，本书同样重要。它不光为我们打开一扇不同角度的大门，更让我们理解为什么之前的设计存在瑕疵，不尽如人意，从而为接下来的设计和项目提供非常明确的指导和参考。

本书所沉淀下来的方法论，经得起时间的推敲，经得起行业内的挑战，经得起读者的自我思索与分析。希望你和我一样，在读完它之后，会对自己说"对了，就是它"。

腾讯互娱新体验与技术部游戏策划专家　Clark Yang

译者序一

在腾讯 NExT 工作室（NExT Studios，腾讯内部独立的游戏开发工作室），我们一直鼓励大家做自己真正喜欢的游戏，强调自我表达的重要性，也非常支持独创性的想法。但是，在追逐梦想的途中，往往会发现知易行难。idea 每个人都有许多，如何把一个好的 idea 变成真正好的游戏？这时，除了创意能力，我们还需要具备各个方面的专业能力。具体到游戏设计上，专业能力可以让你知道如何通过每一个模块的设计和不断调优来实现你所想要的玩法体验，也能知道如何让每一个新的 idea 可以更快地进行试错和验证，最终有机会制作出对于玩家来说有新鲜体验的、让人怦然心动的好游戏。

游戏设计涉及方方面面，本书主要聚焦在核心玩法体验的打磨上，详细讲解了"游戏感"这个看似很主观、很微妙且难以形容但又至关重要的衡量要素，通过把"游戏感"系统性地拆解成多个维度的影响因素，并通过多个经典游戏的实现案例来分析每一个维度的设计要点和衡量方式，最终构建了一个提升"游戏感"的设计框架。用更通俗的话来说就是：为什么一些游戏玩起来让人感觉很"爽"？本书给出了系统性的解答。

当然，如同任何其他创作领域一样，不存在一种"配方"能够确保成功，但是像本书这样进行系统性的总结和梳理，可以让设计师们有一个 checklist，在需要的时候逐项去考察核心玩法体验的提升方法。

中国的游戏行业在商业化上已经取得了空前的成功，但在核心玩法体验的设计上，真正可圈可点的游戏并不多。而随着玩家口味的不断变化和对游戏品质要求的不断提升，玩家越来越注重在玩游戏时得到的核心玩法体验。这就需要每一个从业者不断地学习和尝试，才能让我们的游戏持续地满足玩家的需求。

和很多从事游戏行业的开发者一样，我本人也是从小就热爱游戏，童年快乐的游戏体验对我造成了深远的影响。即使到了现在，每次我看到精巧的玩法设计、畅快的战斗体验、感人的叙述,还一样会触发心底最深处的感动!真心期待越来越多的开发者能够保持热情,不断提高自己的设计能力,做出越来越多不辜负玩家时间的纯粹的好游戏!

腾讯互娱新体验与技术部总经理　沈　黎

译者序二

很难说中国第一代游戏设计师的出现应该从什么时候开始算起,但从中国最早一批游戏从业者入行至今已经超过了 20 年。

在这 20 多年的发展中,国人勤奋、好学和上进的精神充分体现在了游戏行业中,中国游戏行业的演进速度明显要高于世界其他国家,尤其是在与网络游戏相关的领域,无论是研发管理、技术实现,还是运营理念,中国在很多领域都走在潮流的前面。我不止一次看到其他国家的同行把中国优秀的游戏项目当作学习对象。

晴好的天空依然存在乌云。尽管我们已经创造出诸多引以为豪的成功作品,但是当游戏设计师们希望探索游戏乐趣本源的时候,希望从核心玩法开始创新的时候,却发现往往难以下手。

我们发现以往在游戏设计上的探索大多游离在最核心的玩法体验之外,自己在游戏体验上积累的经验也并不像游戏在商业上的成功那样出色。于是我们需要一些思想和理论帮助我们从更本质的角度来看游戏设计。本书恰好提供了这样一个视角,让我们得以探究游戏体验中包含的秘密。

本书不同于常规的流于表面的游戏设计经验分享文章,作者把电子游戏系统和玩家大脑结合成一个整体并作为解构对象,在此基础上作者结合最新的认知科学理论成果给出了严谨的"游戏感"定义,把最难以描述的"人类感觉"在游戏设计领域中进行了清晰的分层。作者在每一个分层上建构出精巧的模型,保证模型中的体验维度是"可理解"和"可测量"的,于是玩家在游戏里的感觉也变得"可设计"和"可调试"了。

书中用教科书式的严谨结构阐述了上述理论,并且在《超级马里奥兄弟》《生化尖兵》等优秀游戏作品上进行拆解演示,充分保证了理论的可理解性、实操性和读者的学习效果。游戏设计师们在本书的帮助下仿佛能开启一双"真理之眼",

就像《黑客帝国》中的数字雨一样，清晰地看到游戏感如何生成、汇聚和涌现，并且有马上就动手改造核心玩法的冲动。

希望你阅读完本书以后，能和我一样在游戏核心玩法给人的体验和设计上得到启发。希望本书能成为中国游戏设计师们前行和实现梦想的助力。

腾讯互娱天美 T1 助理总经理　单　晖

译者序三

在参加 2016 年 GDC（Game Developers Conference，游戏开发者大会）的时候，我有幸和《蜡烛人》的开发者高鸣先生有过一次长谈。他向我提出了一个非常有意思的概念。他说："一名优秀的游戏开发者，要知道什么是好的（游戏/作品）、怎么做出好的（游戏/作品），还要敢于去做好的（游戏/作品）。"

在接下本书的翻译工作时，我第一时间想起的就是他的这个概念。在我看来，本书首先解决了前两个问题。什么样的游戏感是好的游戏感？为什么玩家会喜欢或不喜欢某种游戏感？出类拔萃的游戏感是怎么成就一款游戏的？在回答这些"什么是好的"的过程中，作者通过充分、翔实的案例分析，同时解答了"怎么做出好的"这个问题，还回答了"什么是游戏感""怎么设计出设计师想要的游戏感""游戏感对于一款游戏的整体体验带来的影响是什么样的""游戏感是怎么通过人的认知心理来影响人脑的"等问题。

但在我看来，更重要的是本书所能带来的勇气和信心。对自己的专业能力的勇气和信心来自持之以恒的练习和细致入微的理解，前者要靠开发者自己，后者则少不了从前人的经验中汲取智慧。游戏不像电影，已经在上百年的发展历程中积累下了足够多的、成体系的教材和资料，游戏设计方面类似的积累还太少。本书的价值就在于此，阅读它的时候你会真切地感受到作者总结的关于游戏感的系统性知识，可以帮助你了解并掌握游戏感的方方面面。这种对知识的掌握、对盲区的清扫，可以在很大程度上提升开发者对设计的信心，对设计这件事情更胸有成竹、更游刃有余。这会帮助你更敢于去做别人没有做过的事情——这也是中国的游戏行业最缺少的。

我们需要有勇气、有信心的设计师，需要敢于不随波逐流的设计师。中国的游戏行业刚刚摆脱"从无到有"的阶段，正朝着"从有到优"的阶段大步迈进。一批新的设计师将会成长起来，创造出中国游戏未来的突破性设计。希望本书会给他们中的一部分人的成长提供助力。

腾讯互娱天美工作室群高级游戏策划　陈　潮

鸣　谢

我想感谢以下各位：

妈妈和爸爸，感谢你们坚定地支持着我所做的一切，尽管这令人很疲惫。特别感谢父亲作为第二编辑，花费了大量的时间为我校对、编辑、编写第一版的每章小结，以及帮助我明确有争议的内容，我爱你们。谢谢你们对我坦诚相待，你们是我渴望成为的那种人。

Amy Wegner，感谢你在编辑书稿时毫不妥协的诚实，以及对我几个月以来的疯狂的容忍。接下来该我给你洗衣服、做饼干、洗盘子和遛狗了。谢谢你所做的一切。

Beth Millett，感谢你！你是一名超级棒的编辑，感谢你能够容忍我的疯狂。

Matthew Wegner，感谢你帮助完成了"越野狩猎迅猛龙"（*Off-Road Velociraptor Safari*）这一章，感谢你为本书带来了许多有启发性的想法，这些想法也成为 Flashbang Studios（闪光弹工作室）的坚实基础。你使你身边的人变得更好、更聪明、行动更迅速，也更快乐。尽管我无法充分表达对你的感激，但是我真心感谢你。

Mick West，感谢你启发了我，使我从一个更深的层次去思考游戏感。你为《游戏开发者》（*Game Developer*）杂志写的那篇叫作《按下按钮》（*Pushing Buttons*）的文章，使我相信游戏感是一个可以用一本书来阐释的话题。当我需要帮助的时候，你也亲切地给我反馈和指导。你是真正的游戏感大师。如果各位读者正在寻找一个能让自己游戏的游戏感变得无与伦比的人，就去找他吧。我不确定他是否会答应，但试试又何妨？

Allan Blomquist，感谢你制作了"实现像素级完美复刻"的老式游戏，并帮助我理解了相关的原理。没有 Allan 的话，本书内容不会如此充实。

Derek Daniels，感谢你在"动画在游戏感中扮演的角色"和"硬指标对游戏感的重要性"这两方面杰出的洞察力。我期待你在将来也能写一本书。

Shawn White，感谢你帮助我了解有关平台游戏（platformer games）的技术问题，你是真正的高手。

Matt Mechtley，谢谢你向我提供额外的技术支持，以及你极好的态度。希望你能遇见心仪的女性。

Adam Mechley，感谢你帮我校对本书，把语法修正到完美。

Kyle Gabler，感谢你如此才华横溢、如此能启发灵感，帮助我理解了声音在游戏感中的重要性。希望有一天我能成为一位有你一半厉害的游戏设计师。

Ben Ruiz，感谢你总让我开怀大笑。你总是能让我记得做这些事情的初心。

Jon Blow，感谢你启发所有人去做更好的游戏，也教会了我什么是角色替身（proxied embodiment）。

Kellee Santiago 和 Jenova Chen，感谢你们创作了美好的作品，也感谢你们花费时间来告诉我你们是怎么做到的。

Chaim Gingold，感谢你所创作的精彩作品，也感谢你花费时间来告诉我你是怎么做到的。

Katherine Isbister，感谢你鼓励我并给我写书的机会。

关于作者

史蒂夫·斯温克（Steve Swink）是一名独立游戏开发者、作家，同时也是一名讲师，现居于美国亚利桑那州坦佩市。作为 Flashbang Studios（闪光弹工作室）的游戏设计师和合伙人，他曾经参与过《越野狩猎迅猛龙》（*Off-Road Velociraptor Safari*）、*Splume*、《喷气雷龙》（*Jetpack Brontosaurus*）、《牛头怪陶瓷店》（*Minotaur China Shop*）等游戏的制作。在加入闪光弹工作室之前，他曾经在 Neversoft 和现在已经停业的 Tremor Entertainment 从事零售游戏的开发。他是独立游戏节的联合主席，也是国际游戏开发者协会凤凰城分会的协调人员，还在凤凰城艺术学院教授游戏和关卡设计课程。他经常会忘记睡眠的重要性。

前言

请闭上眼，想象你自己正在玩《超级马里奥[1]兄弟》(Super Mario Brothers)。

你首先想到的是什么呢？图像？色彩？招牌的吃金币音效？还是游戏主题曲？有没有想到操控马里奥左右移动、跳跃、顶砖块、踩蘑菇怪的感受呢？操控马里奥是一种什么样的感受？去看看不熟悉游戏的人（例如你母亲）是如何尝试着玩一款类似《拉德赛车》(Rad Racer)的游戏的。如果这个游戏是实时操控的，她可能坐在椅子里面左摇右摆，向后拉手柄，以便让赛车跑得更远一点、更快一点。你有没有见过别人这样？或者你自己就是这样？这种操控的感觉、这种触感、这种发自内心的感觉就是游戏感。

为了方便阐释，本书中"感受"(feel)一词主要用于描述玩电子游戏时的特定体验。这里的"感受"不是指一种主题式的感受（例如西方感、巴洛克感）或是一种表达的、情绪上的或者身体上的感受（例如"我感到悲伤""我感到疼痛""这个地方让我觉得毛骨悚然"）。具体来说，游戏感是一种在操控虚拟物体时特有的触觉感受或运动感，一种玩游戏时进行控制的感受。

在数字游戏设计领域，游戏感就像房间里的空气，玩家们知道它，设计师们知道它，但没有人真正谈论它，所有人都认为这种感受是理所当然的。这不难理解，如果一款游戏设计师正确地完成了工作，玩家将根本不会注意到游戏感的存在。他们只会觉得一切都是对的。从这种角度来说，游戏感事实上是一种"不可见的艺术"，就像电影的摄影一样。感受是游戏创造过程中最容易被忽视的一部分，这是一种强大的、扣人心弦的触觉感受，存在于游戏和玩家之间的某个地方。这是一种"虚拟感觉"，是视觉、听觉及触觉的混合。简而言之，这是人机交互中最强大的属性之一。

最近，我有幸在美国加州圣何塞市的科技博物馆举办的 Game On 展会中玩到

---

[1] 任天堂官方对 Mario 的翻译为"马力欧"，为了便于读者阅读，本书译为"马里奥"。

了《太空大战》（Spacewar）这个历史上的第一款电子游戏[1]。令我惊讶的是，直到今天，这款游戏依旧令人着迷。不难想象多年以前，那群充满热情的年轻技术员们是如何挤在他们的PDP-1超级计算机前，花了无数宝贵的计算时间在这个由史蒂夫·拉塞尔（Steve Russel）创造的游戏上。即便到了今天，我作为一名电子游戏文化的"产物"，已经玩过了成百上千款游戏，但依旧着迷于控制那个小小的火箭躲开黑洞、发射导弹。游戏感其实从一开始便和我们在一起了。

提起游戏感，有人可能觉得它很简单，但想完全理解它则非常困难。游戏作为一个新生却又复杂的媒介，吸收了很多传统的表现形式的特点。一款游戏可能涉及图片、音频、视频、文字描述及动画等表现形式。

但这还不够，电子游戏是一种前所未有的创作者和玩家的交互。我们把部分控制权交给玩家，然后得到了什么？我们自己也不太清楚得到的是什么，但我们都知道交互有潜力。对很多人来说，交互是21世纪最重要的媒介之一。

令人惊讶的是，电子游戏设计领域的杰出人物中只有很小一部分曾花费笔墨讨论过游戏感。在罗林斯（Rollings）和莫里斯（Morris）的著作中，任何关于感受的描述都不存在。萨伦（Salen）和齐默尔曼（Zimerman）的著作涉及了一点关于感受的皮毛，但更多地是从更整体的角度来讨论，更多地聚焦于游戏状态的更高层面，比如得分或者更传统的策略抉择。克里斯·克劳福德（Chris Crawford）的著作 *The Art of Computer Game Design* 中仅仅用了一句话描述游戏感："输入结构是玩家和游戏的触觉联系，玩家会对触觉产生深刻的印象，因此对他们而言，触觉必须是一种值得注重的体验。"

我非常尊重上述作者以及他们教会我的各方面知识（通过著作），但其中还缺少对游戏感独特的、美学上的欣赏。这种感受存在于电子游戏之外（如驾驶汽车、骑自行车等），但是没有其他地方的感受能如游戏中这般精致、纯粹，并且充满可塑性。

除此之外，游戏感事实上是一种时时刻刻（moment-to-moment）的交互。如果我们研究大部分电子游戏的基础功能，会发现游戏感往往属于最基础的部分。游戏感在特定的游戏中有着更重要的作用，但它总是存在于所有游戏中。游戏感

---

[1] 也有人说威廉·希金博特姆（William Higinbotham）于1958年推出的《双人网球》（Tennis）应获得"第一款电子游戏"头衔，但是《太空大战》（Spacewar）（1962年推出）是第一款拥有类似现代游戏特征（回合、得分等）的作品。

是你在玩游戏过程中体验时间最长的那部分内容，如果将你在游戏中的所有活动列举出来，你会发现游戏感占有最高的比例。

本书详细研究了"游戏感"这种感受。这种感受从何而来？它是如何被创造出来的？它是存在于计算机里或者人的思维中，还是两者之间的某处？有哪些不一样的游戏感？是什么造成了不同的游戏感？希望专业人士、玩家和有抱负的游戏设计师们都能阅读本书，书中通过一种清晰、非技术的风格将玩家对游戏感的体验、设计师对游戏感的创造和心理学家对游戏感的测量等进行了研究。本书的目标是进行关于"游戏感"的全面指导：解构它，分类它，测量它，创造它。在书的末尾，还介绍了测量、掌控和创造出众的游戏感的工具。

关于本书

本书讲的是如何制作一款让玩家感觉良好的游戏。从很多角度来说，这是当我刚开始制作游戏时非常想要的一本书。许多充满创意的点子都以游戏感良好的操控作为基础，我们应该总是创造游戏感良好的操控，且不应该每次都从零开始。

本书首先解释了何为游戏感，然后以这个定义为基础逐步展开讨论，每一部分的讨论都填补了游戏设计知识库中某方面的空缺。图 0.1 展示了本书的主体结构和主题脉络。

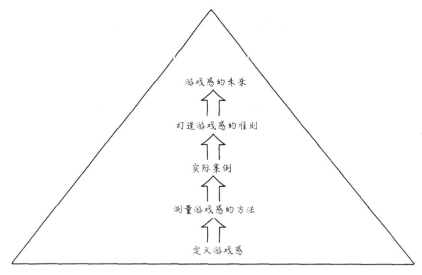

图 0.1 本书的主体结构和主题脉络

前言

为了更好地理解游戏感，推荐访问本书的配套网站 www.game-feel.com。网站内容对应了本书的许多章节，我在网站中为你提供了可以上手玩的例子，你能因此直接感受书中所讨论的想法。除此之外，网站还包含了针对"游戏感"这一话题采访来自 thatgamecompany 的陈星汉和凯利·圣地亚哥（Kellee Santiago）、来自 2dBoy 的凯尔·加布勒（Kyle Gabler）和乔纳森·布洛（Johnathan Blow）、来自 Number-None and Maxis 的哈依姆·金戈尔德（Chaim Gingold）等人的文字内容。

如果你是一名学生，你可能会觉得本书开始的定义会很有趣也很重要，但事实上最有价值的内容是具体的案例。在案例中你可以体会到所有细小的决策和具体实现特定游戏感的细节，它们是游戏感的"调色板"。如果你想做出有着良好游戏感的游戏，这些细节是你需要知道的。

如果你是一名游戏设计师，关于定义的部分对你来说应该并不陌生，但有一些理论可能还是会对你有用并可以应用，哪怕只是为了更好地理解更微小的生理学现象。本书提到的案例将会非常有帮助，因为我已经帮你搞定了费劲的部分。你也可以自己对这些游戏进行逆向工程，但是这会耗费大量的时间。游戏感法则是一种在制作游戏时很有用的思考方式，你可以把这种方式和自己的方法进行对比。[1]

如果你是一名教育工作者，书中的理论和定义将为你在概念层面理解游戏感提供坚实的基础。此外，书中的案例也能让学生不需要从零开始去编写一款游戏的代码就能很好地理解制作一款游戏感良好的游戏的复杂性。本书中最有用的部分可能是第 17 章"打造游戏感的准则"，这一章列出了创造游戏感良好的游戏的一些指导方针。

如果你是对游戏这种媒介感兴趣的人，比如一位记者，那么本书的定义部分可以为你提供一些观察这个领域的新视角。此外，理解生理阈值导致的游戏感的维持和中断，能够清楚帧数骤降和其他一些技术干扰为什么会让游戏感变糟。但是我的愿望是：在理解和能够测量帧率和响应时间这样的指标之后，你能够把媒介和信息区分开来。对，如果一款游戏运行得不好，应该责备开发者，但是我觉得在评判一款游戏的时候，这些方面被过度强调了。一款游戏即使在技术上并不合格，例如《侏罗纪公园：入侵者》（*Jurassic Park: Trespasser*），但从评判的立场

---

[1] 顺便提一下，我很期待读者来信，我的电子邮箱地址是 sswink@flashbangstudios.com。

来看，它的游戏体验仍然很有价值。

定义游戏感

要更深刻地理解游戏感，首先要对其进行定义。根据玩家们体验游戏的方式和设计师们设计游戏的方式，在本书的第 1 章中我们将提供一个简单的"三要素"定义。

我们会对定义的三个要素中的每一个都进行拓展分析，从而更好地对游戏进行分类以及更好地理解什么叫游戏感。拓展定义的方法包括探索人类感知事物的多个方面，例如测量帧数、响应时间及其他构成游戏感的必要条件。这些生理阈值和感知的概念结合在一起便形成了"关于交互的游戏感模型"——一幅完整地描述游戏感变化过程的图景。

在第 2、3、4 章，我们尝试着针对几个特别选出来的游戏应用这个定义，因为它们都刚好符合游戏感的定义。

测量游戏感的方法

游戏设计师们面临的另一个问题就是如何进行有意义的比较。《光环》（*Halo*）的游戏感和《斑鸠》（*Ikaruga*）的游戏感比起来如何？从设计师的角度来说，这跟游戏的调试有关。为什么有的游戏的游戏感是"轻飘飘的"，但有的游戏的游戏感却是"紧凑而响应及时的"？如果一个玩家说某个游戏给人的感受是"轻飘飘的"，设计师应该怎么做？应该如何调整这个复杂系统中的各项参数？"轻飘飘的"是坏事吗？是好事吗？它意味着什么？

第 5、6、7、8、9、10、11 章介绍如何测量游戏感中那些设计师可以改变的指标。通过测量每一个指标（输入、响应、情境、润色、隐喻及规则），我们能更好地概括诸如"轻飘飘的""紧凑的""流畅的""有回应的""松垮的"等一系列形容词的真正含义。这种方式适用于各种不同的游戏，而不仅仅局限于某一款特定的游戏。一旦我们能实际衡量游戏感之后，就能掌控它了。

实际案例

第 5 章提出的测量标准将会被运用于具体的游戏，以对这些游戏的游戏感的原理进行更全面的分析，并为创造拥有类似感受的游戏提供一个模板。第 12、

13、14、15、16 章会介绍制作含有某种特定游戏感的游戏清晰的、实用的步骤。此外，我还制作了许多可玩、可编辑的例子（可以在本书随书资源包中找到它们），这样你可以自己体验这些游戏的游戏感是如何改变和提升的。

打造游戏感的准则

哪些准则能使游戏让人感觉起来更好？第 17 章概括了有良好游戏感的案例和游戏感中可以进行测量的几个方面，总结出了一套创造更好的游戏感好用的实践工具。

游戏感的未来

第 18、19 章运用前面提到的所有知识和定义来审视当今的输入设备、渲染技术，并思考哪些游戏感在未来会被如何使用等问题。伴随着深入的、表达性的交互，我们能否提供一种不需要任何技巧和挑战的体验？是否能够在没有竞赛的空间中进行表达？游戏感能否成为一种深刻的个人表达方式，就像舞蹈和武术一样？

斯蒂夫·斯温克

【本书配套资源】

微信扫码回复：36324

- 获取本书随书资源包（包含针对 Windows 和 macOS 的案例源文件、参考文献的 PDF 文件，相关效果的视频等内容）；
- 获取其他免费增值资源；
- 获取博文视点学院 20 元优惠券；
- 加入读者交流群，与本书读者互动。

目 录

第 1 章 定义游戏感 / 001

游戏感的三大基本构成要素 / 002
    实时操控 / 002
    模拟空间 / 005
    润色 / 006
    实例 / 007

游戏感给人的体验 / 010
    操控的美感 / 011
    学习、练习、掌握技能的快感 / 011
    感官的延伸 / 012
    身份认知的延伸 / 012
    与游戏里独特的物理现实进行的交互 / 013
    游戏感的构成要素如何转化成游戏给人的体验 / 013

创造游戏感 / 015
    游戏感中的操控的美感 / 015
    把游戏感当作一项技能 / 017
    游戏感是感官的延伸 / 026
    游戏感和本体感受 / 028
    玩家身体的延伸带来的游戏感 / 030
    游戏感是一种独特的物理现实 / 032

小结 / 035

第 2 章 游戏感和人类感知 / 037

实时操控在何时以何种方式存在 / 037
修正循环和游戏感 / 040
计算机方面的要素 / 044

运动的感觉　　　　／044
　　即时响应　　　　　／045
　　响应的连续性　　　／046
感知对游戏感的一些影响　　　／048
　　感知需要行动　　　／048
　　感知是一种技巧　　／050
　　感知包含了思考、想象、归纳和错觉　　／052
　　感知是一种全身的体验　　／057
　　工具会成为我们身体的延伸　　／058
小结　　／060

第 3 章　交互性的游戏感模型　　／063

人类处理器　　／064
　　肌肉　　／064
　　输入设备　　／066
计算机　　／066
　　游戏世界　　／066
　　输出设备　　／067
各种感觉　　／067
玩家的意图　　／068
小结　　／069

第 4 章　游戏感的产生机制　　／071

机制：组成游戏感的"原子"　　／072
运用标准　　／073
　　《街头霸王 2》　　／073
　　《波斯王子》　　／074
　　《吉他英雄》　　／077
　　《触摸！卡比》　　／079
小结　　／081

第 5 章　超越直觉：测量游戏感的方法　　／083

为什么需要测量游戏感　　／083
软指标与硬指标　　／084
需要测量的要素　　／087

　　　　输入　　　　/ 088
　　　　响应　　　　/ 091
　　　　情境　　　　/ 094
　　　　润色　　　　/ 096
　　　　隐喻　　　　/ 098
　　　　规则　　　　/ 100
　　小结　　/ 102

第6章　输入的测量方法　　　/ 103

　　微观层面：独立的输入方式　　/ 104
　　测量输入的案例　　/ 109
　　　　标准按钮　　/ 110
　　　　扳机键　　/ 111
　　　　旋钮　　/ 111
　　　　摇杆　　/ 112
　　　　鼠标　　/ 113
　　宏观层面：将输入设备视为整体　　/ 115
　　触觉层面：物理属性设计的重要性　　/ 116
　　　　重量　　/ 117
　　　　材质　　/ 117
　　　　按钮质量　　/ 117
　　小结　　/ 118

第7章　响应的测量方法　　　/ 119

　　冲击，衰减，保持和释放　　/ 122
　　　　模拟机制　　/ 127
　　　　过滤　　/ 131
　　　　关系　　/ 133
　　输入和响应的灵敏度　　/ 135
　　小结　　/ 137

第8章　情境的度量方法　　　/ 139

　　高阶的情境：空间给人的印象　　/ 139
　　速度和运动给人的印象　　/ 142
　　尺寸给人的印象　　/ 144

XXV

中阶的情境　　/ 145
　　低阶的情境　　/ 147
　　小结　/ 148

第 9 章　润色的度量方法　　/ 151

　　对真实事物的感知　　/ 152
　　润色效果的类型　　/ 155
　　　　动画效果　/ 155
　　　　视觉效果　/ 158
　　　　声音效果　/ 159
　　　　镜头效果　/ 161
　　　　触觉效果　/ 162
　　　　案例研究：《战争机器》和《恶魔城：苍月十字架》　　/ 163
　　　　《战争机器》(Gears of War)　　/ 163
　　　　《恶魔城：苍月十字架》(Castlevania: Dawn of Sorrow)　　/ 164
　　小结　/ 168

第 10 章　隐喻的度量方法　　/ 169

　　写实、形象化、抽象　　/ 174
　　小结　/ 176

第 11 章　规则的度量方法　　/ 177

　　高阶的规则　　/ 178
　　中阶的规则　　/ 180
　　低阶的规则　　/ 181
　　案例研究：《街头霸王 2》和《洞窟物语》　　/ 182
　　小结　/ 184

第 12 章　《小行星》　　/ 185

　　《小行星》的游戏感　　/ 186
　　输入　/ 187
　　响应　/ 188
　　模拟　/ 189
　　情境　/ 194

目 录

　　　润色　　　／ 195
　　　隐喻　　　／ 195
　　　规则　　　／ 196
　　　小结　　　／ 197

第 13 章　《超级马里奥兄弟》　　／ 199

　　　输入　　　／ 201
　　　响应　　　／ 202
　　　情境　　　／ 218
　　　润色　　　／ 220
　　　隐喻　　　／ 222
　　　规则　　　／ 224
　　　小结　　　／ 225

第 14 章　《生化尖兵》　　／ 227

　　　输入　　　／ 228
　　　响应　　　／ 228
　　　　水平运动　　　／ 229
　　　　竖直运动　　　／ 230
　　　　碰撞　　　／ 233
　　　　摄像机　　　／ 235
　　　情境　　　／ 237
　　　润色　　　／ 239
　　　隐喻　　　／ 241
　　　规则　　　／ 241
　　　小结　　　／ 243

第 15 章　《超级马里奥 64》　　／ 245

　　　什么是最重要的　　　／ 246
　　　输入　　　／ 248
　　　响应　　　／ 250
　　　　设计方案与模拟　　　／ 251
　　　　奔跑的速度与方向　　　／ 254
　　　　控制向上的速度　　　／ 256
　　　　蹲行与滑行的切换　　　／ 259

触发攻击动作　　　　　／ 261

　　"摄像师朱盖木"　　　　／ 263

　　操控模糊性　　　　　／ 265

情境　　／ 266

润色　　／ 268

　　动画效果　　　／ 269

　　视觉效果　　　／ 269

　　声音效果　　　／ 269

　　镜头效果　　　／ 270

隐喻　　／ 270

规则　　／ 271

小结　　／ 272

第 16 章　《越野狩猎迅猛龙》　／ 273

游戏概览　　／ 274

输入　　／ 276

响应　　／ 276

　　模拟　　／ 278

　　拖链　　／ 284

情境　　／ 284

润色　　／ 287

隐喻　　／ 288

规则　　／ 289

小结　　／ 291

第 17 章　打造游戏感的准则　／ 293

结果可以被预测　　／ 293

　　操作模糊　　／ 294

　　状态混乱　　／ 295

　　舞台化　　／ 296

即时响应　　／ 296

易于上手，难于精通　　／ 298

新颖　　／ 299

响应有吸引力　　／ 300

自然运动　　／ 301

和谐	/ 302
征服感	/ 304
小结	/ 305

第 18 章　我想做的游戏　　/ 307

1 000 个超级马里奥	/ 307
"通向世界的窗户"	/ 310
空间关系和亲密行为	/ 311
触摸行为	/ 313
看不见的角色	/ 314
调试	/ 314
小结	/ 316

第 19 章　游戏感的未来　　/ 317

输入的未来	/ 317
Wii 手柄	/ 319
触觉设备	/ 320
响应的未来	/ 324
《超级马里奥》系列游戏中响应的进化	/ 324
解释和模拟	/ 326
对复杂对象的物理控制	/ 330
情境的未来	/ 331
润色的未来	/ 336
隐喻的未来	/ 337
规则的未来	/ 340
小结	/ 341

第 1 章

定义游戏感

游戏感没有标准的定义。在玩家和游戏设计师之间存在一些共同语言，但我们从未脱离一款特定游戏来定义游戏感。我们会用"飘""反应灵敏""反应迟钝"来形容玩家对一款游戏的感觉，而这些描述可能在不同的游戏中都有意义，比如"我们需要将游戏手柄的反应调得更加灵敏，就像在《小行星》（*Asteroids*）中那样。"但是如果我问 10 位游戏设计师什么是游戏感（我写本书的时候真的这么做了），我会得到 10 个不同的答案。每一个答案都描述了游戏感的一个不同方向、一个不同领域，这些方向和领域对游戏感来说都是极其重要的。

对于很多游戏设计师来说，游戏感指的是符合直觉的操控。在一款游戏感出色的游戏中，玩家不需要思考太多，就可以随时在游戏中做想要做的事情。好的游戏感是指一款游戏易于上手却难于精通。乐趣在于学习之中，在于玩家技巧和游戏的挑战之间的完美平衡。精通带来了独特的内在奖励（intrinsic rewards）。

也有一部分游戏设计师将关注点放在玩家和游戏虚拟物体的物理交互上。他们认为游戏感和时机（timing）有关，比如玩家是否能真切地感受到碰撞的时刻、每个动作耗费的帧数，以及游戏的交互被润色到了什么程度。

还有一些设计师坚持好的游戏感就是要让玩家身临其境。他们致力于在游戏中给玩家创造更"真实"的感受，这样可以在某种程度上加强玩家的沉浸感（这个词的定义也很模糊）。

最后，对于一些设计师来说，他们认为游戏感都来自于游戏的表现力。需要把游戏中精致的特效堆叠起来，润色每一处琐碎的交互，直到这个游戏的交互拥有了令人愉悦的美学体验。

问题在于游戏的整体。如何让这些经验紧密结合起来呢？游戏设计师们各自描述游戏感的某些东西，但都没办法帮助我们定义游戏感。这让我想起了圣奥古斯丁（St. Augustine）给时间下的定义："到底什么是时间呢？如果没有人问我，那我知道答案。如果要解释给别人听，我却无从说起。"

游戏感也是如此。如果不追根究底的话，我们知道它是什么。而当我们试图去定义或者解释它的时候，很快就成了最佳实践方案和个人经验的总结。

这本书的主题是如何做出具有出色游戏感的游戏。但首先我们需要明确什么是游戏感。我们需要把媒介（media）从内容（content）中分离出来。我们需要一个定义，它让我们能够把构成游戏感的必要条件从特定的游戏感中分离出来。

游戏设计师的个人经验和制作游戏的技艺、知识之外到底蕴藏着什么样的秘密呢？什么是游戏感的基本构成要素？什么又是游戏感呢？

游戏感的三大基本构成要素

游戏感，从玩家的体验来说，由三个部分组成：实时操控（real-time control）、模拟空间（simulated space）、润色（polish）。

实时操控

实时操控是交互的一种特定形式，如同所有的交互一样，它包含了至少两个参与者（如计算机和用户），两者在一起形成一个闭环，如图 1.1 所示。这是一个不能更简单的概念。

用户有一些意图，这些意图通过用户的输入传递到计算机。计算机通过自己的内部模型解读这些输入，再输出结果。然后，用户感知到这些变化，并且与最初的意图进行比较而产生一个新的行为，通过另一个输入传递给计算机。

游戏设计者克里斯·克劳福德（Chris Crawford）在他的《游戏设计理论》（*Chris Crawford on Game Design*）一书中，把这个过程比喻成一次对话，这是一个"两个活跃的个体交替地（且是比喻性地）聆听、思考以及讲述的循环过程"。

对话过程如图 1.2 所示，由其中一个参与者——鲍勃（Bob）开口来发起，另一个参与者——比尔（Bill）听到了鲍勃所说的内容，然后经过思考并做出回应。于是鲍勃变成了聆听、思考以及讲述的一方，如此循环下去。在克劳福德的模型中，计算机替代了其中一个参与者，它通过输入设备"聆听"玩家的输入指令，输入的内容改变系统状态的过程相当于"思考"，然后通过屏幕和音箱来"讲述"，如图 1.3 所示。

第1章 定义游戏感

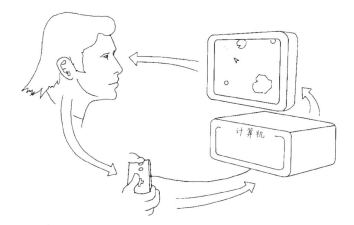

图1.1 交互行为包含至少两个参与者之间的信息和行为的交换

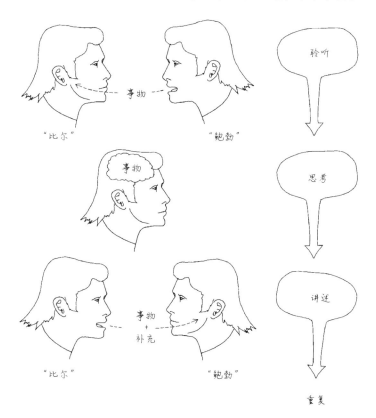

图1.2 如同对话一般的交互

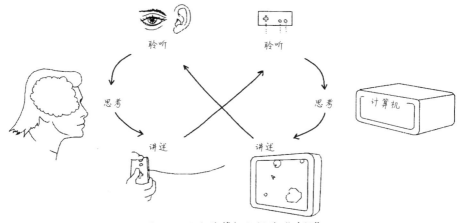

图 1.3 人和计算机之间的"对话"

然而,"人机之间对话"的比喻并不适用于所有情境。相对于对话,实时操控更像驾驶车辆。如果司机想要往左,那么他通常是直接行动而不是先思考。他把方向盘转向对应的方向,然后通过他看到的、听到的、感觉到的,去进行小幅度的调整,直到这个转弯完成。整个过程几乎是瞬间完成的。这样的"对话"在很微小的时间变化内通过一串不被打断的指令流发生在潜意识之中。在输入的同时,你就感知到了输入的结果。这是游戏感的基础:通过从玩家到游戏不间断的命令流,对运动的角色进行精确、持续的操控。

这是我们定义游戏感的起点:

对虚拟物体的实时操控。

这个定义的关键在于情境。想象一个球悬浮在一片白茫茫的背景前。你怎么判断它是否在运动呢?如果没有背景参考物,就无法判断物体是否运动,更重要的是,你也无法感知物体之间的任何物理交互。为了产生和游戏世界进行物理交互的感觉,我们需要一些特定的模拟空间。

> **游戏实例**
>
> 如果你旁边有一台计算机,那就打开本书随书资源包中的 CH01-1 去体验一下情境的必要性。这是一个第一人称射击游戏,玩家通过敲击键盘的 W、A、S、D 键来移动角色,用鼠标来瞄准。你能感受到运动吗?不能?那请按下 1 键。有一个模拟空间后,运动感就来了。

模拟空间

模拟空间指的是在虚拟空间中可以被玩家主动感知的模拟的物理交互,指的是在游戏世界中实时操控的角色和物体之间的每一次碰撞检测和响应,也指关卡设计以及和角色的运动速度有关的物体的结构和空间。这些交互通过提供能进行围绕、穿梭、碰撞或是作为速度的参考的物体,来赋予角色的运动以意义。这给我们提供了和虚拟环境交互的实体触觉,其和我们每天与物理空间交互的方式别无二致。我们通过把角色当成表达和感知的通道,在触觉和身体的层面来体验游戏世界,就像我们身处真实世界一样。

> **游戏实例**
> 打开CH01-2去感受四处移动的感觉,感受操控的手感,然后按下1键来启用碰撞。感觉到有什么不同了吗?

模拟空间的另外一个必要成分是,它必须是被主动感知的。感知分为被动感知和主动感知。你在电视或电影中看到的物体的交互是被动感知,而通过实时操控在模拟空间中探索则是主动感知。游戏感也是一种主动感知。

关键问题是:玩家如何和空间交互?一些游戏会有一些很细节化的碰撞或者响应系统以及关卡设计,但是玩家并不是直接体验它们的。《星际争霸》(*StarCraft*)就是这种游戏的一个典型案例,我们一会儿就会谈到。在一些游戏中,空间是抽象化的,那些有网格、方格或六边形移动的游戏抽象地利用了空间。但这不是字面意义上的对空间的模拟,这是一种我们追求的感觉。我们正在定义的游戏感指的是对字面意义上的空间的主动感知。

如果把情境的概念加入我们的定义,那么游戏感的定义则变成:

在模拟空间中对虚拟物体的实时操控。

这个定义已经很接近完备了,但是仍漏掉了动画、声音、粒子效果以及摄像机振动的影响。没有这些"润色",游戏感就缺失了许多。与物体交互时,物体会通过模拟的响应让我们知道它们是沉重的、轻巧的、柔软的、黏黏的、金属的、橡胶的,还是其他什么感觉。润色通过提供这些感觉让交互变得精彩。

润色

润色是指在不改变游戏内在的模拟方式的情况下，人为地提升交互效果。比如游戏角色滑雪时在脚底生成的尘土粒子，当两辆车相撞时发出的碰撞声，强调有力的碰撞时的摄像机振动，或者用关键帧动画来使游戏角色在运动时产生压缩和拉伸的效果。润色增强感染力，强化交互的物理属性，也帮助游戏设计师让玩家觉得物体更真实。这和碰撞之类的交互不一样，它不影响交互行为的内在模拟方式。假设你把《街头霸王 2》(*Street Fighter II*) 的动画拿走，那么你会得到类似图 1.4 所示的效果。

图 1.4 《街头霸王 2》去掉动画效果后，就像奇怪的盒子在格斗

如果我们把所有的润色都拿掉，那么游戏本质功能其实是没有变化的，只是玩家会感觉整个体验缺少说服力，吸引力会差很多。因为对于玩家而言，模拟和润色是很难分辨的。游戏受到润色的影响和受到一个碰撞系统的影响一样大。比如，在一个运动中的角色身上加入简单的压缩和拉伸动画效果，可以极大程度地改变人们对游戏的感觉。一个很受欢迎的学生游戏《颜料宝贝》(*De Blob*) 就利用了这一点。约斯特·范·东根（Joost van Dongen）在一篇文章中写到："当球体弹跳或者快速运动时，会发生轻微的变形，而它在滚动时会轻微地变扁。在截图中这个效果很细微，但是当画面运动时，看起来则很有趣。有趣的细节是，它可以彻底地改变游戏玩法给人的感觉。如果没有挤压的 shader，这个游戏就会令人感觉像在玩一个石头做的球。在物理属性没有任何变化的前提下，挤压 shader 让它感觉更像是一个画出来的球体。只利用图像就可以改变游戏感是件很美妙的事情，如图 1.5 所示。

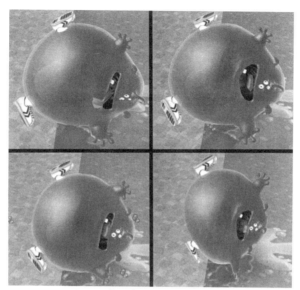

图1.5 《颜料宝贝》的拉伸效果

将这三种因素（实时操控、模拟空间、润色）组合成一个整体，我们就得到了一个基本且可行的游戏感定义：

在模拟空间中对虚拟物体的实时操控，并通过润色增强交互感。

玩家操控角色，角色与游戏环境交互，而润色效果加强了这些交互并且增添了游戏的吸引力。

实例

我们很自然会想到一个问题："某游戏究竟有没有游戏感？"根据基本定义，我们可以将大部分的游戏分类。比如，《刺猬索尼克》（Sonic the Hedgehog）有游戏感，而《文明4》（Civilization 4）没有。《刺猬索尼克》是实时操控的，而《文明4》是回合制的，回合制的游戏是在定义之外的。但是，如果说《文明4》毫无游戏感似乎也不正确。因为游戏本身含有的润色效果（动画、声音和粒子效果）改变了与游戏交互给人的感觉，特别是当游戏中的东西被单击时以及部队发生冲突时。

上面的情况说明了存在不同类型的游戏感，如图1.6所示。

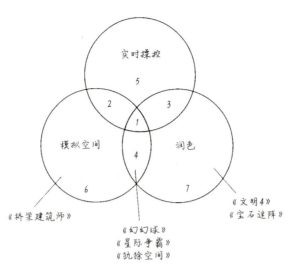

图 1.6　游戏感三大基本构成要素相互重合，创造出游戏感的广阔范围

1. 在图的中心，三大要素（实时操控、模拟空间、润色）重合的部分，是真正的游戏感。《半条命》（*Half-Life*）、《刺猬索尼克》和《超级马里奥 64》（*Super Mario 64*）都属于这个范畴。这些游戏具备了我们所定义的游戏感的所有要素。这种类型的游戏感也是本书讨论的主题。

2. 这代表一种原始的游戏感。虽然缺少了润色的效果，但通过对碰撞的模拟使得对象之间的交互具备一定的物理交互给人的体验（大部分吸引力和物理交互给人的感觉还是缺失了）。游戏几乎从来不会在未经润色的情况下就上市，你可以通过图 1.6 中的这些游戏来体会这种感觉。

3. 这是一种纯粹的操作美感。游戏里有了经过润色的实时操控，但是没有实质的交互效果。这给人的感觉很奇怪，有声音和粒子效果，却没有任何模拟的交互，就像在后台看表演一样，这会让玩家觉得不协调。粒子效果以及声音能够在一定程度上传达物理现实，但物体的运动却和润色不匹配。没有了模拟，我们很难感受到物理的交互。因此很少有游戏是具备实时操控以及润色却缺乏模拟空间的（想感受这一点，请打开图 1.6 中的这些游戏）。

4. 这是一种用于替代感知和驱动游戏玩法的物理模拟。游戏《幻幻球》（*Peggle*）、《星际争霸》（*StarCraft*）和《犰狳空间》（*Armadillo Run*）就是这么利用物理模拟的。在这类游戏中，有很细节的物理模拟来驱动物体之间的交互，但因为玩家没有实时操控，因此玩家是被动感知到结果的。类似的，像声音效果和粒子效果这种润色方式也许可以帮助增强物体间的交互并让它们更有吸引力，但这些感觉依旧是被动接受的，就像它们是在电影或是动画中一样。

5. 纯粹的实时操控不涉及润色以及模拟空间。如同前面提到的，我无法想象任何一个只包含了实时操控，而不包含润色和模拟效果的例子（为了体验这一点，打开图1.6所示的游戏，你会发现漫无目的地闲逛虽然挺有趣，但是在没有润色和模拟空间的情况下，这些运动不具备意义）。

6. 这是纯粹的模拟空间。我能想到这类游戏的最佳例子是免费游戏《桥梁建筑师》(*Bridge Builder*)。游戏里有物理模拟来驱动物体运动，但是这是被动感知到的。

7. 最后是纯粹的润色。此类游戏的代表有《文明4》以及《宝石迷阵》(*Bejeweled*)。它们都单纯地使用了润色，但是没有实时操控以及模拟空间。[1] 在这类游戏中，润色展现出交互的特点，赋予物体重量、体积等，但是这些感受都是间接的。

现在让我们尝试运用一下相应的标准进行判断，比如，《星际争霸》这款游戏在图表中处于什么位置呢？

乍一看，《星际争霸》是存在实时操控的，你可以随时给单位下达全新的指令。在单位移动的时候，你任何时候在屏幕上单击，游戏角色都会获得一个新的目的地。但是这个操作单位的过程并不是一个连贯的流程。每一条指令下达完毕的那一刻也是它结束的那一刻。你可以设定一个目的地，但你无法控制单位的路线规划，而这并不是我们所讨论的那种实时操控。

《星际争霸》看起来也有模拟空间。单位会撞到悬崖、建筑和岩石。但准确地说，这些东西提供的物理触感（控制物体移动，瞄准并选择攻击的时机）是由计算机来掌控的。这是一个有碰撞和交互的模拟空间，但是是被玩家间接感知到的。

《星际争霸》所具备的最丰富的要素是润色。游戏中的单位具备丰富的动画、

---

[1] 事实上，这两款游戏都使用鼠标进行操作，这是另一种形式的实时操控。在这些游戏中，鼠标指针通常被当作做出一个有趣的选择的传递媒介。这样的操作模式更像是浏览网页，而不像是在玩 *Cursor Attack* 一样。

声音和粒子效果，这些内容把单位和游戏世界以及彼此之间的交互呈现得很精彩。《星际争霸》给人的感觉来自这些非常扎实的润色效果。跳虫蹦蹦跳跳、陆战队员步履沉重，每一件东西都在被摧毁的时候发生壮观的爆炸。因此应该把《星际争霸》归入图 1.6 中的第 4 类，即模拟空间和润色重合的部分。

这并不是真正的游戏感。对单位的控制并不是实时的，玩家也不能直接与模拟空间进行交互。由于《星际争霸》只具备三个基本构成要素中的一个，所以它不属于我们定义的游戏感范畴。好吧，深呼吸，保持冷静。

在你打算用你的跳虫兵团来痛殴我之前，请记住定义并不是价值判断（《星际争霸》不在游戏感的定义内，但并不意味着《星际争霸》给人的感受不好）。我们是在定义游戏感，而不是在讨论游戏感的好坏，或者一款游戏是好还是坏。《星际争霸》中的动画、声音和粒子效果棒极了，从平衡和系统设计的角度来说，它也是没有对手的。

本书所讲的"游戏感"是真正意义上的游戏感，也就是图 1.6 正中间三个构成要素互相重合的部分。也就是说，我们讨论的游戏会包含实时操控、模拟空间和润色。本书讨论的是如何做好这种特定类型的游戏感，其他的感觉当然也是重要的，但不是本书讨论的重点。

评价《暗黑破坏神》（*Diablo*）这样的游戏时，我们的定义有些模糊。《暗黑破坏神》包含实时操控吗？操作看起来像是实时的，但是在界面上需要进行大量的单击。实时操控的门槛在哪里呢？《暗黑破坏神》包含模拟空间吗？《暗黑破坏神》中的角色会四处移动并撞到物体，但这是被玩家主动感知到的吗？它感觉起来像是在一个日常的物理空间里移动吗？在第 2 章中我们会深入讨论实时操控和模拟空间这两个话题，并回答这些问题。

我们可以利用游戏感的定义和三个构成要素来做什么呢？为了得到这个问题的答案，让我们把焦点重新放在游戏感的内容、表达和体验上。具体地说，让我们来看看一些不同的游戏感给人的体验，并检查游戏设计师是如何通过应用实时操控、模拟空间和润色来塑造体验的。

游戏感给人的体验

游戏感是由很多不同的体验所组成的。举个例子，操控过程中的愉悦感、掌控感或者笨拙感，以及和虚拟物体交互的触感，这些感觉在你拿起一个手柄后数秒钟内就有可能产生。游戏感是由所有这些体验混合在一起的，这些体验在不同的时间点呈现出来。为了理解游戏感，我们需要理解组成它的不同体验；它们是什么，它们是怎么被塑造的，以及它们是怎么相互关联的。

游戏感所包含的最常见的 5 种体验有：

1. 操控的美感。
2. 学习、练习、掌握技能的快感。
3. 感官的延伸。
4. 身份认知的延伸。
5. 与游戏里的独特物理现实进行的交互。

操控的美感

在我年轻的时候，我在父亲的 Commodore 64 上玩《青蛙过河》（*Frogger*）和《拉斯坦》（*Rastan*），那时的游戏就像玩具一样。当我在游戏里操控一些东西的时候，我获得的感受是和操控木偶一样的愉悦感。但同时，我感觉游戏也在控制我。我开始在椅子里往左右倾斜身体，试图在游戏里能移动得更快一点或者更精确一点。我会把头偏一点，试图去看到屏幕之外的东西。最重要的是，看到屏幕上有东西能够移动并根据我按按钮的动作做出反应，我的感觉非常好。当时我的协调性并不能真的让我投入到游戏的挑战中，但我能感受到操控纯粹的、美学上的美。我爱这种感觉，并持续玩了好几个小时。这就是游戏感中操控的美感。

学习、练习、掌握技能的快感

几年后，当我第一次玩《超级马里奥兄弟》时，我玩得很差。当时我和住在隔壁街区的伙伴一起玩，他比我大一些，协调性比我更好，他还有自己的任天堂游戏机。轮到我玩的时候，我往往只能玩很短的时间，而且会激动到面红耳赤。然而，当我把手柄交给下一个伙伴之前，我发现即使是最小的动作也能够引发一连串有趣的事件，并且获得强烈的回报感。比如用马里奥的头去顶砖块，砖块会抖动并且发出滑稽的响声。如果去顶那个金闪闪的、抢眼的、带问号的砖块，就会有一枚金币伴随着一系列的声响和动画跳出来。这些丰富的、低阶的交互在一开始就掩盖了一个事实——这个游戏对一个 9 岁的孩子来说是非常有挑战的。玩得不好也没什么，因为只是跑来跑去或者碰到什么东西，对我来说也足够有趣了。

游戏里甚至还有不同的技巧，正如你在足球场上练习控球、射门或者头球。

举个例子，我要练习跳跃的时机、按住按钮的时长，以及轻微松开方向按钮来控制速度。通过把这些不同方面的小小的提升累加在一起，我开始玩得越来越好，并且能够通过更难的游戏关卡。三个星期后，当酷霸王瞪着眼睛掉进岩浆以后，我感到了一阵极为强烈的成就感，就像踢足球时打进绝杀球一样。当时我已经踢了两年足球了，但是这个游戏仅仅在三个星期内就给我带来了一模一样的自豪感。在游戏里有不同的技能需要掌握，每一个关卡都有回报，也有难度不断增加的挑战来考验这些技能。更妙的是，我不需要因为自己感到体力不支或者天黑而停止练习。这就是将游戏感当成技能来体验。

感官的延伸

长大了一点后，我开始学习驾驶汽车。这个学习的过程很像掌握一款新游戏的操控的过程，但是似乎要花更长的时间，没那么有趣，同时缺乏一些内置的里程碑让我能够衡量自己的进展。不久之后，我开始对汽车四周的各个方向有了距离的感知，像是一种感官的延伸。我可以预估出在驾驶时我离其他车的距离，或者我的车是否可以停进银河号[1]的停车位里。要做到这一点，我需要依赖一种奇怪的直觉，即车在我四周能够延展到多远，这让人感觉车就像是一个巨大的、笨拙的附属肢体一样。这也像是在通过一种有趣的方式来玩一款游戏。当我驾驶车辆及玩《生化尖兵》（*Bionic Commando*）的时候，我有一种感觉，觉得自己操控的东西像是自己身体的延伸。这就是游戏感中感官的延伸给人的体验。

身份认知的延伸

我曾经开着我父母的那辆沃尔沃牌轿车出过一次车祸，这段经历让我意识到这种感觉是双向流动的。因为上学快迟到了，我跳进车子里，飞速挂进倒挡并且猛踩油门，然后打了方向盘。嘎——！我吓得一哆嗦，狠狠地咒骂了几句。我像甩开烫手山芋一样甩开方向盘，这时候我才意识到汽车的一边蹭到了一根水泥杆。我仍然记得车子刚蹭后停下来的感觉，就好像我刚把脚趾踢到一个巨大、昂贵的金属物体一样。有趣的是，我当时想的并不是"该死，我开的车撞到水泥杆了"，而是"该死，我撞到水泥杆了"。在那一刻（当车撞到水泥杆的时候），这辆车是

---

[1] 一个位于美国加州库比蒂诺市的游戏厅，曾经很火爆，但现在已经不存在了。当时一美元可以买八枚游戏币，所有游戏都仅需两枚或更少的游戏币，而且那里还有四人空中曲棍球游戏机。

我的身份认知的一部分，无论是在实体上还是在概念上。然后我才想到了我父母知道这件事情以后的反应，这时我的认识迅速把车和我当成了两个不同的个体。我和车中的一个要倒大霉了，而这个倒霉蛋是我。

差不多是在同一个时期，我也玩《超级马里奥64》。在我操控马里奥的时候，发生了一个类似于我撞车的事件。此时我的身份认知是把马里奥也包含在内的，但是当我被栗宝宝（Goomba）撞飞时，我瞬间"就从马里奥的身体中被抽离了"（在一瞬间这种身份认知的延伸消失了），并再一次把它当成一个独立的个体。这就是游戏感中身份认知的延伸。

与游戏里独特的物理现实进行的交互

这一点让我更深刻地意识到了在操控马里奥到处跑时的物理感（对马里奥世界中的物理规则的感知）。马里奥撞到游戏世界里的物体时，他会停止滑行，脚边冒出一团灰尘或者黄色的星星，这让人感觉到触感、物理感。这些人造效果在马里奥和物体交互的时候，让我感觉到了游戏世界里这些物体的重量和材质。有些东西马里奥可以很轻松地捡起来并丢出去，比如一块小石头。有些东西，比如酷霸王，需要让人觉得它有更大的重量。有些时候，物体看起来会比我想象得要更重一些或者更轻一些。举个例子，在《超级马里奥64》的高高雪山关里，马里奥需要领着雪人的身体去找它的头。雪球一开始很小，但是它每次都把马里奥撞翻。这在现实世界中能找到类似的情形：有时候我会尝试去拿起一件东西（如一个食品袋或一件几乎不怎么移动的家具），当我试图搬起这些东西时，我的手差点脱臼，因为它比我认为的要重得多。这便是游戏感体验中独特的物理现实。

游戏感的构成要素如何转化成游戏给人的体验

操控的美感是游戏感给人的最初体验，这是操控一个物体四处移动并感受它对输入的响应的一种纯粹的美感。当玩家说一款游戏很"飘"、很流畅或者不可控时，他们就是在试图描述游戏感给人的体验。日常生活中的一个类比是驾驶不同车辆的感受：驾驶一辆2019年生产的保时捷轿车比驾驶一辆1996年生产的福特Windstar轿车的感受可能会更好。

游戏感中的技能体验包含了学习的过程。这包括操作不熟悉的东西时的笨拙感、克服挑战时的欢欣，以及掌握技巧时的乐趣。游戏感中的技能体验解释了为什么随着技能的提升，玩家对一款游戏的操控体验会变得不同，也解释了什么是

"符合直觉的操控",以及为什么有一些操控组合比其他操控组合要更容易学习。如同在日常生活中学习一项新技能,不管是驾驶车辆、拿胡萝卜耍杂技还是把胡萝卜切成片。

同时,熟练的操作也能让人身临其境。让你沉迷于游戏之中忘记自我。如果你有过因为玩游戏而忘记时间的经历,那么你应该能体会到这种感觉。你本来只打算坐下来玩几分钟游戏,但是当你意识到时间长短的时候,已经是几个小时之后了,虽然精疲力竭,但是你既开心又满足。在日常生活中,这种情况时有发生。当你在高速路上驾车、叠袜子,或是打篮球时,你都可能产生类似的感觉。

当玩家说"感觉好像我真的在这里""我感觉自己在游戏里""这个世界看起来很逼真,感觉像真的"时,他们都在体验游戏感中的感官延伸。游戏世界变得真实,是因为感官被游戏的反馈直接覆盖了。玩家看到的不再是屏幕、房间或者手中的手柄,他们看到的是艾泽拉斯、诺曼底的海滩或者甜甜圈平原。这是因为一个角色是一件工具,既是用来演绎这个世界的,也是用来感知这个世界的。这种体验在现实生活中找不到相应的例子,因为这样的体验让感官延伸到了游戏中,延伸到了虚拟现实里。

这种感官延伸到游戏世界中的一个结果是身份认知的转移。玩家会在通过技巧获得胜利时说"我太厉害了",或者是过一会儿输掉了以后说"他在搞什么"。通过对一个物体的实时操控,玩家的身份认知是不固定的。玩家的身份认知可以是在游戏中操控的角色,这在现实中的类比是驾驶车辆时把车辆当成自己。你不会说"他的车撞到了我的车",你会说"他撞了我"。

随着玩家的感官被转移到游戏世界中,他们仍然可以像感知真实事物一样感知虚拟事物,这是通过交互来完成的。通过这种方式在游戏里感知事物,物体似乎具有了精细的物理特性。物体可以是沉重的、黏黏的、柔软的、尖锐的等。当一个玩家观察到了足量的这一类交互后,一个自洽的、具有独特物理特性的图景就在玩家的脑海中汇聚,就像许许多多的线索组合成了一个心理模型一样。这就是游戏感体验中独特的物理现实,指的是游戏世界中包含自己的、由设计师创造的物理规则。图1.7展现了所有这些要素和体验的整合方式。

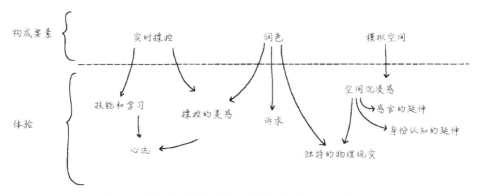

图 1.7 游戏感的构成要素如何转化成游戏给人的体验

创造游戏感

在这一章余下的部分，我们将详尽地探索不同的体验，重点关注游戏设计师是如何塑造和修饰游戏感的。

游戏感中的操控的美感

在游戏中，操控物体可以带来无意识的愉悦。人们在玩滑板、冲浪、滑冰和开车时都会有类似的体验。当你在空间中穿梭、创造了流畅的运动弧线时，或是感受你的身体、你控制的东西对你的神经脉冲有即刻的响应时，你都会感受到这种运动带来的愉悦。即使脑海中没有一个特定的目标，操控也会带来本能的愉悦。这些操控的感觉有一些已知的美学属性，就像之前提过的驾驶保时捷轿车和驾驶福特 Windstar 轿车一样。驾驶保时捷轿车更流畅，它更容易被操控，转弯更急。在一个电子游戏中，玩家在玩的时候也会感受到同样的操控的美感。一个运动中的角色可以创造出流动的、有机的曲线，随着它的运动，玩家能够感受到这种操控带来的愉悦感。这些感觉就是当玩家说这个游戏流畅、飘、僵硬的时候想描绘的东西。这些感觉是游戏设计师手中绝佳的"调色板"，他们可以利用其来吸引玩家，如图 1.8 所示。

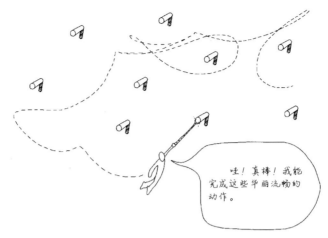

图 1.8　操控的美感

当一名游戏设计师坐下来创造一款游戏时,他的脑子里产生了关于特定游戏感的想法,他的首个任务是将输入信号映射到运动上。输入信号与运动的关系具备产生表现力的潜力。当一个按钮被按下时,响应是渐进的还是瞬时的?角色的移动方向是相对于屏幕的还是相对于自身的?还是说它并不移动,只是旋转?如果输入和响应之间的关系是正确的,那么在一款游戏中操控一些东西可以获得一种令人舒服的美感。而反面则是玩家的输入会带来不和谐的、令人不适的或者在美学上不具备吸引力的运动。

这种映射是美学表达的一种形式,它定义了我们控制角色的时候会有什么感觉。正如大部分的艺术尝试一样,"正确"的感觉并没有公式,这需要设计师针对输入和响应之间的复杂关系进行数百次的微小调整。在第 7 章中,我们会探索这些映射的"调色板",并详细地讨论如何将它们转化为游戏感。现在,请注意这里的感受是基于美学的判断的,而最终的感受是基于设计师情感的表达的。

现在让我们来想象一次映射可能涉及的动作:每一次转弯、扭曲、跳跃和奔跑。一个映射中所有这些可能的动作的总和,给玩家定义了一个可能性空间。这不是定义一个玩家将会做什么,而是定义他能做什么。一个玩家通过一个角色可以做出的每一个动作,都由设计师如何关联输入和响应来定义。

当玩家操控角色进行一些动作的时候,每一个潜在的动作都会让他感受到一种美学的愉悦。这种美学的愉悦会带来独特的内在奖励,鼓励玩家通过任何在他们看来最有美感的方式去运动以探索这个可能性空间。问题在于,如果缺少某种专注点,即使感受最好的操控也会很快失效。

对于一名游戏设计师来说,针对这个问题的解决方案是加入一些挑战。一旦有了目标,操控行为就被赋予了新的意义。玩家可以把意图和结果进行对比,他们可能输也可能赢。这样一来,操控的美感就变成了一项技能。

把游戏感当作一项技能

我是这样定义技能的:技能是人们已掌握的某种模式,以此能够通过协调肌肉运动得到一种特定的结果。评测技能就是评测通过行动能以何种效率实现意图。

如果你踢足球的话,你的意图可能是带球"过"掉球场上所有的对手,然后面对一个拼命防守的守门员射入制胜球。实际上,这只是许多可能的结果中的一种。更可能的是,你的技能并不能完成这个级别的挑战,在靠近中线之前,你的球就已经被"断"掉了。但是你的技能可以得到提升,你可以战胜越来越困难的挑战。如果你的目标是"过"掉一个后卫,然后妙传给一个无人盯防的队友,那么你得到这个结果的概率就会大得多。这可能不如你自己踢进这个球那么让人兴奋,但是在从小的胜利到大的胜利中获得的感觉是很棒的。在后院里练习时,一次很有技巧的射门也会让你感觉非常棒,因为你知道这些技巧可以被运用到以后的足球比赛中。足球中包含一系列如此吸引人的挑战,以至于在比赛的情境之外,不断地练习技能都是值得的。

这和玩《反恐精英》(Counter-Strike)时的体验很类似,我被这个游戏的挑战深深吸引。我会建一张"cs_italy"地图,不加入任何别的玩家来练习三项技能:平移的时候射击墙上的一个固定点;快速地把我的准心从一个点移动到下一个;在前后左右移动时,把准心保持在一个特定的点上。在上线玩游戏之前,我愿意独自在地图里花两到三小时练习这三项技能。推动自己去掌握更高阶的技能看上去是非常值得的。

这说明了游戏中的技能和现实生活中的技能从本质上看是一样的,它们都是掌握一种协调肌肉运动的模式。对于游戏中的技能,肌肉运动更细微,其技巧更需要专注,且动作通常不受物理现实的限制,但学习和掌握技能的过程依然是相同的。主要的不同在于,电子游戏设计师能够同时控制挑战和物理特性。而在现实世界中,有一系列的属性是固定的,如重力、摩擦力、人体的生理机能等。制定足球比赛规则的设计师必须围绕这些固定的属性来创造有趣的、有意义的挑战。

他们可以依靠的基础包括球场上的线、球门的尺寸、足球的物理属性,以及诸如"你不能用手碰球"这样的规则。《反恐精英》的设计师 Minh "Gooseman" Le 塑造了游戏里的所有东西。他不但建立了游戏的规则和挑战,同时还定义了角色的运动速度、角色能跳多高、角色的武器有多精准,以及游戏中的重力和摩擦力的数值。

调整角色的运动方式和设置挑战都会改变游戏感,修改重力、摩擦力和角色的运动速度这样的全局数值能定义操控给人的基本感受,添加规则和挑战则通过定义一系列可供训练和掌握的技能来改变这个基本感受。问题在于要怎么做。要怎么让有技巧地操控变成一种不同的体验,而不仅仅是操控?

答案是游戏感和技能通过三种不同的方式联系在了一起。

- 游戏中的挑战通过让玩家侧重于不同运动的可能性空间来改变操控给人的感觉,鼓励玩家去探索这个可能性空间。
- 游戏感会根据玩家技术的变化而变化。
- 当玩家可以毫不困惑地将意图转化为结果时,他们会发现操控非常符合直觉。

挑战会改变操控给人的感觉

从一名游戏设计师的角度来看,即使最完美的操控感也存在一个问题:控制运动是令人愉悦的,但这种愉悦感很短暂。即使游戏给人的感觉极好,漫无目的地操控什么东西也很快就会让人昏昏欲睡,如图 1.9 所示。

图 1.9　没有专注点,操控的愉悦感也会变得很单薄

如果操控的愉悦感仅仅是一种奖励,那么玩家只会体验到所有可能的运动中的一小部分。如果我们和上文说的一样,把一个映射中所有可能的运动都想象成一个可能性空间,那么玩家能探索的范围就会被限制,如图 1.10 所示。

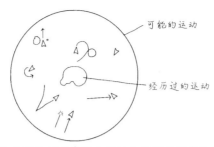

图 1.10　玩家体验到的游戏感不会超过他们想要探索的区域给人的感觉

然而，当玩家有了一个特定的目标去追求，操控就被赋予了新的意义。漫无目的的只为寻开心的运动，会被专注的、有目的的、想要完成挑战的运动所替代。这会刺激玩家去寻找可能性空间中的新区域，让他们接触到本来可能会错过的操控感。挑战相当于设定了远处的地标，鼓励玩家去探索游戏中美学的边界。

举个例子，一个第一次玩《超级马里奥世界》（*Super Mario World*）的玩家不会体验到飞行机制创造的所有感觉。他们需要大量练习才能掌握轻微松开按钮的准确时机，来让马里奥维持在空中正弦波式的飞行。这是整个游戏中最令人愉悦的操控感觉之一。获得这样的操控感觉，甚至只是知道有这样的感觉存在，会让游戏更有吸引力，更值得玩，如图 1.11 所示。

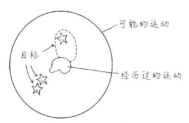

图 1.11　有了挑战，玩家就有理由去探索单个特定映射中更多可能的感觉

挑战不仅仅鼓励所有可能的探索运动，同时也赋予这些运动新的意义。举个例子，想一下移动鼠标的指针，这是实时操控的一种形式，它实在是太常见了，我们几乎不会意识到自己正在运用它。但是不考虑不同挑战的背景，操控鼠标也可以获得不同的感受，比如在网页游戏 *Cursor Attack* 中，要求玩家尽可能快地移动鼠标指针，让其沿着一条非常精确的路径到达一个目标点。通常来说，使用鼠标的目标是高效地浏览网页、购买物品，或者通过单击、拖动和其他方式来操控计算机中的不同程序。在 *Cursor Attack* 中，有一个显性的目标（通过触碰移动目标点来移动到迷宫的终点）以及一个隐性的目标（移动得越快越好）。这里的限

制是不能碰到迷宫的墙壁，否则游戏会立即结束。结果是，玩家会专注于鼠标指针最微小的运动。这和浏览网页的感受非常不同。鼠标指针的运动会因此让人觉得焦虑，以及远远不如原来那么精确。鼠标指针在空间中的尺寸和位置突然变得比原来重要得多。掌握操纵鼠标指针的技巧需要非常专注，就像是将线穿过一根针的针眼或是尝试着在黑板上画一个完美的圆。仅仅改变了两个目标和一个限制，控制鼠标指针的感觉变得截然不同又趣味横生。幸运的是，对于游戏设计师来说，实时操控本身就创造了这种类型的挑战，如图 1.12 所示。

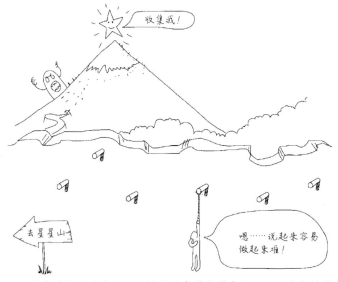

图 1.12 挑战赋予运动意义，让操控的感觉能够在整个游戏中都持续存在

挑战由两部分组成：目标和限制。通过目标能够给予玩家一个衡量自己表现的方式来影响其感受。有了目标之后，才有可能失败或者成功。同时，部分失败也是可能的，即比上一次尝试做得更好或者更坏。这让玩家能模糊地感知到自己的技能水平，即把意图付诸实践的能力。基于这种感知，游戏时而让人感觉很笨拙，时而符合直觉。此外，目标的性质决定了玩家的注意力。正如在 *Cursor Attack* 中一样，实时操控的感受因为玩家目标的改变而改变。对于目标，是应该像在 *Cursor Attack* 里面一样要求玩家做出极其精确的特定运动，还是像在班卓熊（*Banjo-Kazooie*）中一样更开放？一个角色运动得有多快？他们要到达的目标有多远？他们要躲避目标、收集目标还是轻触目标？这是游戏设计的艺术，它关系到游戏感：玩家应该做的事情和游戏允许他们执行的操作一样重要。

单个目标能够让玩家产生多个层级的意图。举个例子，一个诸如"获得星星"这样的高阶目标可能需要许多步骤来达成。但是最终，这样的目标都能够分解到实时操控的层面。到达山顶，意味着要先荡到第二根杆上，然后到第三根杆上，以此类推，如图1.13所示。

图1.13　单个目标能够让玩家产生多个层级的意图

游戏的限制通过明确地约束运动来影响游戏感。限制并不强调某个运动，而是选择性地从可能性空间中移除一些运动。比如，足球场的边线让一些可能的运动无法实施，以此鼓励那些能够快速改变方向的球员，以及那些擅长在对方球队的防线中寻找空隙的球员。如果足球场没有边线，那球员可能会朝着一个方向无尽地奔跑以躲避防守球员，这时，球员的基本技能就会改变。同样的道理，在《小行星》中，角色被小行星击中时，将会失去一条生命。通过限制运动，玩家会专注于特定的运动，这改变了操作给人的感觉。

限制及目标这两种工具使得游戏设计师可以为实时操控修整出一种特定的游戏感。目标强调了某些可能的运动，而限制则去除了特定的运动。结果是，游戏感成了游戏设计师所期望的那样。

但是游戏设计师期望的感觉是什么样的呢？这当然取决于游戏设计师，但是我发现这个问题的答案通常来自实验。在一个原型里，如果可以实时操控一个角色在一个可以探索的空间里四处游走，并且这个空间里有许多可以与之交互的物体（它们的形状、大小和类型各不相同），操控会有机地进化成技巧和挑战。角色能爬到山顶吗？角色能在建筑之间飞行而不撞到它们吗？角色能跳过这条缝隙吗？游戏设计师在这样一个原型中寻找的是给人的感受最好的运动和交互。通过这样的方式，游戏设计师塑造游戏感的任务变成了探索一个新的映射的可能性空间，并通过目标强调好的方面，利用限制来规避坏的方面。

游戏感会因玩家技能的改变而改变

当刚开始接触一个不熟悉的游戏时，有些玩家也许会感到束手束脚和不知所措，而专家级玩家可能会感觉游戏运行流畅、简单易懂且反应灵敏。从客观的角度来说，一款游戏的操控总是保持一致的，因为冰冷的程序精准地控制一切，不会让其他情况发生。但玩家的感觉是会改变的，感觉取决于玩家能多顺利地在游戏中实现自己的意图。玩家刚开始玩的时候，技巧水平各不相同，这取决于他们的经验和天赋。他们在游戏里也会有不同的学习效率，并且根据练习量的多少，会达到不同的技巧水平。这意味着即使对于同一个玩家来说，游戏感也会随着时间而变化。这种变化使得同一款游戏给人的感觉也会产生争议。你会听到下面这样的争吵。

玩家 1："提到什么是一款游戏的完美'感觉'时，我都会想起《超级马里奥 64》。除了控制摄像机，整个操控都是完美的。"

玩家 2："天啊，我讨厌《超级马里奥 64》，它的操控简直可怕！"

玩家 1："你不喜欢它的操控方式是因为你的操作能力太差，菜鸟！"

因为双方都是正确的，所以这个争论永远无法结束。对于玩家 2 来说，他不能或者不想去熟练掌握这个游戏的操作，那么这个游戏给他的感觉就是笨拙且反应迟钝。玩家 1 的观点同样有效，对他而言，操控马里奥的感觉就是自己延伸到了游戏世界中，他的每一个行动都像自己在现实中转动方向盘或是挥动棒球棒一样，游戏能准确地表达他的意图。他表达的观点是对的，即如果玩家没有达到一定的技巧水平，就不能欣赏到游戏的游戏感。这对软技能等是适用的，比如《雷神之锤》(*Quake*) 中的"火箭跳"；对深度嵌套的操作也适用，比如《马里奥赛车 DS》(*Mario Kart DS*) 中的"蓝火花"。当你还是新手时，没办法掌握游戏中的所有操作。从这层意义上来说，技巧就成为玩家体验游戏感的入场券。

确实也存在这种情况：玩家熟练掌握了一款游戏的技巧，依然认为这个游戏非常难操作。对于我来说，经典街机游戏《吃豆人》(*Pac-Man*) 就诠释了这一悖论。我享受这个游戏，但是从审美的角度来说，在迷宫中移动吃豆人的感觉是呆板、僵硬且没有吸引力的。我的一个朋友从来不喜欢《小行星》这款游戏，因为操作飞船飞行充满了令人愉悦的美感，但躲避小行星和射击外星人飞船的操作太缺少吸引力了，看起来不值得学习。这意味着两种不同游戏感给人的体验（游戏操作基本的美感），与学习、练习以及掌握一个技巧的感觉之间存在联系。这样的联系是循环的，它扩展并贯穿玩家玩游戏的全过程，并持续地改变着游戏感。这个循环就像图 1.14 所示的那样。

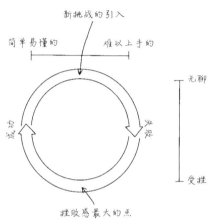

图 1.14 技巧水平和游戏感的循环。随着玩家技巧水平的改变，操控感也会变化

当玩家初次玩一款游戏时，他们通常玩得非常差。玩家们知道并接受"技巧是游戏感的入场券"，并且相信"如果我花费时间练习，并能够忍受一些挫折，这个游戏稍后就会给我提供一些棒极了的体验。"游戏给玩家的感觉在初期是笨拙的、没有方向感的、糟糕的。玩家需要付出许多主动的努力才能在游戏里完成最基本的任务。纯粹的操控的美感可以用在这里，作为安慰来缓解挫败感，直到玩家获得了首次成功。对于一个新玩家来说，几乎玩所有游戏的开始都是这样的。每一个新玩家都在最初的学习阶段感到笨拙、缺乏方向感和挫败。

随着时间的推移，技巧被熟练地掌握，而且可以在潜意识的状态下进行，玩家的水平越来越接近应对眼前的挑战，同时他的感觉会越来越好。最后，玩家掌握了足够多的技巧，并获得了突破，完成了当前的目标。当玩家不再感觉到令人压抑的笨拙感后，操控的美感便走到台前，它和克服挑战的满足感结合在一起，提供了到达这一技巧水平的奖励。随后，下一个挑战被引入，这一循环再次开始。这个新挑战带来的缺乏技巧的笨拙感再次盖过了操控的美感。

客观来说，技巧总会随时间的推移而提高。主观来说，玩家有时会觉得操作很笨拙，有时又会觉得操作很符合直觉，这取决于游戏给他们的挑战和他们的技巧水平之间的对比。

最好的游戏设计师能为不同水平的技巧设计不同的感受。通过了解玩家的技巧和他正在思考、正在集中注意力的地方，一个聪明的设计师能够调整不同水平的技巧的游戏感。对玩家技巧水平的判断可能来自玩家当前处在哪个关卡，玩家背包里的物品有哪些，或者在一个多人游戏中进行大量的游戏测试。举个例子，如果玩家现在在第 12 关，并且关卡的推进是线性的，你可以假设他已经掌握了完成前 11 个关卡所需要的技巧。你知道玩家上一个学到的技巧（这是玩家会集中注意力的地方），玩家对哪些技巧已经具有反射性（这些已经被掌握了），以及还有哪些技巧玩家尚未遇到。有了这些了解以后，就有可能基于时间来塑造一款游戏给人的感受。通过这个方式，一个设计师可以在运动的可能性空间中撒下"面包屑"来引导玩家，并在强调最好的操控感的同时保持技术和挑战之间的平衡。当玩家掌握最高层次的技巧以后，设计师设计最佳游戏感的目标就达成了。

为了让这个方式能够生效，玩家必须永远不会因为无聊或者受到挫折就放弃一款游戏。在玩家技巧和游戏挑战间的微妙平衡被完美地维持的时候，玩家就进入了心流状态。

心流理论表明，当你正在面对的挑战的难度很接近你的能力水平的时候，你就会进入心流状态。这是一个失去自我意识、失去对时间的感知，并获得大量的愉悦感的时刻。研究者米哈里·契克森米哈赖（Mihayli Csikszentmihalyi）（读作"chicksent-me-high"，即"点击让我兴奋"）认为当玩家处于这种状态时，其和运动员、舞者、世界级国际象棋大师处在"忘我"的状态是一样的。这里的要点在于，当你的能力和特定的挑战匹配得非常好的时候，你就可以进入心流状态。如果你的能力远强于某个活动给你带来的挑战时，你会觉得无聊。如果你的技巧水平远低于挑战的水平时，你会觉得挫败，如图 1.15 所示。如果这个活动是攀岩或者其他危险的活动，你会觉得焦虑。契克森米哈赖说过："游戏是最好的心流体验。"并且有充分的证据证明电子游戏在创造和维持心流上有着许多优势，比如提供清晰的目标、有限的刺激范围，以及直接、即时的反馈。[1]

---

[1] 如需更多有关心流状态的细节描述，如怎样判断一个人是进入了还是离开了心流状态，心流是怎样丰富人们的生活的，以及达到心流状态的必要条件，请参考契克森米哈赖关于心流的原作 *Beyond Boredom and Anxiety*。

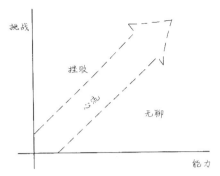

图 1.15　心流状态：挑战和能力达到平衡，玩家最大限度地投入的状态

心流是从游戏感的角度出发能期望的最理想的体验之一。当玩家开始在一款游戏中沉浸时，他们正在体验的感受的一部分就是心流。正如最初的心流研究者们发现的一样，进入心流状态并在其中停留是人类可能获得的最好的体验之一。从外科医生、画家到攀岩者，每一个经常体验到心流状态的人会更快乐、健康、放松并精力充沛。他们知道这一点，热爱这一点，并因此去寻找可以产生心流的活动。在一个电子游戏中或者现实中，满足这样的渴望需要不断去面对更大的挑战来匹配一直提升的技巧。随着掌握更高层次的技巧，或完成更高难度的挑战，对操控的感觉也会改变。一个职业的《反恐精英》玩家和一个职业的足球运动员一样，他们对同一款游戏的感觉和普通人完全不同。

符合直觉的操控

和现实生活不一样的是，玩家可能会觉得操控并没有准确地把他们的意图在游戏中体现出来。这是另一个游戏中的技巧和现实世界中的技巧略微不同的地方。在现实生活中，如果你尝试着去踢一个球却完全没踢到，你只能埋怨自己，而在游戏中，你可以去埋怨游戏设计师。

重点在于玩家的感知：如果玩家无法把自己的意图在游戏中按照他的渴望实现，是因为他缺乏技巧，还是因为游戏本身存在问题？当玩家无法得到期望的结果时，往往会责怪游戏的操控规则，有时候这种责备是合理的。一名游戏设计师不太可能会设置一个得到随机结果的输入，但许多实例表明，一些不是有意设置的操控上的模糊会让玩家觉得这个游戏无法准确地响应他们的输入，从而破坏玩家的操控感。

如果玩家觉得游戏没有办法准确地把他的意图在游戏世界中实现，这是可能发生的最差的感受之一,这是来自游戏感的诅咒,这是玩家们口中所说的"符合直觉的操控"的反面。

符合直觉的操控指的是游戏可以近乎完美地把玩家的意图在游戏世界中实现的操控。基于自己的技巧,玩家把自己的意图在游戏中实现的效率有所不同。如果你正在操控的东西能够完成你想要和期待的事情,准确地把你的神经冲动传递到游戏中,这样的操控就是符合直觉的。你操控的角色就像是你自己的身体在游戏中的延伸。

挑战和干扰之间是有差别的。挑战指的是在技巧维度上让游戏变得更难的元素,干扰指的是那些任意(arbitrarily)扰乱玩家意图的元素。换言之,只要一个行为的结果是可以预测的、目标是清晰的且反馈是及时的,那么它就算是挑战,如果不是这样的话,那么它就是干扰,就是玩家意图和游戏现实之间的噪声。

设计师在构建一款游戏的机制时,会寻找一些难以掌握但值得练习的技能。这些技能应该符合玩家直觉并易于学习,同时富有深度。它们可以是抒情的、有表现力的,但你也可以把游戏中挑战的价值赋予它,让它永远也不会乏味。

游戏感是感官的延伸

玩家玩电子游戏时,通常会将注意力集中在屏幕上,忘记其他的一切。虽然这会让家长、教育者和有事业心的政客们惊愕,但是这并不是入迷,而是一种感官的延伸。屏幕替代了玩家的视觉器官,玩家不再向四周看,不再注意到眼前的电视、身后的沙发和手中的手柄,玩家的视线穿透屏幕,进入了游戏世界。当玩家坐在那里,盯着屏幕,他们并不是得了焦虑症。他们用游戏中的视觉取代了自己的视觉器官,把它扩展到了一个全新的空间。他们观察四周,在游戏中敏锐地察觉身边的一切。这是因为电子游戏中的角色就像是一种工具,它既提供了潜在的行为,也提供了感知的通道。

仔细想一下一把锤子。当你用锤子敲击一枚钉子的时候,你能看到钉子的尾部变得越来越低,你也可以随着每一次敲击的进行、钉子的深入而听到音调的变化,这些是直接的感知,你也可以通过锤子来感觉钉子的状态。在每一次敲击的时候,你可以感觉到钉子向深处钻,感觉到你是否正中要害,感觉到钉子是不是被敲弯了等。触觉的反馈通过锤子传递到你的手上。锤子成了触觉器官的延伸。

现在让我们来讨论一下《块魂》(Katamari Damacy)中的角色。控制这位宇宙小王子（Prince of all Cosmos）是对视觉器官、听觉器官和触觉器官这三种感觉器官的延伸。作为一个玩家，我有一个目标：将我的 Katamari 变成特定的大小。完成这个目标的第一个步骤是捡起一些在我当前的位置的左边能看到的一些图钉。一旦形成了这个意图，我开始采取行动，推动摇杆来让我的角色朝着想去的方向移动。为了知道我是否转到了正确的方向，以及什么时候应该停止转弯并直线前进，我会观察屏幕提供的视觉反馈，估算角色和图钉之间的距离。在每一个时刻，我都会观察小王子朝着图钉的方向转了多少，并持续微调来保持正确的航线。这个循环会不断进行，直到我听到令人满足的"收集成功"的音效。如果撞上了一些对我的 Katamari 来说太大的物体，我会看到 Katamari 停下来了，一些碎片飞落，屏幕振动，手柄上的电机也开始振动。

在每一个例子中，一个设备都会覆盖我的某种感觉器官。屏幕覆盖了我的视觉器官，扬声器覆盖了我的听觉器官，手柄覆盖了我的触觉器官。来自这些设备的反馈允许我在游戏里体验各种事物，就像它们是存在于现实世界中一样。我会有一种在一个物理空间里移动、触碰以及与物体交互的感觉。屏幕、扬声器和手柄成了我的感官向游戏世界中的延伸。游戏世界变成了现实，因为我的感官直接被来自游戏中的反馈所覆盖了。通过和不同的感觉连接在一起，一块屏幕、一组扬声器和一只手柄能够让人觉得虚拟世界和现实世界一样。

当游戏设计师设计好摄像机的行为，配置好声音效果以及振动马达的触发器时，他们不是在定义玩家看到、听到或者感觉到的东西。事实上，他们在定义玩家会如何在游戏里看、听和感受。任务的目标在于如何通过虚拟的感官来覆盖真实的感官。在定义游戏感的时候，我们必须知道这一事实并拥抱它。体验游戏感其实就是用不同的"眼睛"去看，用不同的"耳朵"去听，以及用不同的"身体部分"去触碰。

站在游戏设计师的角度来说，最重要的部分在于定义摄像机的行为。摄像机是玩家的视点，是在游戏世界中代表他的双眼的焦点，决定了屏幕上显示的游戏世界是什么样的。游戏设计师在创造一个特定感受时，第一个任务是将输入信号映射到运动上，第二个任务是创造一个空间和一些物体以给这些运动提供参考系，第三个任务是定义摄像机的行为。我并没有听闻有什么游戏是使用声音或是手柄的振动作为实时操控的主要反馈的。思考如何通过听觉或是触觉反馈来实现大部分实时操控是很有趣的事情，但大部分游戏的操控是建立在视觉反馈为主的基础上的，声音和手柄的振动作为润色效果被添加了进去。这就是为什么制作一个有游戏感的原型时，创造摄像机及其行为会是第三重要的任务。没有映射、基本的关卡布局和摄像机行为这三者中的任何一个，游戏感就无法被可靠地测试。对于一名游戏设计师来说，这三者是游戏感的基础。

关于摄像机，需要做两个重要的决定：它要被放在哪里，它相对于角色是如何运动的。摄像机位置和摄像机运动方式的组合决定了玩家对速度的印象。

因为摄像机不仅仅是可以被控制的物体，同时也是玩家感知游戏世界的器官，所以它的运动需要得到一些特殊的对待。通常来说，这些问题会自动被解决。如果摄像机的运动太突兀或是失去方向感，或者玩家无法看到需要看到的东西以投入游戏中的一个挑战，那么设计师会简单地进行迭代，直到这些问题被减少或是缓和。最常见的选择是：不要让摄像机过度运动，运动的时候尽量平滑。当你无法通过编程获得良好的效果的时候，就把控制权交给玩家。否则，摄像机就会在意图和结果之间造成干扰，让操控对于玩家而言不那么符合直觉。更糟糕的是，摄像机的运动能够引发玩家的生理不适。这个有趣的现象进一步证实了屏幕上的反馈确实会覆盖玩家的视觉感知。当玩家的内耳接收到的信号和玩家的双眼看到的东西不相符的时候，晕动症就发生了。对于一个在房间里静坐的玩家来说，在一个不移动的屏幕上玩游戏来体验移动，视觉的感知必然会通过屏幕延伸到游戏里。因此，也难怪帧率骤降会如此突兀，让玩家感觉如此糟糕。这就好像你在去食品店的路上，眼前的画面突然开始闪烁一样。当一个玩家静止地坐在一个房间中，在一个固定的显示器上玩游戏的时候，遇到这样的情况也可能发生晕动症。如果摄像机是玩家在游戏中的双眼，那么通过这个视觉器官获得的反馈流必须是流畅且不受干扰的。

游戏感和本体感受

运动感（kinesthesia）是游戏感中容易被忽视的部分。运动感帮助玩家确定角色身体的位置、重量，或者肌肉、肌腱和关节的运动。运动感用更特别的词来说就是"本体感受"（proprioception），这个词和运动感通常是可以互换的。在描述一个人在潜意识中对他的身体在空间里的位置的感知程度时，本体感受这个词会更精确一些。要理解什么是本体感受，你可以闭上眼睛，将双臂平举在身体的前面，然后用你的左手去触碰你右手的无名指。这个感觉让你清楚地知道你的手指处在什么位置,而不需要通过视觉或听觉的反馈来判断,这就是本体感受。当警察怀疑你酒驾并让你走直线时,他也是在测试你的本体感受。

游戏感和本体感受的关系是什么呢?本体感受来自生理学中复杂的、并没有被很好地理解的一个部分,比如血液在血管中的运动,以及肌肉和肌腱为了对抗重力产生的拉扯的感觉。这一切被组合起来以后,就形成了清楚你自己的身体在空间中的具体位置的感觉。这也是为什么大部分宇航员都会在刚刚进入零重力空间的头几天里经历"宇航病",后来还会偶尔复发。尽管宇航员都对极大的重力、压力有很强的承受力,但是在缺少本体感受的反馈时,身体会失去方向感。当重力被剥夺的时候,身体失去了对"上"的感觉,其反应变得无法预测,通常来说,出现的反应会包含大量呕吐等。

当在电子游戏里操控一些东西的时候,并不存在"真正的"本体感受,这是不可能出现的。你对角色的感觉成了你身体的延伸,但即使如此,按下按钮也永远无法使你获得挥动网球拍那样来自本体感受的、肌肉伸展的反馈。

所以我们从中收获了什么呢?看起来,本体感受似乎是一条重要的线索,因为操控一款游戏的感觉显然要超过仅通过视觉和听觉可以带来的。如果我们不能真正地在玩游戏的时候体验到急转弯时的离心力,那我们要怎么解释玩游戏的感觉和现实如此相似呢?为什么我们会坐在椅子里倾斜自己的身体?有一个有趣的案例,这个人叫伊恩·沃特曼(Ian Waterman)。在 19 岁那年,一次病毒感染摧毁了他皮肤和肌肉中的神经。他还是能感觉到温度、压力和肌肉疲劳,但他的本体感受完全消失了。他只能够通过视觉观察自己的身体,或通过其他微妙的线索来拼凑起对自己的身体在空间中的位置的感知。如果他站在厨房里,突然停电了,他只能无助地瘫倒在地直到来电。最有意思的地方在于,在表面上,他现在的行为看起来没什么异样。他付出了艰苦的努力,利用任何感官给予的线索估算身体在空间里的位置(他能利用声音和温度的反馈来确定自己身体的位置)。

从表面上看,这好像在很多方面类似于在一个虚拟空间里面操控虚拟物体的体验。基于有限的反馈,我们体会到了某种本体感受。我们能感觉到虚拟空间中一件虚拟物体的位置、尺寸和重量。但如果言尽于此,对沃特曼先生来说是极为不尊重的。即使是在完全人造的、数字的空间里操纵一些物体,我们也有显著的优势:我们还是能够使用身体对位置的感知来指引自己。我们真是一群"作弊狗"!

当你移动鼠标、操作摇杆或者 Wii 手柄的时候,你的本体感受依然有效。你的两只大拇指的移动范围虽然很小，但它们依然提供给你它们在空间中的位置信息，并且通过按钮或摇杆上的阻力来告诉你你把它们按到或者推到哪里了。你对你的身体在空间中的位置有一种感觉，即使你的主要反馈来自虚拟空间中的虚拟物体。通过这种方式，操控游戏里的某些东西仿佛是你对空间的感受的放大，因为你通过非常少量的现实中的运动来获得虚拟世界中大量的运动。这就像给你的拇指装上了"扩音器"。你现在关心的是在现实中的运动如何影响虚拟的物体，运动和反馈的过程被颠倒顺序了。当我们在游戏中控制一些东西时，我们的本体感受不是被削弱了，而是被放大了。

游戏感体验的一部分，就是通过放大从视觉、听觉和触觉反馈产生的本体感受得到印象。这是通过虚拟的方式创造出来的印象，但是感官会认为它是真的。游戏感的直觉总是会多于构成它的各个部分（视觉、听觉、运动和特效）的简单汇总。它们组合在一起产生了另一种感受，我们用"虚拟的本体感受"这个术语来称呼它。

玩家身体的延伸带来的游戏感

当知觉延伸到游戏世界中以后，玩家的身份认知也延伸进了游戏。当你驾驶一辆车的时候，情况是一样的。当你开车的时候，你对车辆在空间中的位置产生了感觉，你也会感知到车辆是身体的延伸。这样，你在停车、超车或进车库时避免发生剐蹭。你的感官向外扩展，包围你的车并接收反馈。此时，你的车变成了你的一部分，这既是身体的延伸，也是自我认同的延伸。因此，人们开车在路上被别的车撞到的时候会说"他撞了我"，而不是说"他的车撞了我"或者"他的车撞了我的车"。

当一款游戏里的角色像是你自己身体和感官的延伸时，身份认知会通过同样的方式扩展出去，包围这个角色。游戏设计师乔纳森·布洛（Jonathan Blow）称其为"角色替身"（proxied embodiment），即身份扩展到某种角色的介质上，占据它并让它成为某人的身体。"我的角色"变成了"我自己"。有趣的是，这种身份认知的转变是反复无常的。它会向外延伸，包围了我们正在操控的事物，然后过一会儿就消失了。当我们在《半条命》中轻松地扫荡了一个全是海军陆战队员的房间后会说"我真是太棒了"。过了一段时间，当我们突然掉下了悬崖，经历了一次可怕的虚拟死亡后又会惊呼："不，戈登·弗里曼（Gordon Freeman），你这个愚蠢的家伙！你是个坏人！"对于游戏设计师来说，身份认知的流动是很棒的，它缓解了游戏中的挑战给玩家带来的挫败感。对角色的一些咒骂总比玩家一直无聊和受挫折后放弃游戏要更好。它提供给那些不愿意去抱怨，同时想保持参与度的玩家很好的放松，让玩家能够更快地回到享受操控的美感上。

  身份认知的延伸也能给玩家一种直接的物理接触的感觉，这是一种无言的感觉。比如在《雷神之锤》（*Quake*）中被一发火箭弹击中，玩家产生的不是在现实中被击中的感觉，但却足够真实。当角色被撞击、挤压、击倒或者刺穿的时候，我感觉这些事情好像真的发生在我身上一样。这和我开父母的沃尔沃牌轿车撞到一根杆时的感觉是一样的，并不是真的疼，但是感觉就像是真的受伤了。同样的道理，当角色抓取、投掷、猛砍或者敲打物品的时候，我的感觉都很好，因为我能够延伸进游戏里，用我扩展的虚拟身体的一部分去直接影响游戏里的东西。这里，物理交互给人的感觉变得非常强而有力。通过润色和模拟的组合，设计师能够通过很精确地打磨这些交互，让玩家感觉到他们在打人或者被打。

  身份认知的延伸不是一个你可以直接设计的东西。它自然而然地从实时操控中浮现出来，并且会被过多的挫败感、厌倦感或是意图和结果之间的不确定性所破坏。根据操控的灵敏度的不同，身份认知的延伸也有多有少。举个例子，我不会将自己代入《俄罗斯方块》（*Tetris*）中每一块落下的方块。我和每一块方块共处的时间飞逝而过，而我对方块运动的控制也是很不灵敏的。方块本身没被人格化，但是这一点不如操控的表达性重要。在《小行星》中，玩家的角色也是过分简单化的，玩家身份认知的转移要更显著，因为操控中蕴含更多内在的灵敏性。它一边自己旋转、一边运动，勉勉强强地躲过小行星。玩家真的感觉到了飞船的大小，在操作它的时候非常关注它的尺寸和位置。甚至在《乓》（*Pong*）这个只用方块做表现的游戏里，也有很大的进行身份认知转移的潜力。游戏中球拍的反应足够灵敏，让玩家能够感受到感官和身份认知的延伸。这一点在《雷神之锤》这样的游戏里被发挥到了极致，在这个游戏中，玩家在身份认知和角色之间没有任何阻碍。《俄罗斯方块》的操控灵敏度很低，只允许方块左右逐格地移动和旋转。《雷神之锤》映射了高灵敏度的输入设备——鼠标，直接控制了角色的旋转。只要玩家不会觉得太挫败，同时不会有造成严重后果的操控的模糊性，更灵敏的操控能够很容易让玩家接受身份认知的转移。

游戏感是一种独特的物理现实

现在需要你帮我完成一个小实验。首先,想象你朝你对面的墙上扔一本书。想好了吗?现在请你真的将正在读的这本书朝墙上扔。来吧,反正没人在看你,扔吧。

我假设你已经扔了这本书,或者基于个人对书的道德准则而没有扔。那你想象的结果和现实的结果有哪些不同呢?现在将这本书放到手上,感受它的重量,同时用拇指快速拨动书页,听那悦耳的声音。你注意到了什么?像这样一本纸质书,它比较重、松软,通常来说都能被扔到你想扔的地方,书页在空中散开,然后拍在地上。根据你之前关于纸质书的经验,这可能是你此前猜测的扔书后会发生的状况。但你怎么知道这是真正会发生的情况呢?如果你看到自己的咖啡桌上放着一本没见过的书,你如何确定自己看到的这个物体就是书,就是将木头打碎做成纸浆再制成纸,进行印刷、装订后变成这样一块砖头似的书呢?答案是行动。你必须去扔这本书来验证。

根据你之前关于纸质书的经验,你可以有根据地猜测之后会发生什么,但是真正地验证一个物体的物理特性的唯一方法是观察运动中的这个物体。作为一个和包括你的双手在内的其他物体进行交互的物体,你能够快速解析出它的物理特性。在游戏中,同样的物理感知过程也会发生。从这个意义上来说,游戏感给人的体验是基于某种"假"的牛顿物理学。

人们很擅长理解虚拟空间中的物理规则,因为我们在潜意识里对现实世界的物体的运作方式非常熟悉。我们一接触一个虚拟空间,就会开始拼凑任何关于这个空间的物理规则的线索,并且情不自禁地在脑海里形成一个心理模型。这个过程发生得如此之快又如此高效,并且基于有限的刺激(视觉、听觉、触觉和动作)收集信息。当所有这些协调一致时,虚假的物理规则就符合逻辑了。每一个微小的线索都被用来支持同样的物理规则,从模拟的碰撞到动画、声音、屏幕振动和粒子效果。有时候一个小反馈会和其他的内容发生矛盾,这会导致玩家基于虚拟空间建立的心理模型出现不合逻辑的情况。即使是《战争机器》(*Gears of War*)这样在追求物理规则方面非常出色的游戏,你也总能找到一些不合逻辑的地方(如角色的脚会从台阶中间穿过去)。

在一个电子游戏里,你并不会真的坐在你掌握和操控的东西中。你不可能做到,因为你正在操控的物体没有物理实体。电子游戏里的物体是在虚拟空间中由数字构建的,无论它们多么成功地模拟了真实世界,也只能传达一种物理印象。创造一款游戏感良好的游戏,从某种意义上来说,就是建立这种印象的过程。通过声音和运动,我们为玩家提供了拥有整套物理规则的世界,让他们在脑海里重建虚拟空间的心理模型。这与我们每天将现实世界中的情况映射到大脑是一样的。扔出去的书会产生噪声,掉在地上的时候发出"砰"的一声,书在空中划过一道特定的曲线,通过一种特定的方式掉落,这需要一定的力量来扔出。但是印象,对物理规则的概括,来自声音、触碰和运动的组合。

思考一下图1.16所示的两个保龄球相撞的案例。你会想象当它们相撞的时候,将发出一声令人满足的碰撞声,然后慢慢地滚开。如果发生了另一种情况,其中一个球在撞击时变形了,发出了一声沉闷的撞击声,听起来像一个沙滩排球被猛踢了一脚一样,然后在撞击的瞬间就猛烈地朝另一个方向滚去,那么你会怎么想呢?此时此刻,你可能会假设其中一个球只是在视觉上被聪明地伪装成了一个保龄球,但其实是一个沙滩排球。即使它看起来像保龄球,但是至少两类反馈(声音和运动)提供的证据有力地指出这并不是一个真正的保龄球。

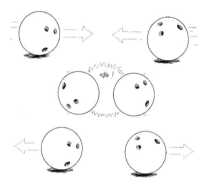

图1.16　正常的保龄球相撞以及正常的行为

现在我们来看一下图1.17中的两个球。你觉得这两个球在一定速度下相撞会出现什么情况?如果乒乓球在撞击后发出低沉而令人不安的嗡嗡声,然后以强大的冲击力将保龄球撞成两半,你会怎么推测这个乒乓球的物理特性?你刚刚感知到的现象在现实世界中是见不到的。

图1.17 保龄球和乒乓球相撞：谁赢？

在心理上，你是在尝试去揭露隐藏的物理现实。毫无疑问，即使它看起来像是一个很轻的乒乓球，但如果它可以摧毁一个保龄球，那它肯定是由结实而且沉重的东西构成的。我们努力地通过放弃视觉线索来解决这种不协调，因为从证据的角度来说，运动和声音线索的重要性超过了视觉线索的重要性。同样的道理，一个保龄球，即使我们听不到它的声音，它依然通过自己的运动或者和别的物体的交互来传达它的重量感。即使视觉和声音线索给人的感觉并不一致，但是在建立感觉给人的印象的时候，运动的重要性通常胜过这二者。

这也是为什么互相穿插的物体或者诡异的、无法预测的运动对于玩家来说非常有干扰性。举个例子，id Software 的《毁灭战士3》（*Doom 3*）的视觉效果是一个典范。游戏中的每一个生物都利用法线贴图渲染出了高水平的细节，远远超过了之前的所有游戏，而且它也是首个将真实的光照模型做到游戏中的主流商业游戏。在游戏中，场景的角落可以真的变得黑暗，潜伏在那里的生物必须真的用一只手电筒才能被照亮。不幸的是，这些令人印象深刻的视觉和单薄、乏味的声音（尤其是霰弹枪和机枪的音效）及整个游戏里散落在各处的不真实的、不平稳的日常物体的运动不相配。有些物体像直升机一样飞来飞去并旋转，仿佛自己有了生命，同时其他物体完全没有反应，彻底不会动。这个游戏里的运动似乎缺乏逻辑，或者缺乏运动，并且在视觉和运动之间出现了强烈的不协调，物理印象被打碎了。正如游戏设计师布莱恩·莫里亚蒂（Brian Moriaty）说的："……任何一个你想象的世界以外的事物出现在这个世界中，都足以毁灭这个世界。"[1]

我们拿这个例子和游戏感出色的《战争机器》进行对比。《战争机器》对粒

---

[1] 《游戏设计技术》（*Andrew Rollings and Ernest Adams on Game Design*）英文版原书的第59页。

子效果的运用非常出色（尤其是当角色撞上墙壁的时候激起的尘埃效果），对电影式的小技巧运用得也不错，比如镜头畸变和屏幕振动，同时这个游戏里的声音效果也是顶尖的。这些都带来了强有力的、吸引人的物理印象。正如独立游戏设计师 Derek Yu 说的："……在《战争机器》里，你就是这个扛着一把枪的巨型破坏球，这感觉太棒了。"

小结

为了回答什么是游戏感，我们由游戏感的基本定义开始：

在模拟空间中对虚拟物体的实时操控，并通过润色增强交互感。

利用这个定义中的三个基本构成要素（对虚拟物体的实时操控、模拟空间、润色效果），我们能够创造游戏感出色的游戏。

在本章中还进一步定义了什么是游戏感出色的游戏，这些游戏可以传达给玩家五种不同的体验。

- 操控的美感。
- 学习、练习和掌握技能的快感。
- 感官的延伸。
- 身份认知的延伸。
- 与游戏中独特的物理现实进行交互。

这五种体验中的任何一种都无法单独成就游戏感。当然，游戏感是所有这些体验共同构成的。在玩游戏的时候，某种体验可能会让你明显感觉到。玩家可能会觉得特别挫败，被某种操控的美妙感觉迷住一会儿，或者通过在准确的时候发射一发火箭弹命中敌方来获得满足感。这些体验都不是互斥的，无论何时，它们都会不同程度地展现出来。

游戏感的这五种体验告诉了我们很多关于玩家如何体验游戏感和游戏设计师如何利用游戏感的有趣的事情，它们没有告诉我们的是形成这些体验的心理学和生理学上的过程。为了在这些层面上理解游戏感，后面让我们稍微偏离人类体验的角度，站在人类感知的角度继续探讨。

第2章

游戏感和人类感知

准确理解人类如何感知我们所创造的游戏世界，这是设计出色的游戏感的关键。首先，我们会深入研究第 1 章介绍的交互反馈循环模型。通过解构这个模型的每一部分并结合人类处理器模型（Model Human Processor），我们能够从人类感知特定的、可以测量的特性层面去定义实时操控。这会准确告诉我们何时实时操控能够存在以及什么会导致它的消失。我们还会一起研究计算机方面的一些东西，如机器幻象的参数到底是什么。最后，我们会一起研究感知对游戏感的影响。

实时操控在何时以何种方式存在

在第 1 章中，我们定义了实时操控就是"通过从玩家到游戏不间断的命令流，对运动的角色进行精准、持续的操控"。正如我们说过的，实时操控更像是在驾驶一辆车而不是进行一段对话。这个定义里面需要明确的地方是"不间断的"这个词。如果玩家能够在任何时候进行新的输入，但是游戏只能每隔一段时间接收输入；或者玩家在一段特定的时间内被禁止输入，直到一段动画播放完成才能重新输入的话，实时操控还存在吗？换句话说，实时操控是什么？我们要如何知道游戏何时是实时操控的，何时不是。

让我们再次一起看看交互，这次我们探讨更多的细节。交互涉及两个部分：玩家和计算机，如图 2.1 所示。

从玩家角度来看，人类能感知一些不变的特性。比如，玩家需要经历一定的时间才能感知到游戏的状态，思考如何应对并且将信号传递给肌肉。

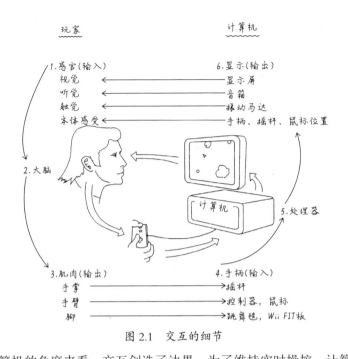

图 2.1 交互的细节

从计算机的角度来看，交互创造了边界。为了维持实时操控，计算机必须以超过每秒 10 帧的速率显示图像，这是使人类产生运动错觉的帧率的下限。计算机也必须在 240 毫秒内对输入做出响应，因为这是人类响应时间的上限。同时，连续性也存在一个阈值。游戏必须时刻准备着接受玩家输入，并以一个持续的、每秒 10 次或更高的频率提供响应。游戏对输入的响应如果是偶发的，就会打断命令流。因此，承担维持实时操控责任的是计算机。在这个过程中，计算机那一侧的参数是可以改变的，但是玩家感知那一侧的参数则无法改变。

在玩家这边，让一个人去感知世界的状态，思考如何行动并做出反应所需的最少时间为 240 毫秒，这是非常短的时间。

这样的修正循环用来在人们制作三明治、开车时，或者在电子游戏中对物体进行实时操控的过程中对人类的行为做出细微调整。这个过程的测量结果来自卡德（Card）、莫兰（Moran）和纽厄尔（Newell）提出的"人类处理器模型"，它基于许多对人类反应时间和响应时间的相关研究。240 毫秒由三个测量部分组成：感知、认知、行动。它们以如下范围进行划分。

- 感知处理器：100 毫秒（50 ～ 200 毫秒）。
- 认知处理器：70 毫秒（30 ～ 100 毫秒）。

- 行动处理器：70毫秒（25～170毫秒）。

这里被测量的是每一个处理器的循环时间，即接收一个输入并完成输出的时间。其中，值的波动来自环境和生理情况的变化。比如：有些人相对其他人处理事情更加迅速；普通人在紧张的环境下能够更快地处理事情，展现出对意识更强的感知。普通人的处理速度在放松的环境中会下降，例如在黑暗中读书时。在这个模型中，每一步都被定义成独立的处理器，有自己短暂的循环时间，如图2.2所示。

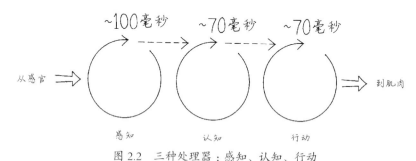

图2.2 三种处理器：感知、认知、行动

> **亲自试试**
>
> 如果想要测试你的处理功能的速度，我强烈推荐你试试humanbenchmark.com（网址参见随书资源包中的P39.1）的反应时间测试。这能让你清楚地认识到当能够用计算机测量人类处理功能的运行速度时，书中所讨论的时间变量到底有多小。我反应最快时耗时170毫秒左右。如果你像我一样，那么你也许会对自己认知所需时间的极限感到奇怪，但事实就是这样，你不能否认计算机测量的精度。我们能够测量它真的是一件很棒的事情！

感知、认知和行动虽然分开处理，但是一环紧扣一环，它允许人了解事物的状态，思考要怎么去改变它们，然后根据思考的结果去行动。注意这是对人类认知的一种抽象，在人脑解剖中并没有一个结构被叫作感知处理器，但这种抽象能够让我们量化我们的处理过程。

感知处理器从感官获取输入，转化成感知数据，然后寻找模式，关联，进行归纳。全部的感知数据能为认知处理器制造可识别的世界的状态。

认知处理器负责思考，它对比事件的预期结果和现有状态，然后决定如何进行下一步操作。

行动处理器收到行动指令后命令肌肉执行它们。在这些指令转变成肌肉运动后，整个过程又重新从感官感知开始循环。

所有的这些都在交互流程图里的第二步（在玩家的头脑中）发生，如图2.3所示。

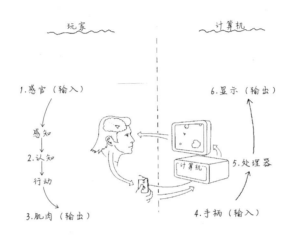

图2.3　交互流程图中的三种人类处理器

修正循环和游戏感

当感知、认知、行动三个处理器在一个闭合的反馈回路中一起发挥作用时，会产生一个持续的修正循环。当你在做一件随着时间变化需要精准协调肌肉的事情（如捡起一本书、开车、在游戏中控制物体）时，修正循环就会在其中任一时间点发生。麻省理工学院用户界面设计小组的罗伯特·米勒（Robert Miller）描述这个过程为"这是一个不明显的修正循环：行动的效果（例如，你身体的位置或者外界环境的状态）是能够被你的感官所观察到且能够被用来持续地修正你的行动。"

举例来说，想象你试图抓取放在你桌子上的松饼。你构建了你的意图：抓取松饼，如图2.4所示。一旦这个意图被设定好，它就被转化成你肌肉的运动：旋转你在椅子中的身体，激活手臂肌肉，以抓取松饼的姿势张开手等。在行动开始的那一刻，你感知到手在空间中的位置然后看着它开始行动。感知处理器将手的位置信息传递给认知处理器，认知处理器对比手现在的位置和它应该在的位置，然后制订一个新的计划以修正行动。行动处理器采取新的计划，并将计划转变成实际行动。从行动开始的那一刻到你拿到松饼,你依次经过了连续的行动、感知和认知(思考)的过程,根据每一次手掌相对目标的距离和目标的大小变化来提升动作的精度,如图 2.5 所示。

图 2.4　意图:抓取松饼

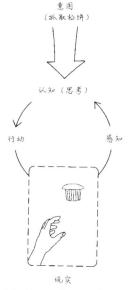

图 2.5　抓取松饼:一个不断进行的修正循环

因为我们知道每一个处理器的循环时间(感知约为 100 毫秒,认知约为 70 毫秒,行动约为 70 毫秒),所以完成一个修正循环所需的时间总计约为 240 毫秒,如图 2.6 所示。

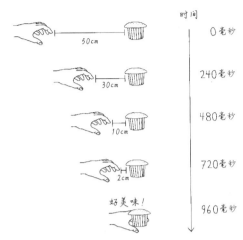

图 2.6 完成一个修正循环所需的时间：240 毫秒

修正循环使得人们可以精准地跟踪和触达目标，操纵身体，指向事物，并且成功地在现实世界里导航。想亲身体验的话，试试本章中的例子。试着尽可能快地将鼠标指针放在某个点上，你能看到修正循环在行动中的表现为：鼠标指针移动过头，鼠标指针移动不到位，鼠标指针准确地落在目标点上。

现在想象你饿了而且你在附近找不到松饼，于是你开车去松饼店。这次行程的最终目标为买到一个甜美的香蕉松饼。这个目标可以被拆分成不同层级的意图，比如，在 ELK 路口右转。在底层中，你必须时刻保持对汽车运动的调整，保证它在车行道内，遇到红灯停下等。像之前一样，你感知周围环境的状态，思考应该如何修正现有的行动，然后每 240 毫秒修正一次，如图 2.7 所示。

这个过程与你抓取放在桌上的松饼的过程一样，只是这个过程持续的时间更长。桌上的松饼是静止的，并且抓取过程只展现出单一的目标、单一的意图。而开车去商店会持续很长时间，包含了多个不同层级的目标。

在电子游戏中，实时操控也是这种持续的修正循环，就像在开车时实时操控在连续的过程中将高阶意图分割成一个个独立、即时的行动。这些行动是修正循环的一部分，玩家感知到游戏世界的状态，通过某种方式进行思考，然后制订了一个行动计划，目的是把游戏的状态带向了一个内化的理想状态。这一切也是发生在 240 毫秒的循环时间之内。

区别在于，在现实世界中行动会转化成物理现实，而在电子游戏里，现实世界被游戏世界所替代。它们是这样精巧连接的：感知处理器获得的输入信息来自屏幕、音箱和操作手柄的触感。输出则由现实世界里直接作用于对象上的行动变成作用于手柄，然后手柄将指令转化成对游戏世界里对象的操控。

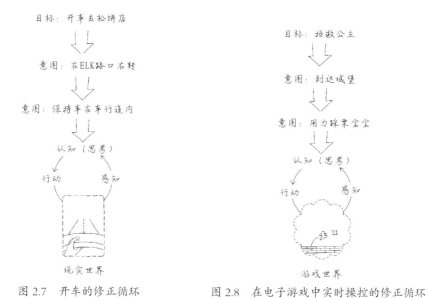

图 2.7　开车的修正循环　　　　图 2.8　在电子游戏中实时操控的修正循环

> **费茨定律（Fitt's Law）**
>
> 费茨定律是一个著名的公式，在给定目标的大小以及你的手与它的距离后，它能准确地预测你的手需要多久触碰到目标。它作为一个非常成功的、研究得非常充分的 HCI 模型，在许多研究中得到了验证与重现，是十分成功的定律。以下是费茨定律的公式。
>
> $$MT = a + b\log_2\left(\frac{D}{W} + 1\right)$$
>
> 其中，MT 为运动时间；
> 　　　a 为设备开始/停止时间；
> 　　　b 为设备速度；
> 　　　D 为初始位置与目标之间的距离；
> 　　　W 为沿运动轴测量得到的目标的宽度。
>
> 费茨定律最初的用处是：预测在手臂可到达范围以内，经过已知距离到达特定大小的目标所需要的时间。后来人们发现这个定律同样适用于预测在计算机屏幕里让鼠标指针到达特定大小/形状的对象所需要的时间，因此该定律后来被许多用户界面设计师学习并应用。例如，在 macOS 操作系

> 统中，菜单栏占据了整个屏幕上方边缘，这意味着菜单栏的"尺寸"在功能上是无限大的，用户能够轻易、快速、在几个修正循环内触达它。试想一下，如果功能是在一个小按钮上或者分级的子菜单上会是什么样子。

计算机方面的要素

实时操控依赖于计算机持续地维持以下三项内容：

1. 运动的感觉（以大于 10 帧每秒的帧率显示）。为了维持运动的感觉，屏幕的帧率必须大于每秒 10 帧。如果能达到每秒 20 帧到 30 帧的话，给人的感觉会更好，动作会更平滑。
2. 即时响应（输入到显示花费的时间在 240 毫秒以内）。计算机这边的修正循环的时间必须要少于玩家那边的。如果在 50 毫秒以内，玩家会觉得响应是即时的；如果高于 100 毫秒低于 200 毫秒，玩家会感觉到延迟，不过仍可忍受；如果达到 200 毫秒，那么响应就算是比较缓慢的。
3. 响应的连续性（计算机的修正循环花费的时间必须稳定在 100 毫秒以内）。

运动的感觉

像电影或动画一样，计算机创造和维持运动的感觉的方式很好理解：把玩家的感知处理器的每个循环当成是现实中的快照，只不过同时包含了视觉、听觉、触觉和本体感受。每隔 100 毫秒，感知处理器就会抓取这些刺激的一帧。如果两个事件发生在同一帧，比如：①马里奥在一个初始位置；②马里奥向左稍微移动了一点。那么两个事件就会融合到一起，让马里奥看起来像一个运动中的物体，而不是一连串静止的图像，如图 2.9 所示，这就是感知融合。

图 2.9　每秒 10 帧是维持运动错觉的阈值

从计算机这边来看，感知融合解释了如何让物体在游戏里看起来是在运动的。如果图像在一秒钟以内被刷新十次（100 毫秒刷新一次 =10 帧每秒），这对于产生运动错觉是足够的，然而这是阈值，效果并不够好，20 帧每秒给人的感觉更好，而 30 帧每秒则会让人感觉影像更加流畅。因此，大部分游戏都以 30 帧每秒或更高的帧率运行。正如游戏开发者们知道的，帧率在很大程度上依赖于处理器性能，它越高越好，不要出现帧率不足的情况。从来没有帧率太高这种说法。

即时响应

感知融合同时也影响了人们对于因果关系的印象。如果我打开电灯开关，灯光亮了，这两个事件发生在同一个感知循环中，我会认为它们之间存在因果关系：我的行动导致光的出现。计算机响应也遵循同样的道理：如果我移动鼠标指针马上得到了响应，那么我会假设我的行动导致了指针移动的结果。响应的感觉就像是这样的一个延伸。米勒教授形容这个过程为："感知融合给予计算机响应时间了一个上限。如果计算机在 100 毫秒以内响应用户的行动，那么这个响应对于用户的行动来说是即时的，具备这么快响应速度的系统就像是用户身体的延伸。"

在现实中，从来没有延迟的问题，响应总是即时发生的。但在游戏中，响应从来都不是即时的。即使一款游戏以每秒 60 帧的帧率运行，也无法避免有三帧的延迟。在每秒 60 帧的情况下，三帧意味着 50 毫秒（要通过帧每秒数据计算毫秒值，只需要用帧的数量除以 60 然后乘以 1000。因此，对于 60 帧每秒，3 帧就是 3/60×1000=50 毫秒）。

米克·韦斯特（Mick West）（初代《托尼·霍克的滑板》（*Tony Hawk*）的程序员兼设计师）将此定义为响应滞后（response lag）："响应滞后就是在玩家触发事件后到玩家获得响应（通常以视觉形式表现）中间的这段延迟。如果延迟太长的话，游戏会让人觉得响应迟缓"。

米克留意到，游戏的响应时间在 50 到 100 毫秒之间的话会让玩家感觉游戏是紧凑且响应迅速的。这是因为 100 毫秒少于人类感知处理器一个循环所需的时间。响应时间大于 100 毫秒的话，游戏的控制变得迟缓。响应从灵敏到迟缓的过程是响应随着时间的变化而逐渐变化的过程，如图 2.10 所示。

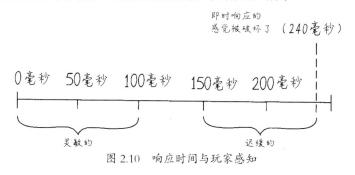

图 2.10 响应时间与玩家感知

> **米克对响应的论述**
>
> 我们不妨看一看米克关于对响应编程的文章（参考随书资源包中的 P46.1）。文章提供了一个很棒的避免响应延迟的技术基础，以及一个很吸引人又实用的在任何游戏中测量响应时间的方法：使用一个平价的数字摄像机以 60 帧每秒的帧率同时录制屏幕和手柄即可。

我们无法找到一个确切区分游戏延迟从迟缓变为灵敏的点，因为其他因素也能影响玩家对响应的感受，比如映射和润色效果。但是有一个阈值（240 毫秒），只要高于它，就破坏了实时操控的感受。超过这个阈值后，玩家会在计算机准备接受新的输入前感知、认知（思考）和行动。

响应的连续性

如果玩家感知、认知（思考）和行动花了 240 毫秒才算完成一个循环，那为什么计算机必须在 100 毫秒内完成任务并提供反馈才会让人觉得响应是即时的呢？这是因为所有的人类处理器都是同时运行的，如图 2.11 所示。

感知处理器将信息传递给认知处理器后，就开始了新的循环。等到初始循环的指令以肌肉运动的形式被送到现实中时已经过了三个感知帧。在现实中这从来都不是问题，因为响应总是即时的。而在游戏里，运动的指令是有延迟的，如图 2.12 所示。

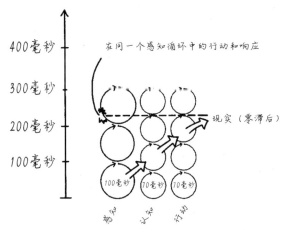

图 2.11　三个处理器同时运行，毫无延迟地传递数据到现实世界中

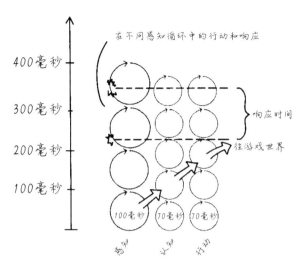

图 2.12　三个处理器同时运行，带一定延迟地传递数据到游戏中，然后返回

这意味着游戏必须以比人类的感知处理器更快的运行速度完成更新，如果没有达到最低限度的话，游戏的反馈周期会超过人类的感知周期，玩家就会感觉到延迟。虽然玩家不会随时输入新的事件，但游戏必须随时准备接受玩家的输入。这样玩家能够随着时间推移不断地调整输入。即便玩家在 240 毫秒的区间内调整方向，但如果把方向盘一直往左转，那么汽车也会持续向左靠。为了维持实时操控，计算机必须把更新时间保持在 100 毫秒以内，这就是维持连续性的阈值。

连续性很难被衡量。许多游戏在某些时候响应部分输入而对另一些输入不响应。这是由于在计算与显示之间存在延迟，或者是处理器被太多事件占用从而导致负载过高（无法按时将图像传递给显示屏），进而导致帧率下降。在游戏过程中，只要处理时间超出感知处理器的一个循环时间，玩家就会感受到延迟。而如果超出一整个修正循环的时间，实时操控就不存在了。

不过，在某些时候，延迟也是游戏的一部分。比如，如果我在《街头霸王 2》里用 Zangief 使出了一招穿刺重击，我会失去对游戏角色的控制达 750 毫秒。这比一个修正循环的阈值时间要长 510 毫秒。然而这个对角色临时的失控是可以被忽视的，因为是由玩家选择何时触发这个行动的，这更像让玩家去权衡风险与回报而不是感受到游戏被打断。在游戏这个奇特的世界里这样的例子是合理的。形体较大的家伙挥出重拳，造成了严重的伤害，这样的攻击应该需要较长的时间去触发。这些例子表明实时操控的连续性在不会破坏玩家的掌控感的情况下是可以被打断的。

因此，在游戏中的中断不仅包含响应时间太长，也包含连续性被打断，但是，中断是可以被其他因素所弥补的，比如一些隐喻性的表现。实时操控就像格式塔（gestalt），它主要依赖于计算机持续地维持三项内容：运动的感觉、即时响应和响应的连续性。

但是玩家才是最后的判断者，设计师可以巧妙地用输入映射和动画将控制流里的中断隐藏掉，只要游戏给玩家留下的印象是实时操控的，那么玩家就认为它是实时操控的。

现在让我们从宏观的角度去探索游戏设计中的感知和游戏感。

感知对游戏感的一些影响

如果想要研究游戏感，那么应该以特殊的方法去看待感知。首先，游戏感包含许多感觉：视觉、听觉、触觉和本体感受，这些人体感觉组合成一个感知体系来体验游戏。其次，要考虑替身的含义。游戏感让人将身体以外的物体归入自身之中，就像是身体的延伸部分一样。再次，获取游戏感是一个持续的掌握技巧和强化训练的过程，就像学习开车和打网球一样，它们都需要不断练习才能被掌握。在某种程度上，学习开车、打网球的过程就像从游戏"菜鸟"到"硬核"玩家的过程。最后，游戏感中的感知模型需要包含构成游戏感的物理特性。体验游戏感就像与虚拟的现实进行交互一样，需要遵循它们的规则，去观察和理解它们。

我们把第 1 章中的内容扩展一下，这里有五个支撑我对游戏感定义的有趣想法。

1. 感知需要行动。
2. 感知是一种技巧。
3. 感知包括思考、想象、归纳、错觉。
4. 感知是一种全身的体验。
5. 工具会成为我们身体的延伸。

感知需要行动

为了感知事物，你必须采取行动。这个理论已经被小猫实验、盲人实验验证过。赫尔德（Held）与海因（Hein）在 1963 年进行的关于小猫的研究中有两组小猫，都被放置在黑暗的环境中饲养。第一组小猫被允许自由地运动，第二组小猫则被捆绑着。研究人员控制着两组小猫都接收到相同程度的刺激，如闪烁的光、声音等。然后，研究人员将小猫放到正常、明亮的环境中。之前被允许自由运动的小猫一切表现都正常，而之前被捆绑着的小猫就好像眼睛看不到东西一样，一直在蹒跚学步。这个例子表明感知是个主动的过程，而不是被动的过程。在实验中，用来刺激小猫的光和声音等周边因素并没有什么区别，真正不一样的是能否使用自己的身体去探索和感知周边的事情。因此，可以得出结论：感知的前提是交互。

另一个研究是丽塔（Rita）在1972年进行的。丽塔邀请了一些盲人来做类似的实验。研究人员制造了一个特殊的由摄像机驱动的刺激点矩阵，如图2.13所示。摄像机（被安装在眼镜架上）通过电子线路发送信号到绑在实验对象左手上的一组振动器，触觉刺激的模式会大致对应视觉的画面。

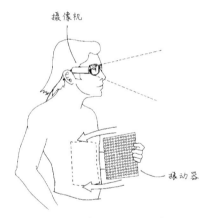

图2.13　实验对象使用触觉代替视觉的设备

每一个振动器对应摄像机画面中的一个像素点，整组振动器可以生成一系列从摄像机"看到"的触觉图像。当被测试人员能够自己移动摄像机时，他们能够学着去"看见"摄像机拍到的影像。而如果他们不能主动控制的话，这个设备就变成一个单纯的按摩器了。

这里提出的感知需要行动的概念与游戏感有关，因为它准确地描述了在游戏世界里去探索和认识周围陌生环境的感觉。并且它将现实世界和虚拟现实通过一种有意义的方式关联了起来：你在游戏里所控制的内容成为你的替身、你的双手。人们很擅长学习一个新的、不熟悉的东西的物理特性，并且会学得非常快。在手中把玩它，你能发现关于它的很多细节：重量、密度、材质、纹理、颜色等。这个能力同样适用于虚拟的物体，甚至是被不同规则、法律和物理系统定义的虚拟世界。因为一些原因，人们对于用虚拟设备去探索一个新的、陌生的世界会感到十分愉悦。被控制的物体会变成兼具感知和表现的替身：当你操控它并到处移动的时候，反馈"流"到你的眼睛、耳朵和手指中。

感知是一种技巧

如果感知需要行动的话，那么行动就需要能被学习。我们通常不这样看待感知，但是感知在一定程度上就是贯穿人的一生的、需要被学习的一系列技巧。从我们出生的那一刻开始，我们学习不同事物间的区别，形成新的神经通路，持续不断地提高感知的技巧，如抓取钥匙，把钥匙放到口袋里。然后不断地重复和学习，直到一个完整的成年人出现。如 Dag Svanaes 所说："感知在很大程度上是后天学习的技巧，它在人与世界交互的过程中慢慢形成。"

这个过程的一部分是不断地归纳、学习诸如公正、自由、曲线等抽象概念，另外一部分则是结合以前的经历。唐纳德·斯尼格（Donald Snygg）和阿瑟·孔巴（Arthur Combs）都是备受推崇的心理学家，他们提出了一个概念：感知域（perceptual field）[1]。这个概念能够生动地刻画人的过往经历、想法、归纳和幻想在感知中扮演的角色。人们身处周围的空间中时需要和很多东西交互，或者与它们发生联系。斯尼格和孔巴通过感知域这个概念捕捉到记忆、感知和技能构建的现象。

感知域的概念指出：感知是由每个人以前所有的背景经历所构成的，这些背景经历包括态度、思想、想法、幻想甚至误解。这意味着我们感知到的东西与之前的经历是无法分割的。我们基于个人对这个世界的看法，通过这个过滤器去感受任何事情。换句话说：一个人的感知来自大脑在受到大量刺激物"轰炸"时基于个体经验所给出的规整化、概念化的含义。还有另外一种说法：感知域是我们认识到的主观现实，是我们认知到的世界，包括物体、人，以及我们的行为、想法、形象、幻想，乃至感觉公正、自由、平等等概念。[2]

因此，你的感知域就是你的世界，是你对所感知到的周围事物及其意义的结

---

1 现象域的概念是在 1951 年由斯尼格和孔巴提出的，后来孔巴把现象域改成感知域，所以我们沿用这个名字。当与游戏感相结合时，"感知域"能在字面上更好地形容这个概念。
2 请参考随书资源包中的 P50.2。

构性的理解。

这是一个很酷的想法，因为它超越了一个简单的心理学模型的观念。心理学模型会更多地从枯燥乏味的临床细节去考虑人是如何思考的（一般与系统影像相比较，从真实的生理功能的角度分析）。

在玩电子游戏时，大脑将游戏世界认知为它理解的现实的感知域的一个子域、一个缩影。它与现实是割裂的，遵守它自己的规则。同时，大脑会基于所有的过往经验去理解这个新的地方。

区别在于，游戏世界不一定要遵循现实物理世界的所有规则。这对于思考、创造游戏感（正如创造一个独立却又有关联的物理世界）是很有帮助的。在很多时候，建造或者调整游戏感系统意味着要建立一系列限定系统里所有行为的通用规则和规律，就像从零开始建造属于你的宇宙一样：它得有自己的、新的重力及自己的动能和摩擦力，你期望的两个简单物体间发生碰撞的结果等设定。这个系统简洁、完整、和谐、自洽。

你周围的世界是客观且不可变的。你不会在某一天起床后发现重力突然消失了。如果你向墙上丢一串葡萄，葡萄会撞到墙，发出"砰"的声音，然后掉到地上。但是令人挫败的是，这种一致性很难在游戏世界里完整实现。

因为我们在游戏世界里应对和理解的方式与在现实世界里应对和理解的方式相似，所以我们期待游戏世界有着和现实世界一样的、自洽的一致性。游戏世界里的一点儿不合理性就会破坏这种感知上的沉浸感。

游戏与电影不同。电影只需展现一个视角中的景象，并保持画面中视觉和听觉的一致性，而游戏是需要处理动态感知的。玩家可以自由探索游戏世界里的各种行为和响应的排列组合。这就是人们从一出生就开始在培养的感知技巧。

因为人类的感知能力极其强大，因此任何细微的不协调的地方都会非常惹人注意，如踩进楼梯、穿过墙等不会出现在现实中的情况。所以，探索游戏世界的过程更接近我们亲身体验现实世界的过程，而不是像看书或是看电影那样被动地接受外部信息的过程。

我们在现实世界中对周围环境的应对机制也被运用在探索游戏世界里。运用的方式是相同的：我们把自己的感知域扩展到这个新的世界中，四处探查以获取需要的信息，然后进行概括和区分，以便和这个世界进行交互。

这就是为什么一个连贯的、抽象的游戏世界比一个细致入微的游戏世界要重要得多。我们大可为玩家创造一个简化的模拟世界，让他们在拿起手柄的几分钟之内就会弄清楚这个世界的规则、限制、物理定律等，但要记住：不要随意推翻已有的设定。如果一个物体看起来又大又重，那么，"被轻轻一推就飞出去""随意穿过另外一个物体"这类现象是不符合常理的。当然，说起来容易做起来难，这在很大程度上取决于游戏设计师想怎么做。设计一个像 Dig Dug 那样简单、紧凑的世界远比设计《侏罗纪公园：入侵者》（Jurassic Park: Trespasser）那样缺少一致性的奇怪世界要好。不管怎样，玩家们都会弄清你的设定，因为现实世界的运作机制远比游戏世界所能呈现的要细致、复杂得多，而常年积累的生活经验让人们拥有敏锐的洞察能力，因此，设计一个简单但符合人们认知的世界远比设计一个庞大又混乱的世界要好得多。

作为一项技能，感知也和人们随着练习时间变长、越来越擅长做某件事有关。你练习做一件事情，就会做得越来越好。你的感知域里开始包含和这项任务有关的日益增长的经验，这会让你每次尝试这项任务都更轻松一些。这不仅仅是一个存储信息的银行，还会影响你每一刻的感知和行动。克劳福德提过，神经通路在这个过程中会被挖掘得越来越深，慢慢不会再要求你有意识地处理这些任务，而是会把这些任务交给潜意识来自动处理。

梅洛·蓬蒂（Merleau-Ponty）把这个差别定义成抽象行动和具象行动的不同。如果一项行动从没被练习过，并且需要有意识地去学习、实践，那它就是抽象行动。如果玩家对一项行动熟练到在无意识间就会做出来，想法到行为会自动发生，那这项技能就是具象行动。在这个过程中，随着时间的推移，人们会逐渐掌握一项本来需要大量深入练习的技能，到后来变成一个潜意识的举动。游戏感也是同理，而且掌握游戏技巧要容易很多。

但无论我们如何对其进行概念化，毫无疑问的一点是人们自然更擅长自己经常练习的技能。如果我们把所有的感知认为是一种技能，这很容易地就能解释为什么游戏感这么像一个技巧驱动的活动，为什么对技巧的学习是体验游戏感的敲门砖。游戏世界中的感知是现实中的感知的一个简化、修改的版本。规则是不同的，但过程是一样的。

感知包含了思考、想象、归纳和错觉

在感知域概念中，还有一个有趣的点：它不但包含物理现实，同时也包含态度和想法。对某种东西的感知受到偏见、想法、归纳和世界观等很大的影响，这些内容都被吸收到了感知域中。当然，对一个事物的归纳总结并不代表一定就是客观事实。

比如，我家里有一套中央空调系统，有一天我觉得冷，想调节温度。墙上的控制器屏幕上显示了处在我房间某处的温度计测量的室温，至少我是这么认为的。控制器上的一个蓝色数值代表想要的室温。我猜只要我设置一个和现有的室温不同的目标温度，空调就会运作来改变室温。现在的室温显示为16℃，我将目标温度调到24℃。冷风吹了一阵，但很快就停止了。几分钟之后，空调再次开始运作，这次吹了很长时间的热风才停止。我逐渐失去耐心了，干脆把目标温度调到32℃。空调再一次开启，吹了一小会热风就自己停止了。不得已，我盖了一条毯子。一个半小时以后，我走进我的办公室，办公室的门是关着的，我突然觉得特别热，然后我才意识到我把目标温度调到32℃了。我取下毯子，脱到只剩衬衫，又去看了一眼温度计，发现室温显示为25℃。于是我又把目标温度调回到22℃。空调又开始吹冷风，然后停止了。天啊！

这到底是怎么一回事呢？我认为空调系统对室温和目标温度的差设定了一个阈值，如果目标温度比室温高或低超过3℃，系统就会开始运作并且开始产生能填补这段温差的热风或冷风。

但实际上，空调系统开启后总是会吹一会儿热风或者冷风，就比如根据目标温度吹5分钟热风或者冷风。热风其实并不是那么热，冷风也不是特别冷，经过一段时间后，室温就会变成目标温度。除此之外，掌握每种状态持续时间的计时器会独立于你的操作而运转。也就是说，计时器总是倒计时5分钟。如果你在5分钟内的最后30秒将系统吹的风从冷风切换到热风，剩下30秒吹的还是冷风，因为系统需要时间来加热，并且制冷的状态还有30秒才会结束（显然，温度计在办公室里）。

唐纳德·诺曼（Donald Norman）想必一定会说我的理论模型和空调系统的系统逻辑是不一致的。虽然在我脑海中已经有了一套关于空调系统的理论，并且自认为是符合逻辑的，但实际上我的想法是错的。我的假设决定了我如何和空调系统交互，以及我认为交互行为应该产生什么反馈。如果我的理论和实际情况不符，错误就发生了。诺曼会把错误归结于设计师，然后指出所谓的"设计者模型"（设计师期望用户会怎样使用他们设计的系统）在设置空调温度这个场景中和用户的理论模型没有同步。设计者模型同样适用于游戏感，这关系到怎样设计系统以便让玩家用最自然的方式与系统交互。在这个问题中，诺曼提出了输入设备和系统的"自然映射（natural mapping）理论"。

如图 2.14 所示，灶台 C 的操作显然比灶台 A 和灶台 B 的操作简单易懂，因为每个旋钮的位置和它们所对应的炉子之间有清晰明了的空间关系。在游戏中，要实现自然映射也是一样的道理，虽然不总是需要那么明显。这里我想用《几何战争》（Geometry Wars）作为例子，因为这个游戏上手十分容易。即使是在一个虚拟空间内，摇杆的运动也自然地对应着游戏中的战舰沿相同方向的运动，如图 2.15 所示。

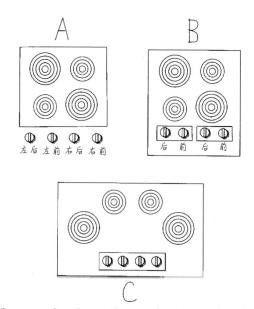

图 2.14　3 个灶台不同的炉子和控制旋钮的空间关系

诺曼的心智模型的唯一问题是它太僵化了。比如，如果我已经有一套对《塞尔达传说：风之杖》（The Legend of Zelda: The Wind Walker）的心智模型了，此时我就可以很容易地理解游戏里的一些机制，让操作变得更易于上手，但它忽略了一点——我和这个游戏世界的关系。我对这个游戏世界有一些特殊的感受和想法，单纯地用简单的图表并无法表达出我对游戏的感情，而这些被遗漏的情感关系正是游戏设计师们努力想让玩家们体验到的。

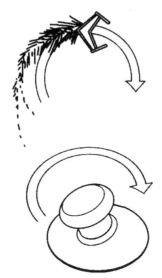

图 2.15 《几何战争》中摇杆的运动和战舰的运动有着明确的关系

举例来说，当我作为玩家在游戏中的开放海面航行时，期望感受到自由和冒险的感觉，这是对游戏成功至关重要的内容。我可以在这个过程中将系统分解，列举我在航行中所有可能的行动，但是这会丢失许多要点。与其精确地追踪物体之间相隔的距离、船能够在不撞到东西的前提下在一个方向航行多远，或者从一个物体到达另一个物体所需的时间，还不如建立一个开放、自由、充满可能性的世界重要。我可以漫无目的地沿一个方向航行，并确信两件事：①我在这个方向上想走多远都可以。②我最终会找到新颖、有趣的事情。系统、船的速度、转向时的灵活度、岛屿之间的距离等都能成为人们愿意去探索的有趣的事物，这些事物也构成了玩家的心理模型，但它肯定丢失了游戏的一个十分重要的体验度量。对系统的细微改变会改变游戏感，比如，让船的航行速度降低百分之二十会让风之杖海洋显得特别大，人们在海洋中会感到无聊和寂寞。感知域的概念不仅包含系统特性，还包含玩家对系统产生的想法、感受和归纳，这个过程是不断形成和改变的，让玩家能够更快地理解周边的事物。

诺曼的心理模型概念忽略了另外一件重要的事情——思维迁移。就像谜题设计大师斯科特·金（Scott kim）提到的"醍醐灌顶"一样。举例来说，在《塞尔达传说：梦幻沙漏》（*The Legend of Zelda: Phantom Hourglass*）中，有一个特别的谜题要求玩家去扩展他们的感知域。在一个寺庙中的特别区域，玩家需要设立一个祭坛，然后在地图上标记出以后需要探索的地方。一开始，这个谜题把我难倒了。

要在这个游戏里去探索新的区域，必须先找到那个区域的"海图"。被标记的新地方并不在我能够去的潜在区域里，但是肯定与我之前拿到或者使用的地图有关。我在游戏里已经尝试了所有我能用的方法，或者我在其他游戏里使用过的方法。我试着按按钮，用触控笔画出各类图形，我画了许多"O"和"X"，甚至沿着"圣三角"的纹路一遍一遍地涂画。我的感知域并不能够帮我解开这个谜题。很明显，我对于这个系统的现有理解是不足的甚至在一定程度上是错误的，我必须退一步反思我的感知域。所以我开始思考"标记"这种行为的其他表现方式和一些标记这个"愚蠢"的地图的其他方法。比如将任天堂DS（Nintendo Dual Screen，后文简称DS）放在地上用脚"标记"。最终我找到了正确的"标记"方式：将DS很快地打开和关上。这个动作就如同"戳记"一样，如图2.16所示。

图2.16 打开和关上DS的盖子是一种输入方式，这样的设计出人意料

问题在于我的感知域：在我对DS主机、DS的功能以及游戏里的行为理解中，完全没有任何跟这样的"标记"方式有关的行为。在我全部的玩DS游戏的经历中（我可是玩过不少游戏呢），也没有一个以开、关DS的盖子作为游戏触发行为的案例。在《新超级马里奥兄弟》（New Super Mario Brothers）中，如果你在游戏还在运行的时候就合上DS的盖子，这个游戏会用马里奥的声音说出"再见"，这是我唯一的参考，我的整个感知域里唯一的线索。我通过转变自己的思维模式，用全新的、不同的视角来观察这个系统，从而解决了这个问题。当我把这个关于游戏世界本质的新信息加入我的感知域后，我感到了强烈的愉悦感和乐趣。我修正并改变了我的心理模型，不但为了这个特定的游戏，也为了未来我将会玩的每

一款 DS 游戏。这不是我和系统交互的一个错误或者缺陷，而是这个谜题的目的，从某种程度上来说甚至是整个游戏的意义。

所以到底是怎么了呢？通过扩展我的感知域，我获得了愉悦感这个奖励。诺曼的心理模型会称此为错误，并抱怨设计师误导了玩家。但这是这个游戏中最基础的快乐之一，所以很显然，诺曼的心理模型中缺失了一些东西。感知域提供了一种理解游戏感的方式，让我们理解玩家是如何感受一个特定的空间和他们与这个空间的关系的，以及保存在他们脑海中的、关于这个空间的、心智模型的、枯燥的细节如何帮助他们理解和处理游戏世界中的事件。这些枯燥的细节是很重要的，它们代表了玩家对游戏世界的物理系统和规则的理解，同时也是一个很棒的、发现引起玩家困惑的、不合逻辑的地方的方式，但它们不代表一切。

感知是一种全身的体验

在一个人感知事物的时候，他的诸多感觉（视觉、听觉、触觉、本体感受）之间是没有界限的。

举例来说，一把叉子是闪亮的，有很尖锐的叉尖；它是冰冷且坚硬、结实的，能被轻易地拾起；我们能用它来吃东西；它会沉入水中。我对这个实体的感受与认知、它的行为与意义，所有内容的整体构成了我们对"叉子"这个概念的认知。这种我对叉子的思考方式，也是我能在接下来应用到类似叉子的物体的归纳方法。感知作为一种潜意识中的过程的天生属性，注定是一个复杂的过程，它包含着所有的感觉，并且能持续而快速地拉近我们和所处世界的距离。

这里可以学到的东西是，不要把每种刺激分开考虑，而是把它们当成感知这个整体的一部分。这就是一款游戏中视觉、听觉、本体感受（来自手指在手柄上的位置等）和触觉（来自手柄的振动和触感）组合在一起成为独立的体验的方式。游戏世界用它自己的刺激取代了那些通常来自和现实世界交互产生的刺激，但感知的体验是基本一致的。这也指出了为什么我们对刺激之间的不连续会如此敏感。如果一个庞大、笨重的角色穿过了台阶或是他的手臂穿过了墙壁，我们的大脑会说："喂，这个地方错了！"

我们因感知现实世界中的现象而产生的多种刺激之间不会产生矛盾，因此我们的大脑很难忽略游戏世界中的这种不一致。

工具会成为我们身体的延伸

我们在第 1 章中已经谈过，一旦我们开始使用一件工具，它就会成为我们感官的延伸。此时的工具既被用在我们的行为中，也被用在我们的感知中。意图与行为都能被工具传达，此时，工具就像我们身体的一部分一般，而行为的反馈也会通过工具传递回去。

另一种更视觉地讨论这一点的方式是参考一下盲人的手杖。当盲人刚开始用手杖的时候，会感到不熟悉，并且需要大量的思考。伸出手杖去触碰对他而言是缺少练习的、抽象的行为。随着他逐渐学会，通过手杖来感知世界的技巧，他能够更准确、更有效地四处触碰，更清楚地观察他的周遭。他的意图开始更高效地在手杖上传递出来，他和手杖之间的壁垒也逐渐消失，手杖成了他的感知域这个整体中的一部分。这个手杖就像是他的手一样；他使用手杖四处查探、接触物品，和他周围的世界交互，并给他带来重要的、定向的反馈。这能帮助他建立一个更大的个人空间（有时候也被称为"感知的自我"），他的感知范围被扩展到他周围一个比他的身体大得多的物理空间里，他的"手臂"能有效地触及大得多的空间。我们可以说，通过和手杖这个工具的融合，他改变了自己的世界。

盲人通过使用手杖加大他的感知范围能给我们带来哪些关于"游戏感"的启发呢？有趣的地方在于身体空间和外部空间的关系。当我们和世界交互的时候，我们通过两种方式来感知自己的身体，一种是把身体当作自己的一部分，另一种是把身体当作外部客观世界的许多实体中的一件。就像 Dag Svanaes 说的那样："身体空间和外部空间非常不同，它只存在于一定的自由度和对这些自由度有技巧的使用上。身体空间主要是由一个人可能的行动所赋予的。如果是一个瘫痪的、从未有过动觉体验的身体，那么就不存在身体空间。不同的身体带来不同的空间，同时衣物、工具的使用和不同的义肢等外部因素也会影响身体空间。一定要注意，学习新技能也会改变身体空间。"

身体空间是由一个人的身体行动的可能性决定的，这和玩家与游戏世界交互的方式非常清楚地关联在了一起。玩家会倾向于基于他们自身的能力和游戏世界中的限制来思考。建立一个拥有"随时间的改变使用不同的工具，从而拥有不同的能力"的角色的游戏世界是有可能的，且常常是令人渴望的。举例来说，当我在《银河战士》（*Metroid*）中扮演 Samus Aran 时，我的能力、我作为 Samus Aran 在银河战士世界中的"身体空间"是由我当时能使用的工具决定的。我可能有也可能没有 Morph Ball。如果我有，那么我就可以化身成一个滚动的小球，去探索各种狭小的角落。由于我与世界交互的能力发生了变化，世界的本质也随之而变。从客观的角度说，游戏世界本身并没有发生任何变化——每一个物体都在它们本来的位置上。但是我的能力、我的行动和我的虚拟身体空间已经改变了这个世界。

这种想法的有趣之处在于，它并没有将 Samus Aran 看成一个工具。之前我们说过，工具可以融入我们的身体，变成一个表达和感知的器官，我们的身份认知和感知域都会认为它是有用的，但这个说法和玩家在游戏中控制一个角色时发生的事情不尽相同。我不会把 Samus Aran 当成一个工具。不仅因为他有一个我暂时占据并控制的独立角色的"身份"，还因为他有自己的身体空间，有属于自己的工具，这些工具能成为他的身体的一部分，并扩张他的感知空间。通过这样的方式，一个电子游戏世界成了一个微型世界，这个微型世界中的感知是现实世界中的感知的替代品。这是一个很有趣的想法，它似乎解释了为什么电子游戏中的身份认知如此具有可塑性。你可以先融入 Gordon Freeman 这个角色中，然后一转头又开始咒骂他的笨拙。这是因为在电子游戏世界中构建起来的子域提供了另外两种空间：虚拟身体空间和虚拟外部空间。

电子游戏具有自己的显示模型。它是基于游戏本身的，而与玩家身处的现实、玩家的身体空间和角色的身体空间是割裂开来的。角色的身体空间及其在游戏世界中能做的行动，这是玩家在游戏世界中感受外部现实的唯一方式。正如在现实中一样，感知需要行动。区别在于，游戏世界中的行动只能通过角色的虚拟身体空间来探索。玩家把他们的感知域扩张到游戏内部，这包含了角色可以执行的行动。感知和行动的反馈回路本可以让玩家在世界中导航，现在去掉了一步。它不再是主要通过玩家的身体和外部世界的交互进行感知了，而是通过玩家的角色和游戏世界的交互进行感知，整套感知器官延伸进了游戏世界。

回到我们前面对身份与游戏感的讨论。这种角色应当被视为感知的替身而不是延伸的工具的观点与角色的实现有什么关系呢？一个游戏世界对其中的角色展现外部现实的方式和物理世界对玩家的身体空间展现出外部现实的方式是一样的，它在感觉上更像是对玩家的感知的替代而不是延伸。同样的观点也适用于身份认知。我们曾说过，我们身体以外的物体以及游戏世界中的物体都能成为我们身体的延伸。相较于延伸，称其为承载身体的容器也许更为恰当。将工具视为身体的延伸的观点是基于"将个体视作以感知为基础的"观点定义的。前面提过的

"感知的自我"便是当下的周遭环境和我们与之交互的能力（潜在的行动）。我们会说"他撞到我了"，而不是说"他撞到了我的车"或者"他的车撞到了我的车"，这就是我们感知当下的周遭环境的结果，也说明了一个无生命的物体也可以成为"感知的自我"的一部分，成为感知域的一部分。我们直接通过正在操控的汽车来感知世界。但是再次强调，我们对游戏感的感知更像是一种身体的替代而不是延伸。我通过扮演林克（Link）、通过他的虚拟身体空间来感知海拉尔（Hyrule）世界。通过占据林克的身体，获得他的技能、能力和身体空间，我的身份认知和他融合在了一起。

小结

实时的操控到底在什么场合和时机存在呢？在等式"人类"的这一侧，我们总结出了三种处理器（感知、认知和行动），它们在一个封闭的反馈回路里互相作用。这个反馈回路带来了一个持续进行的修正循环。在电子游戏中，当行动通常发生在真实物理世界中时，设计者用一个游戏世界代替真实世界。这强化了第1章中的一个观点，即游戏感是一种独特的物理现实的体验。

从等式的"计算机"这一侧看，实时操控依赖于维持三项内容：运动的感觉、即时响应和响应的连续性。通过了解人类的修正循环及三种人类处理器之间的关系，我们可以很确定地判断一款游戏有没有实时操控。这里的未知变量是玩家的感知。最后，游戏感是玩家脑海中的一种印象。在游戏中检查帧率、响应时间和响应的持续性，并将其和10帧每秒的运动阈值、240毫秒的操控阈值及100毫秒的连续性阈值进行对比，这给了我们一个判断标准，并能帮助我们进行分类。但10帧每秒的运动让人觉得不自然，200毫秒的响应时间让人觉得迟钝。可以通过利用手势输入或是回放动画来让游戏给人的感觉变得更顺滑。说到底，玩家的感知才是最重要的。游戏感的终极目标是在玩家的脑海中形成一种印象。

最后，我们来看一些关于人类感知的其他结论。

1. 感知需要行动。
2. 感知是一种技巧。
3. 感知包含思考、想象、归纳和错觉。
4. 感知是一种全身的体验。

5. 工具会成为我们身体的延伸。

这些结论从人类感知的角度解释了在第 1 章中勾勒出的体验。理解人类感知的工作原理能够让我们了解人类感知器官的不完美，而我们正是要针对这些器官设计东西。理解这一点能够帮助我们开发一个游戏感的"调色板"，使我们既不需要模仿现实，又不需要从电影或者动画中借用什么，除非要借用的东西正好适用。如果我们理解了感知的工作原理，我们可以构建让人感觉良好的游戏，而不是尝试构建包含让人感觉良好的事物的游戏。

第3章

交互性的游戏感模型

现在我们已经准备好，可以去创建一个关于游戏感的整体模型了。我们需要使用第1章提到的游戏感的基本构成要素，加上我们分好类的五种游戏感给人的体验，再加上在第2章中讲述的交互的细节图，以及该图中的三种人类处理器（感知、认知和行动），我们就得到了图3.1中的游戏感模型。

感知域是你对客观现实，也就是包围你的"真实世界"构建的模型。它为感知提供了背景材料，无论是在游戏世界中还是在现实世界中。从过去的经历、学到的技能、想法、经验、思考、概念、想象和误解中提炼出的要点构成了人的感知。有时候你会发现感知域无法处理一些特殊情况，这时你会自然地去反思你所理解的世界，然后努力拓展你的感知域。你同时会寻找对客观现实进行综合模拟的漏洞。这是一个非常愉悦的过程，正如你通过思考解决了一个谜语、处理了一个紧急事件，或是找到了掉在沙发里面的钥匙一样开心。

游戏世界是现实世界简化了的子域。你的大脑会将在游戏世界中出现的刺激替换为通常在现实世界中出现的刺激，这些刺激包括视觉、听觉、触觉等方面，比如手柄的振动、按下按钮或操纵摇杆的感觉，以及把手指放置在输入设备的不同位置带来的反馈。大脑会处理所有的反馈，把它们整合成一个精神上的微观世界。这是你所经历、了解和处理物理世界的过程的删减和简化版本。它不仅包括可触摸的、可视的以及可听的在游戏中探索的经历，还包括这些经历中蕴藏的更深层次的因素。例如，如果我的角色总是在跳起来后落地，我会认为游戏中存在某种引力。假设我的角色会撞上物体而不是穿过它们，我会认为这些物体是固态的。就像在真实世界中一样，简单的交互可以产生丰富的认知，其包括对世界本质的概括、思考、理解及误解。在玩家玩游戏的过程中，所有的这一切结合成为了他们所体验的感知域。

游戏角色是玩家在游戏中用来感知和表达的工具。游戏角色的行动间接帮助玩家洞察了游戏世界的本质，这就像我们为了体验物体用手去触摸、感受及把玩，同时由眼睛和耳朵接收把玩过程中的反馈。正如之前我们所说的那样，感知由行动获得。玩家在一个游戏世界中的所有感知都要通过游戏角色获得。

让我们记住这三个元素，接下来通过图 3.1 所示的过程让游戏感的活动进程"活起来"。记住所有的这些循环都发生在 240 毫秒以内，相当于每秒 4 至 5 个循环。让我们从人类处理器（玩家）开始讲起。

人类处理器

在图 3.1 中，人的处理过程被标注为"1"。眼睛、耳朵、手指和本体感受的器官接收外来的刺激。这个过程会以 50 毫秒至 200 毫秒为一个循环，具体时间取决于个体和环境的差异。假如两个刺激在同一个感知循环中，它们融合在一起时就像是动画中的多帧融合成一个运动的角色。如果玩家将一个动作分发给行动处理器，同时响应发生在同一帧上，就会出现体验过程中的行动和响应这一因果关系（我的行动导致这个结果）的重大偏差。

如果这是一个不间断的过程，那么，对同一物体的感知、行动和认知一次又一次快速地连续发生，这样的体验就是一种控制融合——通过我的行动，我感觉到自己在控制一个自己身体以外的东西。这就是那种促使我们能够抓住并移动物体、抛出并接住物体，同时让我们逐渐充满技巧地与周遭的环境进行交互的原因。

当这个进行中的控制过程可以保持不间断，同时其意图比单一行为（如抓一个松饼）更加复杂时，我们就有了一个周期约为 240 毫秒的修正循环。这个循环的核心就是体验游戏感的过程。在这个过程发生的时候，感知域会给背景润色，同时给新的体验赋予意义。一旦体验发生，它们就成为感知域的一部分并使之延伸。这时技能会被建立起来，记忆会逐渐形成，生命也有了活力。

肌肉

肌肉在图 3.1 中被标注为"2"，它让来自人类处理器的各种刺激反映到现实世界中。手上的肌肉会执行行动处理器发出的指令，而行动处理器是由认知处理器指挥的。此外，手向感知处理器提供了触觉和本体感受的反馈，比如在第 1 章

第3章 交互性的游戏感模型

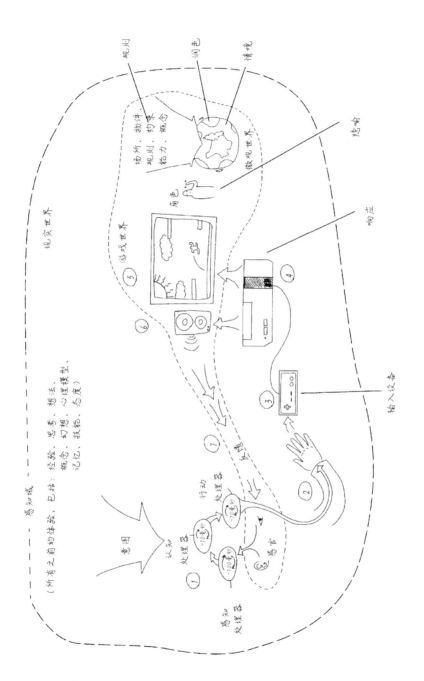

图 3.1 将玩家、游戏和玩家周围的世界结合到一起的模型

的"游戏感和本体感受"部分提到的"给你的拇指装上'扩音器'"。

输入设备

在图 3.1 中,输入设备被标注为"3"。输入设备是玩家对计算机表达意图的工具。所有的玩家意图都要先通过输入设备的过滤,然后才可以被系统解读并被用来更新基于游戏现实的计算机模型的状态。玩家的动机和体验在很多方面比这些要复杂得多,但是如果我们的目标是让游戏设计师更好地理解游戏感中的模块,那么,用这些简化的术语去思考会更加方便。玩家在特定的时刻会有特定的意图,然后他们会通过输入设备将这些意图传达给系统。无论什么样的输入设备都有自身的局限性和环境适配性。不同的输入设备擅长的动作、操控行为是不同的,它们有自身的物理特性,这些最终都会影响玩家感知到的游戏感。

计算机

在图 3.1 中,计算机被标注为"4"。在某种意义上,计算机有自己的感知、认知和行动处理流程。它会以固定的速率接收输入,以固定的时间处理输入,然后做出响应,并将信号发送到输出设备上。正如人类处理器那样,计算机在这一过程中也有一个循环时间。对于计算机来说,这些响应应该发生得足够快以至于玩家无法察觉——玩家得到响应的感知周期应该不超过 50 毫秒。

为了让游戏感的产生不被中途打断,玩家肌肉运动产生的输入需要通过控制器传达。在整个循环在玩家的感知处理器中结束之前,这些输入经过处理后会以改变图像和声音的形式展现。计算机需要将整个循环执行一半的时间控制在玩家可以察觉的时间范围以内。如果做到了这一点,玩家会通过一系列不断改变的图形帧看到一个不断运动的物体,玩家会感到系统对输入的即时响应。玩家很容易就能理解这样的因果关系,此时,对操控的印象也就形成了。

游戏世界

在图 3.1 中,游戏世界被标注为"5"。对于我们的目的而言,游戏世界主要存在于玩家的脑海中。计算机中也存在一个游戏世界的内在表达(internal representation),这个游戏世界比丰满、有表现力的现实世界更精确、更数字化。游戏世界被设计出来是为了在玩家的脑海里形成一种印象,对于玩家来说,输出设备就是游戏世界的窗口，同时游戏角色就是游戏世界的代理人。玩家可以通过游戏角色的"身体"主动感知游戏世界。体验游戏感的过程就是试探游戏世界，分辨其特征，学习概念、技巧，并进行归纳。这些可以让玩家在体验这个独特世界的时候更加简单。

从本质上而言，这和我们在日常生活中的感知过程是一样的。游戏世界嵌入玩家的"行动→感知→认知"循环，代替了物理世界接受输入并反馈输出。游戏世界更易于理解，并有着清晰的、有限的目标。这使得学习游戏中的技巧更快、更易于衡量，比现实中学到的技巧更有吸引力。

输出设备

输出设备在图 3.1 中被标注为"6"。输出设备包括显示器、扬声器、控制器振动装置、触觉反馈装置等，它们是玩家通向游戏世界的窗口。显示器和扬声器帮助计算机模拟真实感，它们对玩家来说就是计算机的"器官"。处理完成后，游戏会更新计算机系统的状态，然后将栩栩如生的声音及触觉反馈通过各种各样的渠道传递到真实世界中。正如我们在第 1 章中讨论过的那样，手或者身体其他部位在输入设备上的位置会向玩家提供本体感受的反馈，这些反馈会和玩家在显示器上看到的东西和从扬声器中听到的东西融合在一起。当我将拇指移动一段距离时，游戏角色可能会移动得太快，于是我会下意识地将拇指的移动距离减少 1 毫米至 2 毫米。

各种感觉

整个循环会在玩家得到的感觉中结束，这在图 3.1 中被标记为"7"。这些感觉会在游戏世界的状态更新时发生。玩家的眼睛、耳朵和双手（通过触觉和本体感受）察觉到新的、改变过的游戏的状态，并将它们一起传递给感知处理器。这个循环的全过程耗时不到半秒钟。这个行为在游戏世界中被放大，但仍保持在现实世界中能够通过本体感受被玩家感知的形态。

我一直重视人类处理器模型，并将它和感知域结合在一起。在我的模型中，感知域会融合感知处理器和认知处理器，同时作为针对新感知到的信息的"过滤器"，一个放置信息的"书架"，以及一个持续扩张的装满参考信息的"图书馆"，里面不仅包含赋予每个新刺激的含义，也包含我的世界及世界中的所有东西的原理图。

玩家的意图

为了完成我们的模型，我们需要把玩家的意图也纳入考虑的范围内。从某种程度上来说，这是个很有趣的问题：意图来自何处？是什么驱动了玩家去做出一些行为？

这个问题可能更适用于游戏世界，它在游戏世界中会有一个确切的回答。游戏设计师在游戏世界中创造玩家的意图，且不需要去猜想它的起源、天性或者其他因素。至于现实世界中人类的意图，法国哲学家莫里斯·梅洛·庞蒂（Maurice Merleau-Ponty）认为"人类对世界中的事物含义的认识是与生俱来的，换句话说，我们生来就拥有它"，尽管这个说法看起来有点站不住脚。

马斯洛（Maslow）提出的关于人类需求的金字塔模型更加有趣，如图3.2所示。金字塔最底层是生理需求，即拥有食物、水、居所等，逐步往上分别是安全需求、社交需求、尊重需求，最后是自我实现需求。这个模型的关键在于，假如有一个更低层的需求没有被满足的话，那个人的需求等级就会下降，直到某一层的需求可以得到满足。人们总是不断试图去达到金字塔的更高层，努力去创造满足感和其他感觉。《模拟人生》（*Sim*）中的小人看来很难跨越"上厕所"级别的需求。

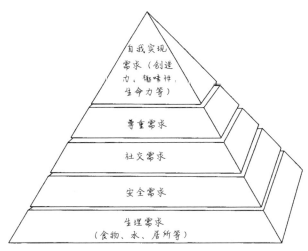

图3.2 马斯洛需求层次理论的图示，人的需求起始于基本的生理需求，终止于自我实现需求

这个金字塔模型和斯尼格、孔巴融合目的性以及将行动融入感知域的做法不谋而合。他们提出"自我感知"这个概念，也就是对自我存在的审视，可以看成每个人自己的感知域。

无论人类的动机源于现实中的何处，在游戏设计中的确有一部分工作是制定目标（不论是隐性的还是显性的），以此来刺激玩家在游戏世界中行动。这是游戏设计中的"黑暗艺术"之一，通过一个看起来随机的、可收集的抽象变量来制造有意义且引人注目的玩家意图。试想一下《超级马里奥64》中的金币，问问你自己：假如系统不会因为你收集了100枚金币而奖励你一颗星星，或者你收集的金币不能补充马里奥的生命值，你还会费尽心思收集金币吗？不，当然不会。这些抽象变量间看似随意的联系给《超级马里奥64》中的金币赋予了意义。游戏中星星本身的意义在于其稀有程度和强大的功能，整个游戏过程中只有120颗星星，每颗星星都明确地衡量着玩家在整个游戏中的进度。游戏中明确的目标是打败酷霸王，而隐藏的目标就是收集所有的星星。

这对于很多电子游戏玩家来说是其中一个最吸引人的方面。一个游戏世界中的逻辑应该是简单易懂的，同时给玩家清晰的动机，对玩家投入的努力给予相应的奖励和反馈。这比混乱且不稳定的现实生活更加安全，这种体验是舒适的。很多时候这些奖励是很平凡的或容易被忽略的。关于这个情况到底是好还是坏是一个很复杂的问题，但是值得注意的是，这使得大多数游戏世界实际上先天存在目的性，而这就是游戏设计师做的事情。

小结

这个交互性的游戏感模型提供了一个蓝图，让游戏感成为一个可视化流程。这个流程包含了许多元素，如人类处理器、肌肉、输入设备、计算机、游戏世界、输出设备、各种感觉和玩家的意图等，这些元素对维系循环的运作必不可少。

1. 人类处理器：这是感知和思考发生的地方，是发布行动指令的地方。
   - 肌肉：行动指令以肌肉运动的形式被执行。
   - 输入设备：肌肉动作被"翻译"成计算机可以解读的语言。
2. 计算机：所有处理过程发生的地方，其中包括了输入和游戏世界现状的集合。

- 游戏世界：计算机中游戏现实的内部模型。
- 输出设备：游戏状态的改变被输出成为一种玩家可以理解的形式。

3．各种感觉：玩家通过视觉、听觉、触觉和本体感受来察觉游戏状态的变化。

对玩家这一侧来说，因为人类的感知处理器是固定的，这限制了游戏设计师可以控制的区域。对计算机这一侧来说，游戏设计师不太可能去扮演输入设备、计算机、输出设备等角色。游戏设计师的"调色板"只包含在游戏感循环中的第4步、第5步、第6步中。

在衡量完这个模型中所有的元素的以后，我们终于可以明确地分辨出有游戏感的游戏和没有游戏感的游戏。这个模型提供了理解游戏设计中那些可以被加强的点以及从零开始创作游戏感的一个基础的框架。

第 4 章

游戏感的产生机制

为了更好地总结游戏感的定义,在这一章我们将把在第 1 章、第 2 章、第 3 章中提出的想法运用于一些特定的游戏中。让我们重温一下游戏感的定义中的要素:实时操控、模拟空间及润色。最主要的问题是一款游戏位于图 4.1 中的哪一部分。

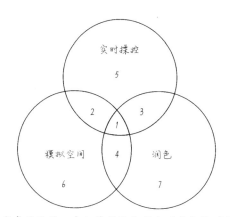

图 4.1　游戏感的类型,我们希望能给每个游戏都找到自己的位置

这个问题又细分成三个问题。

1. 该游戏拥有实时操控吗?
2. 该游戏拥有模拟空间吗?
3. 该游戏润色好了吗?

根据我们的模型,我们可以用以下阈值来判断游戏是否满足实时操控的要求。

- 10 帧每秒。每张图像的展示时间要小于人类感知处理器完成一个循环需要的时间,也就是 50 毫秒到 200 毫秒。因此,如果图像以 10 帧每秒甚至更高的频率展示，间隔的图像便会形成连续的动作。一般来说，20 帧每秒是保证运动让人感觉流畅的最低值。在游戏中，并不会按固定顺序播放一系列的图片，而是响应输入，生成一系列的状态。

- 响应时间小于或等于 100 毫秒。游戏对于输入的响应时间需要发生在一个感知周期（50 毫秒至 200 毫秒）以内，并融合因果关系给人的感觉及即时响应。
- 一个连续的反馈回路。游戏能提供一个持续、不断的输入和即时响应的流，使修正循环可以持续运作。

以上这些指标很难被一次性应用于整个游戏的交互过程中。为了更方便地回答实时操控的问题，我们可以试着把游戏的交互过程分解成多个独立的机制来考虑，这样，我们便能用以上的评判标准对每一个机制加以判别。

机制：组成游戏感的"原子"

在此，我们将一个"游戏机制"定义为一个完整的交互循环，比如游戏追踪到一次鼠标移动、一次按下按钮或者一次跺脚，然后即时给予玩家编写好的相应响应，一次又一次地重复。另一种理解机制的做法是运用动词来描述。玩家在游戏中有什么能力？玩家能干什么？根据这种定义，列举部分独立机制的例子如下。

- 在《超级马里奥兄弟》(*Super Mario Brothers*) 中按 A 按钮控制马里奥跳跃。
- 在《超级马里奥兄弟》中利用方向按钮控制马里奥左右移动。
- 在《吉他英雄》(*Guitar Hero*) 中敲击一个音符。
- 在《流》(*flOw*) 中利用鼠标移动游戏角色。
- 在《流》中用鼠标单击以加速角色的移动。
- 在《星际争霸》中拖动鼠标指针选取一组单位。
- 在《星际争霸》中用鼠标单击以命令被选取的一组单位前往新的地点。
- 在《龙穴历险》(*Dragon's Lair*) 中在合适的时机按下按钮以前往下一个情境。
- 在《文明 4》中利用鼠标单击选取下一个要研究的项目。

在一般的游戏中，许多不同的机制往往同时发生作用并互相覆盖或组合。《超级马里奥兄弟》中的跳跃和奔跑在我们的定义中是两种不同的游戏机制，在游戏中可以通过结合这两种机制实现更远的跳跃。

机制同样可能随着游戏进程的发展而改变。例如，在《托尼·霍克：地下滑板》（Tony Hawk's Underground）中得到技能点能让你控制的滑板玩家更快地前进。机制同样可能会在游戏的过程中先出现，然后消失。例如，在《半条命》中，玩家不断获得新的武器，但是在游戏进行到一半的时候又会失去所有的武器。《超级银河战士》（Super Metroid）在游戏刚开始会给予玩家选择机制的机会，但随着游戏的进行，这些机制都会被夺去，玩家不得不从零开始。

我们需要回答的问题是，这些单独的机制是否符合实时操控的准则，当它们合在一起作为一个整体的时候，整个系统能否支持实时操控。

判断一款游戏能否支持实时操控是这里最难的挑战。一旦解决了这个问题，我们接下来只需要考虑这款游戏是否拥有模拟空间，玩家能否主动感受到这个空间，以及这个空间中的物理交互是否经过润色以增强效果。

运用标准

为了最终检验我们的标准是否有用，我们将之运用于四款游戏中：《街头霸王2》、《波斯王子》（Prince of Persia）、《吉他英雄》及《触摸！卡比》（Kirby: Canvas Curse）。因为这四款游戏里的每一个都以各自的方式刚好符合游戏感的定义。

《街头霸王2》

《街头霸王2》中有三种主要的机制：移动、攻击和跳跃，如图4.2所示。

移动机制。移动机制会在摇杆被推动后的100毫秒内响应，同时还包含一个持续的修正循环。在游戏中，输入是持续的，游戏一直保持着在100毫秒内进行响应并且没有锁定区间。只要玩家收到了上一个动作的响应结果，就可以迅速对新的输入进行调整。所以游戏里的移动机制是实时操控的。

攻击机制。当玩家按下6个攻击按钮中的一个时，会打断系统的连续性。按下一个按钮会播放一段动画，它会改变玩家操控的角色的外形。按下按钮后的响应是瞬间的，但是直到动画播放完之前，玩家的操作都是无效的。对于"轻"攻击，这个操作无效的时间非常短，并且不会打断移动机制的修正循环。然而，"重"攻击可能需要整整一秒来完成，这会打断操控的连续性。无论何种情况，按下一个按钮触发一段动画，都不是一个连续的修正循环。因此攻击机制并不具有实时操控的特征。

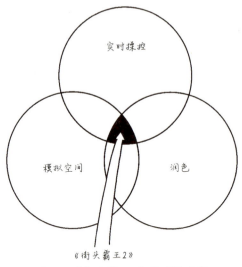

图 4.2 《街头霸王 2》具有游戏感

跳跃机制。跳跃机制会在摇杆被向上推的时候对角色施加一个向上的力。一旦跳跃开始,玩家将不可以改变角色跳跃的轨迹,这意味着玩家将暂时失去对角色的控制,并打破移动机制持续的修正循环。然而,角色离开地面后,玩家依然可以触发攻击机制。这在一定程度上弥补了玩家在角色跳跃之后暂时不能控制角色的缺陷,毕竟玩家可以选择何时跳跃及攻击,所以玩家会觉得自己对一切都有实时操控权。

综上所述,这个包含移动、攻击和跳跃的机制可以被视为具有实时操控的特性。

《街头霸王 2》也有模拟空间,角色会与地面接触,但受到屏幕边框的限制。这些交互通过移动机制的修正循环都能被玩家直接察觉到。

最后,通过声音效果、粒子效果以及动画的润色效果,玩家会感到与虚拟游戏世界有着更深层次的交互。

《波斯王子》

初代的《波斯王子》(参见图 4.3)是一个很有趣的展示定义的边界的案例,因为它的动画和操控是不相连的。角色流畅地移动,但是操控给人的感觉却是僵硬、不平滑的。门外汉可能会假设如果角色的移动是流畅且均匀的,操控也应该是这样的，但情况并非如此。

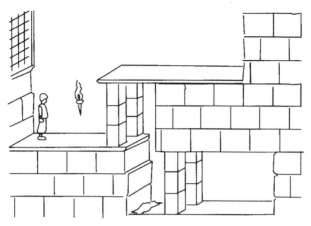

图 4.3　在《波斯王子》中，动画占据着统治地位

在《波斯王子》中存在着如下独立机制。

- 奔跑。
- 竖直跳跃。
- 水平跳跃。
- 改变方向。
- 下降一个台阶。
- 拔剑。
- 收剑。
- 踮脚走。
- 格挡。
- 突刺。
- 蹲下。
- 蹲跳。
- 走。
- 挂在壁檐上。
- 蹲滑。

《波斯王子》有一整套类似《街头霸王 2》的攻击机制。当玩家按下一个按钮之后，游戏会播放一段动画。尽管响应时间在 100 毫秒内，但是玩家无法做出任何新的动作直到前一段动画播放完成，这往往会打断连续性。通过这样的标准来

检验单个移动机制，我们能看到哪些移动是实时操控的，哪些不是。举个例子，从站立到奔跑（如图4.4所示）所需的时间没有达到我们设定的一个实时操控的阈值标准。

图4.4　30帧每秒的动画中的16帧，意味着播放完这段动画需要的时间是0.53秒

波斯王子需要花费900毫秒完成从站立状态向全速奔跑状态的转换。在这期间，用户的其他输入都是无效的。在这个动画中还有一个分岔点，如果在完成整段"从站立到奔跑"动画之后，奔跑按钮依然处于被按下状态，则角色会进入一个全力奔跑循环。如果按钮不再被按下，"从奔跑到站立"动画则会被播放，进而消耗掉另外的几百毫秒。这并非一个持续的修正循环，因此该机制并非是实时操控的。

只有帧数最少的蹲下机制才算得上是实时操控的。这是因为玩家只会在极短的时间内失去对角色的控制，这个动作不仅在响应方面让人感觉是即时的，同时能让玩家觉得系统已经做好迎接下一个操作指令的准备。显而易见，这种机制是精准控制所需要的。当玩家尝试控制角色通过一个满是刀刃的房间时，角色需要使用蹲跳动作，如图4.5所示。这个操作令人觉得游戏有着最高的精细度，同时能实现空间上的最小位移。

图4.5　蹲跳动作仅需150毫秒就可以完成，所以令人觉得是完全实时操控的

在《波斯王子》所有的机制中，只有一个机制达到了我们设定的实时操控的阈值标准，但整个游戏的动画非常流畅并且吸引人，因而在某种程度上掩盖了缺乏控制这一问题。玩家缺少对游戏连续控制的能力，因而也缺少了真实的游戏感受。不过，由于动画中存在着可交互分支，这在一定程度上实现了实时操控的部

分效果。在这种情况下,不确定性反而有利于游戏。玩家并不知道跳跃何时会发生,所以当玩家的角色接近想要跳跃的地方时,玩家只能下意识地按下按钮。这让玩家更容易觉得游戏确实会收到自己输入的信号。

在《波斯王子》中有模拟空间,动画可以通过角色走出平台的边缘被打断,同时,角色也能撞上墙。通过操控角色走向上述地点,玩家能直接并主动地看到这些动画。唯一能增强这些交互给人的体验的润色效果就是动画,这些动画让玩家对于地面的阻挡效果有着更好的体验。

所以,《波斯王子》也拥有游戏感,哪怕只有一点,如图4.6所示。玩家可以通过想象并不存在的控制机制组合出一套修正循环,或者尽可能多地使用那些仅需最少帧数的机制。

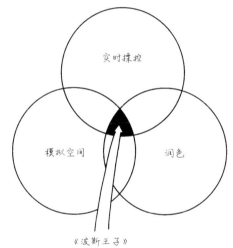

图 4.6 《波斯王子》有游戏感,但是非常不自然

《吉他英雄》

《吉他英雄》是多么可爱的游戏啊。很少能有这样一款游戏,在精湛的技术中洋溢着毫不畏惧和无所顾忌。在游戏开发者网站上的项目回顾中,制作人格雷格·洛皮科洛(Greg LoPiccolo)和丹尼尔·萨斯曼(Daniel Sussman)在测试游戏中每一部分的特色和内容时,都会问一句"这东西摇滚吗?"毫无疑问,游戏本身已经很好地回答了这个问题。但《吉他英雄》有我们所定义的游戏感吗?让我们再次来分别检验每个机制,并把它们合在一起来观察这个系统整体。

在《吉他英雄》中,玩家可以做五件事。

- 扫弦（strum）。
- 摇把（whammy）。
- 击弦（hammer on）。
- 勾弦（hammer off）。
- 倾斜（tilt）。

扫弦是游戏的核心机制，如图 4.7 所示。彩色的音符会不停地从屏幕上方向下掉落，玩家需要按下塑料吉他颈部的一个或多个对应的按钮，并扫弦。如果玩家在正确的时间（当音符即将跨过终点线时）以正确的组合顺序扫弦，该音符便被识别为击中。击中更多的音符能得到更高的分数，同时连击数也会影响得分。错过过多的音符将会导致游戏失败。

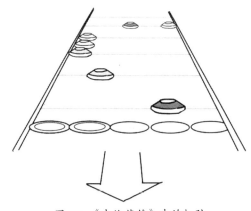

图 4.7 《吉他英雄》中的扫弦

《吉他英雄》拥有运动感。音符看起来像是从屏幕上方向下方运动，在每一帧中都存在着运动的物体。《吉他英雄》也拥有即时响应。玩家的每一个输入都能在认知周期（100 毫秒）内得到响应，所以扫弦看起来能立马触发系统的响应。然而，这其中并没有连续性。不像《波斯王子》会把玩家彻底隔绝于控制之外，这个输入和响应的循环总共不超过 100 毫秒，一旦结束就是真的结束了，并不存在连续的"输入—响应"流，也没有修正循环。

摇把机制能提供一个持续的输入、响应，它的响应令人觉得是即时的，同时连续性又可以被保留。看起来摇把机制有潜力成为一个持续的修正循环，然而其中却不存在模拟空间。波形变化及音高改变如同是使用摇把得到的效果，但变化的幅度在此处没有实际意义。通过摇把实现音高的改变不能让玩家主动感受到一个模拟空间，因为根本没有可交互的模拟空间，如图 4.8 所示。

第 4 章 游戏感的产生机制

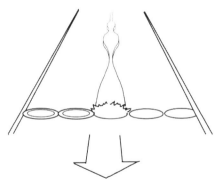

图 4.8 通过摇把机制来扭曲波形是一种实时操控，但它缺少模拟空间

《吉他英雄》是一个相对简单的游戏。通过扫弦演奏出难度不断提升的、与音符同步的音乐是这个游戏最主要的玩法。即便从整个系统的角度来看，这个游戏也无法满足我们对游戏感的定义。即便这些音符可能出现地飞快又狂野，玩家也可以利用摇把创造出鬼哭狼嚎的感觉，或者通过倾斜吉他来使用巨星能量（star power），但游戏中没有连续的行动、认知（思考）、感知。游戏中有运动的感觉、即时响应，但是没有持续的修正循环，也没有模拟空间，如图 4.9 所示。

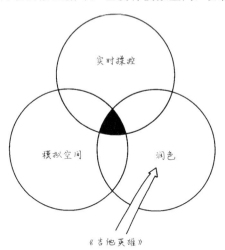

图 4.9 《吉他英雄》有润色效果和（偶尔的）实时操控，但是没有模拟空间

《触摸！卡比》

《触摸！卡比》（如图 4.10 所示）采用的是一个很简单的创意，但却出色地将它展现出来，让玩家能通过绘画间接控制卡比（Kirby）的移动。在《触摸！卡比》里，玩家扮演的是卡比，同时也扮演着一支虚拟的画笔。游戏里有三种机制：

079

- 绘画（画笔）。
- 触碰（卡比）。
- 抓住（敌人）。

图 4.10 《触摸！卡比》的界面

利用画笔的机制，玩家能在屏幕上绘制线条，屏幕上显示出来的是浮动的彩虹。如果卡比碰到这些线条，他会沿着绘制线条的路径移动，如图 4.11 所示。

图 4.11 在玩家绘制彩虹轨迹的时候，如果卡比碰到线条中的任何一部分，他都会沿着绘制线条的路径移动

当玩家开始绘制线条时，修正循环就会开始运行，以保证线条绘制成玩家想要的形状和方向。游戏的响应是即时的，但这不是我们定义下的实时操控。在这个例子里，DS 操控笔和屏幕扮演着铅笔和纸的角色，玩家亲手修正的是他的手在空间中的移动，而不是虚拟空间中虚拟物体的移动。

游戏的另一个主要机制是触碰。玩家可以直接用操控笔来触碰卡比，这能引起卡比状态的改变，也能为它加速。当卡比朝面向的方向加速时会伴随着旋转动画。这个响应是即时的，但和《吉他英雄》一样，输入不是持续不变的。一次触碰相当于一次输入。要给出新的输入，玩家就必须让操控笔离开屏幕再重新接触。

因此这并不是一个不断进行的修正循环。

《触摸！卡比》中定义不明确的是它的模拟。卡比是在一个模拟空间中四处移动的，它会和墙体、敌人及其他物件发生碰撞。这些交互都被润色效果（例如声音效果和粒子效果）加强了。但模糊的地方也在这里：卡比与模拟空间的交互方式属于我们定义下的游戏感，但游戏世界有着自己独特的物质世界，玩家是无法直接体验这个模拟空间的，玩家不能通过卡比的"身体"直接感知这个模拟空间，而是间接地引导卡比，从它的交互行为里观察交互的结果，并根据这些结果建立对游戏世界的认识。所以《触摸！卡比》不在我们游戏感的定义的范畴内，如图4.12所示。

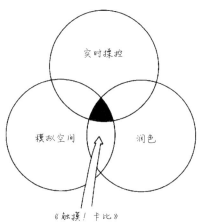

图 4.12 《触摸！卡比》有着润色效果和模拟空间，但没有持续不变的实时操控

小结

通过将一款游戏的游戏感分解成它的组成机制进行分析，能让我们更好地理解这些游戏是否有游戏感以及为什么具备游戏感。如今，我们的定义已经完整了，即使是那些处于定义边界的游戏也能根据实时操控、模拟空间和润色来划分。那些同时具备这三个特征的游戏是具有游戏感的，而不具有游戏感的游戏则不在本书讨论的范畴内。

第5章

超越直觉：测量游戏感的方法

在这一章和接下来的第 6 章中，我们将探讨测量游戏感的方法。我们目标是能够有意义地将一款游戏的游戏感和另一款游戏的游戏感进行对比。这会给我们一个针对游戏感的、通用的、有效的"词汇表"，同时让我们能看清为什么有些游戏给人的感觉很好，而另一些游戏给人的感觉不好，即使这些游戏看起来是类似的。在第 1 章中，我们定义了游戏感的"画布"，并一起观察了这个"画布"上有哪些可能影响体验的"绘画"。现在我们的目标是鉴别出"绘画"的"色彩"。

为什么需要测量游戏感

正如我们之前定义的，并不存在测量游戏感的标准方法。我们作为玩家和设计师，往往也不试图在太深入的层面上测量游戏感，或去对比两款游戏的游戏感，而是满足于得到在沟通和制作游戏时够用的信息。我们可以从玩家那里获得模糊的描述，比如"发飘""很松""很紧""响应很及时"。有些这样的描述启发了游戏设计师去测量响应延迟的时间和完成动作所需要的时间，但是大部分游戏感的调整还是依靠直觉。当一名游戏设计师从头开始设计一个机制时，依靠直觉会成为一个问题。就像《战神》(*God of War*)的设计师德里克·丹尼尔斯（Derek Daniels）所说："在制作电子游戏时，最坏的一点在于，往往每做一个新项目时都需要'重新发明轮子'。虽然《超级马里奥》中的跳跃很棒,但是当你制作游戏时，仍然很难将《超级马里奥》中的跳跃进行逆向分析,并将其移植到自己的游戏中。"

这让人很沮丧，因为我们设计的每个新游戏好像都跟上一个一样复杂。如果我们不能直接利用之前做过的东西，就等于要从头开始。这就使得我们只能在以前的设计的基础上进行保守的、小幅度的改动，以保证让玩家感到安全和舒适。我们复制了《超级马里奥》里面的机制，或者《班卓熊》、《侠盗猎车手》（Grand Theft Auto）里面的机制，然后试着在我们自己的游戏中重新创造出那种优秀的机制给人的感觉。这是比较简单的设计方式。

更困难的设计方式是问下面这些问题：《超级马里奥》的游戏感来自何处？《太空战争》的游戏感又来自何处？那些游戏的设计师并没有很多可以用来克隆的对象，那么他们是如何设计出让玩家感受良好的机制的？我们会持续使用一系列的游戏作为我们的例子，来说明机制设计和游戏感之间的关系。我们需要找出这些特定的实时操控、模拟空间和润色的组合有何特别之处，理解这些内容之间独特的关系，以及这些关系如何产生我们期望的体验。

在设计一个以手柄的物理设计、物理特性和虚拟运动之间的关系为基础，通过游戏感进行交互的虚拟世界时，有一些共同的元素。如果我们能够分辨并且测量这些游戏感的组成要素，我们就能够避免不断重复地"造轮子"。这需要我们在大脑里把游戏感系统当成一个整体，包括玩家、输入设备、游戏系统里编写好的响应以及所有的组成部分（也就是在第3章中描述的交互性的游戏感模型），并鉴别出是哪些元素让我们能够对比两款游戏的游戏感。对比的内容不仅是这些要素，还包含这些要素之间的关系。如果我们能做到这点，我们就可以理解怎样构建相似的系统了。

软指标与硬指标

在我们深入交互性的游戏感模型查看具体要素之前，我们先聊一些测量游戏给人的体验的方法。就像每位设计师所知道的，设计师进行有效测量的唯一方法就是观看玩家们玩游戏，没有任何捷径。游戏系统的输出决定了玩家的体验，为了了解它，你必须想办法测量它。为了测量它，你需要真实的玩家。

让我们进入让人痛苦的玩家测试环节，这是最让人觉得羞耻的环节。你能够看到玩家玩游戏时的体验。你也许很擅长玩游戏，也可能会觉得自己制作的游戏非常好玩。现在把这些游戏放到一些玩家面前，你可能会看到自己的希望之塔被现实的场景瞬间击毁。玩家会去做一些设计师意料之外的事情，他们会紧紧地抓住一些愚蠢的细节，或是完全不能够理解如何操作。他们会抱怨、表现出不满、说"这太傻了"，最后饱含厌恶的离开。他们会忽略你所有的指示，到处乱跑，展示出令他们愤愤不平的认知。他们经常告诉你："天呐，它是有趣的，但是……"然后列出一长串的抱怨，以及关于他们自己想看到的玩法的奇怪的建议。非常无情。

更糟糕的是：这不是玩家所处的最自然的环境。如果你不站在旁边，如果你不邀请或者劝导他们来，如果这些玩家不是你的朋友或者亲属，他们还会玩这款游戏吗？这个问题的答案一般是"不会"。当你看到玩家最自然的行为时，你也许会发现你的设计与现实的差距非常大。但是正如你所希望的，你想要看到真实的玩家在一般情况下是如何玩你制作的游戏的，尽管你越接近这些真相，你收到的负面反馈越多。这很可怕，你制作的游戏是无趣的，是被玩家讨厌的，也许你需要卷土重来，重新开始设计这款游戏。

对于很多游戏设计师来说，解决方案就是简单地咽下一切苦水。把你的头扎进"湍流"里，让反馈的冲击波猛烈地"撞击"你的面部。实际上，这种方法的效果是不错的。很大、很严重的问题一般都比较明显，并且设计师通常能够想出要怎么修改系统来解决这类问题。一般的流程是收集反馈，迭代，重复。当你迭代的次数越多，你的游戏就会变得越好。有些方法能够让这个循环花费更少的时间，并且让迭代变得更加高效。

图 5.1 是米克·韦斯特为《游戏开发者》杂志所写的名为《按下按钮》（*Pushing Buttons*）一文中的一个例子。我们所做的就是在游戏中添加一个简单的监视器，它会记录变量的值（如按下 / 松开按钮，或者是一个物理状态、一个标识）。之后在屏幕的顶部以滚动的状态图的形式显示出来，其中每一条曲线代表了一个变量。基于这个状态图，我添加了一个事件记录器，它会记录下各种事件（如跳跃、落地、落下、超级跳跃、延迟跳跃和蹲跳），然后在图像上以竖直的线把标记的事件展示出来。最后，我让这张图在游戏暂停时可以通过手柄来滚动或是缩放。这样，无论出现何种操作问题，都可以很容易地暂停游戏，把图滚动到出问题的区域并放大来看。

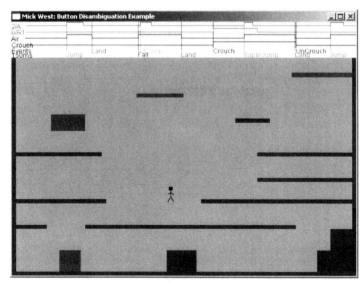

图 5.1 检测一段时间的输入是一个出色的硬指标

这是复杂的、以数据驱动的测量玩家体验的方法。韦斯特的记录精确到了毫秒,记录下了玩家的输入和系统的输出,这为不确定的、空泛的和主观的玩家体验提供了一个清晰的、可量化的解释。这个方法棒极了,这使得设计师可以更快地调试他的系统,并且对玩家觉得不对的、描述很模糊的操作问题有了很清晰、明白的理解。

韦斯特的图表是硬指标的一个例子。硬指标是可量化的、有限的测量指标。如"在计算机认为玩家已经掉下悬崖后 57 毫秒,玩家按了按钮""最终得分是蓝队 10 分,红队 3 分""玩家玩了 27 分 03 秒"。硬指标提供具体的、可测量的数据,这些数据可以在不同的游戏之间进行对比。赋予数据意义也是游戏设计的一部分。《魔兽争霸 3》的每一局游戏都应该持续 20 分钟左右吗?还是说连续玩 7 个小时也是没问题的?这些问题的回答取决于设计师希望创造的体验是什么。

和硬指标相对应的是软指标,比如乐趣、笑声和想要玩更长的时间。你的玩家真的获得乐趣了吗?在你的游戏中,乐趣意味着什么?乐趣可以是经过深度思考的策略,为此玩家们会一言不发地沉思,推演他们下一步的行动。乐趣也可以让玩家笑到喉咙嘶哑,加深玩家彼此的关系。乐趣还可能是一种释放和放松的感觉,比如在辛苦工作一天后片刻舒适的逃避。这些东西都不容易衡量。尽管乐趣有可能量化行为的某些方面,比如妮科尔·拉扎罗(Nicole Lazzaro)的构成乐趣的四个关键因素理论,就是基于人脸图像和情绪分类的,但这不是游戏设计师的方法。通常来说,软指标组合在一起会形成一种感觉,这种感觉很朦胧但通常会进化,让所有的玩家形成玩这款游戏的体验。

重要的是,要知道软指标对于游戏设计来说和硬指标一样有用。人们倾向于假设硬指标是基于事实的、科学的及客观的,它们在某种程度上更好。但是,持续关注人们能否享受游戏、如何享受游戏也是同样重要的。检查软指标是游戏设计师的直觉的一部分,这种直觉随着设计师完成越来越多的设计而趋于成熟。为了能够通过直觉捕捉什么样的系统动态能够创造让人享受的、有意义的体验,设计师需要敏锐地理解软指标。在测量许多游戏的游戏感时,可以同时测量硬指标和软指标。

需要测量的要素

在交互性的游戏感模型中,游戏设计者可以改变计算机侧的要素。在这些要素中,某些是可以通过测量进行量化的。在设计游戏感和比较游戏感的框架中,有 6 个要素对测量来说是最有用的也最重要。

- 输入(Input):玩家向系统传达意图并通过其改变游戏感的设备的物理结构。
- 响应(Response):系统如何实时对玩家的输入进行处理、调整和响应。
- 情境(Context):模拟空间对游戏感的影响。例如碰撞的属性和关卡设计如何为实时操控赋予意义。
- 润色(Polish):人为强化游戏中物理实体在游戏中展现的真实性。
- 隐喻(Metaphor):游戏的表现和处理如何改变玩家对游戏对象的行为、移动和交互的期望。
- 规则(Rules):游戏中抽象变量之间的关系如何改变玩家对游戏对象的感知,定义挑战并调整操控感。

这些要素被总结在图 5.2 中。其中一些要素是可以进行量化的,这些要素(如输入)被称为硬指标;而其他要素(如隐喻)则被归为软指标。本章其余部分将会介绍测量这 6 个要素的一般方法。第 6 章到第 11 章详细描述了如何测量每一种要素并提供相应的测量模型。

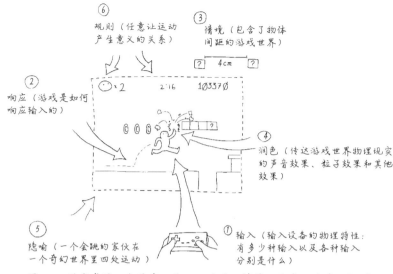

图 5.2 游戏感的 6 个要素：输入、响应、情境、润色、隐喻、规则

掌握这些信息以后，我们可以用一种量化的方式测量游戏感，而不是仅仅通过经验设计游戏。

输入

输入设备是玩家和游戏世界进行沟通的工具。因此，输入设备的物理结构对于操控感是至关重要的。输入设备的功能布局、制造输入设备的材料的触感、输入设备的重量、输入设备的摇杆及其执行器上弹簧的弹性，所有设计都影响玩家握持、触碰和使用它的感觉，这会改变游戏感。输入设备就像一件乐器，同样是演奏《致爱丽丝》，在儿童钢琴上弹奏和在施坦威钢琴上弹奏，带给演奏者的感受是截然不同的。当我创建一个新的操控机制的原型时，在大部分情况下使用 Xbox 360 手柄得到的感受要比使用键盘得到的感受更好。从设计的最上层来看，这是因为 Xbox 360 手柄是一个设计良好的产品，它由坚固、光滑且透气的塑料制成，能带给玩家更好的握持感及操控体验。

> **游戏实例**
>
> 如果你想感受 Xbox 360 和键盘带给玩家的不同的操控感，可以尝试用不同的设备玩同一款游戏。你可以用 Xbox 360 手柄或者键盘上的 S、W、A、D 键玩游戏，在其他要素一致的情况下，你会发现 Xbox 360 手柄会给人的感觉更好。

从设计师的角度来看，使用输入设备的哪些部分以及如何使用它们将会影响玩家对虚拟对象的控制感。设计师很少可以选择玩家将使用的输入设备，因为游戏的平台已经决定了对应的输入设备，但是设计者可以选择设备上的哪些输入对某个特定游戏是有用并且高效的。如果输入设备是 PlayStation 3（后文简称 PS3）手柄，玩家是使用摇杆，还是按钮，抑或是两者都用？这些决定了游戏中可能产生的操控感。

通过选择将使用哪些输入设备，设计者还对输入的灵敏度做出了选择。输入设备具有固有的灵敏度。例如，红白机（Nintendo Entertainment System，NES，中文玩家俗称红白机）手柄和鼠标带来的操控感截然不同。红白机手柄有八个独立的按钮，比鼠标多。但是从整体的灵敏度来说，红白机手柄远不如鼠标。在红白机手柄的八个按钮中，六个是常用的，并且每个按钮只有按下和放开两种状态，只能输出两种信号，并没有处在两者之间的状态。

鼠标虽然只有两个标准按键，但滚动球或光学传感器可以识别水平方向和竖直方向的运动。这种双轴运动比单个按键更灵敏，而且发送到计算机的信号比红白机手柄按钮简单的开或关复杂得多。

从设计师的角度来看，输入设备把玩家复杂的目标和意图"翻译"成了一种计算机可以理解和解读的简单的语言。这种语言是随着时间变化的数值流。比如，推动摇杆向左运动在计算机看来就是一个浮点数的改变——一个处在 -1.00 到 1.00 之间的值。当玩家移动手指时，计算机接收到的数值随之改变。与之相比，按钮在物理操作和信号发送方面要简单得多。在选择了特定输入设备之后，游戏设计者需要选择将会使用设备上的哪些输入方式以及如何使用它们。换句话说，在输入方式继承了设备本身的物理结构的情况下，设计者可以决定哪些输入方式是有效的并且适用于操控特定的游戏。

为了测量输入这个要素对游戏感的影响，我们需要分别研究每种输入方式的特点，并研究其作为一个整体的效果。作为一个整体，我们想知道输入设备上的哪些输入方式被用于控制，并且跟踪研究其在物理层面的约束和限制。例如，对于红白机手柄来说，除了相反方向上的方向按钮（不可能让左方向按钮和右按钮同时起作用，也不可能让上方向按钮和下方向按钮同时起作用），大多数输入方式可以彼此组合。但是在键盘中可以同时让右键和左键起作用。这意味着用方向按钮去控制一款游戏得到的感受与用键盘的 4 个键控制游戏得到的感受会非常不一样,因为输入方式的组合不同。在键盘上,可以同时按下左键(A 键)和右键(D 键),如图 5.3 所示。

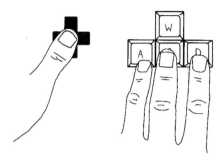

图 5.3　在键盘上,玩家可以同时按下键盘的左键和右键,但这个操作对红白机手柄来说很难

对于每个单独的输入设备,需要检查输入有多少种可能的状态,它允许的自由度和运动类型,如果其自由度和运动是受到限制的话,需要研究其如何被限制。例如,Xbox 360 手柄上的一个按钮有两种状态:开、关。它沿一个轴上下运动,并且运动位置被限制在轴的最大处和最小处之间。在同一个手柄上,扳机键也是沿着一个轴运动,但是在其被完全松开和被完全按住的两个边界状态之间具有数百个离散状态。而摇杆可以沿着 X 轴和 Y 轴自由运动,其运动的自由度只被塑料外壳限制,这就带给了摇杆几乎无限多种可能的状态。然后,我们可以说,摇杆比扳机键更灵敏并可以表达更多的状态,同样的,它也比标准按钮更灵敏,如图 5.4 所示。

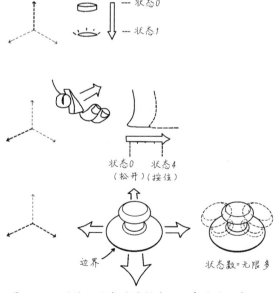

图 5.4　不同输入方式的灵敏度及可表达的状态不同

另一个软指标是输入设备提供的感觉反馈（如弹簧强度、按钮的布局）。操纵杆、摇杆、扳机键和按钮可以带给玩家不同的感受，这取决于输入设备的弹簧机构、强度和质量。这种交互在物理层面给人的感受很难量化，但对游戏的操控感也会产生一些影响。

响应

了解输入设备的方方面面只完成了打造实时操控工作的一半。所有输入最终变成信号，映射游戏中某些参数的调整。这些调整可以被认为是游戏对输入的响应。

游戏从输入设备接收信号，信号通过某种设计师定义的方式改变了游戏内的一些参数，这就是映射。准确来说，映射是把特定的输入信号和游戏中的参数相连，并定义参数会如何随着时间的变化而调整。正如米克·韦斯特所说："从表面看来，你只是把按钮和事件进行了映射，但是要让玩家的操作能生效，这是需要技巧的复杂工作。"这也是形成游戏的操控感的主要场所。

一个输入信号能改变游戏中的任意参数，并且可以通过许多方式随着时间的推移进行调整。按一次按钮可以让一个物体沿着一个方向移动一段距离。举个例子，按下按钮一次，一个方块会向右移动 5 个单位的距离。在某个游戏中，当按钮被按住时，系统会持续地在每次反馈回路完成后都将物体移动一小段距离。还有另一种方式，按住按钮能够带来一个力，这个力间接地让方块开始移动并加速。这些都是按一个按钮让一个物体移动的不同的映射，每一种带给人的感受都是不同的。但是一个单独的按钮被按下，也可以映射到全局变量的改变上。如按下一个按钮可能会翻转重力，按住按钮可能会改变汽车轮胎的摩擦，带来另外一种不同的操作。

如果要测量一个特定游戏的响应，我们会去看看每个来自输入设备的信号如何与游戏内的改变建立映射。系统调整了什么参数，如何随着时间变化改变参数？或者，更普遍地说，什么参数被什么输入改变了，参数之间的关系是什么？举个例子，在 id Software 发行的《雷神之锤》里，一个角色在三维空间中的旋转和鼠标在桌面上的位置是紧密对应的。两个信号的改变（X 坐标的值和 Y 坐标的值的改变对应鼠标左右、上下的移动）传了进来，让角色上下旋转或者左右旋转，如图 5.5 所示。鼠标的移动给角色当前的旋转角度增加了一个值。向左移动 25.4 毫米鼠标，角色就向左旋转 90°，这是一个固定的操控比例。

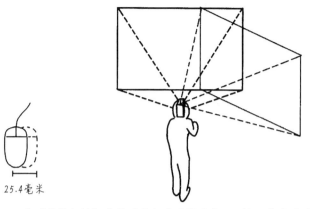

图 5.5　在《雷神之锤》中移动鼠标去旋转角色——输入变成了响应

但在《雷神之锤》里，鼠标移动距离的值和角色旋转角度的值的比例，在水平方向和竖直方向上是不一样的，当你上下移动鼠标时，游戏里竖直方向上旋转的幅度不会很大。我们在这里可以看出，两个值之间的关系和两个值本身同样重要。在《雷神之锤》的例子里，玩家需要更快地调整水平方向上的视角才能更快地瞄准，在水平方向上瞄准的要求比在竖直方向上瞄准的要求高很多。

现在我们把《雷神之锤》中的映射和《打砖块》(Arkanoid)中的映射进行对比，《打砖块》这个游戏是把摇杆的旋转映射成游戏里飞船的左右移动的，如图5.6 所示。这也是直接映射的，但不是像《雷神之锤》那样把线性移动映射成旋转，《打砖块》是反过来做，它把摇杆的旋转映射成飞船的线性移动。输入每旋转 1°，飞船移动一段距离。

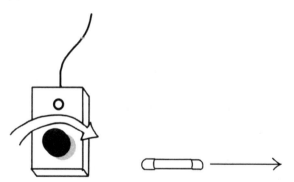

图 5.6　在《打砖块》里，旋转输入映射飞船的左右移动

可以将《打砖块》中的飞船和 Bungie 工作室出品的《光晕》(Halo) 中的"疣猪战车"进行对比，后者是一个从输入到运动更直接的映射。向左推摇杆会立刻

改变准心的位置。系统将摇杆的移动映射到准心的移动速率的变化上,而不是位置的变化上。将摇杆向左推一小点会让准心以较慢的速度向左移动。把摇杆向左推到底会让准心以一个持续的、最大的速度飞快移动。

准心的位置代表了在三维游戏世界里疣猪战车即将转向的方向。具体方向取决于准心和角色实际朝向之间的距离,战车会旋转,同时尽力保持与准心在同一条水平线上,但是可能会导致转向角度过大或者过小。这种在意图和响应之间的模糊处理会让玩家感受到愉悦而不是恼火,因为他们在操控感上同时拥有了挑战给予的快乐与操控时获得的满足感。

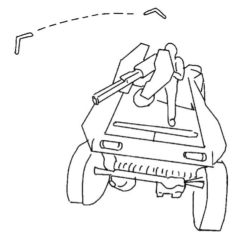

图 5.7　在《光晕》里,摇杆不同的倾斜角度对应准心不同的移动速度

一个输入信号也可以映射到一个通过时间调节的参数上,如《超级马里奥兄弟》中的跳跃机制。当马里奥跳起的时候,按下跳跃按钮更长的时间会使得马里奥跳跃的高度更高。这个跳跃的高度存在最大值,跳跃高度的数值都会在这个最大值限制的范围之内。轻轻按下按钮会带来一个小的跳跃。为了达到最高的跳跃高度,玩家必须将按钮按下更长的时间。

在看完游戏中每种输入改变了哪些相应的参数,以及这些参数的改变与时间的关系后,你就会了解不同参数之间的关系。没有任何一个机制是独立的,确定每个单独的机制很重要,但是定义出每种输入与响应之间的映射关系,以及响应之间的关系同样重要。比如《超级马里奥兄弟》给人的感觉基于马里奥在地面上移动的速度与其在空中移动的速度之间的关系。在空中的时候,马里奥可以左右移动,但是会比在地面上移动得慢一些。玩家仍然可以对马里奥在空中的移动进行控制，这种感觉让玩家能做出更准确的调整，能够更加完美地控制马里奥落到地面上的一个小平台上。这种参数之间的关系确定了系统在实时操控方面给人的感觉，例如在驾驶游戏中车速与转弯的关系或者是在绝大多数格斗游戏中角色体型与速度的关系。就像参数之间的映射一样，参数之间的关系对于产生游戏感同样重要。

情境

情境包括模拟空间和关卡设计。首先设想你自己正在玩《超级马里奥 64》，然后设想马里奥站在一片空白的区域里面，四周没有任何物体，而不是位于第一关炸弹王国（Bomb-Omb Battlefield）中，如图 5.8 所示。在这样一个周围什么都没有、一片空白的环境下，马里奥是否可以长跳、三级跳和踩墙跳呢？

如果马里奥没有任何可以去交互的东西，他的特技动作将毫无意义。没有墙，就没有踩墙跳。在这种情形下，物体在游戏世界中的摆放就相当于一组变量，用于平衡移动速度、跳跃高度和其他所有定义运动的参数。对于游戏感而言，约束定义了感知。如果物体的位置相对于角色的运动来说离得很近，这样的游戏就会让人觉得非常有压迫感、焦虑和沮丧。如果物体之间相隔很远，那输入和响应之间的映射关系会变得不重要。当驾驶一辆汽车行驶在两侧没有景色的道路上时，车的移动速度和转弯速度就不重要了。除非两个物体之间可以交互，否则它们之间的间隔并不是相关的。就如同你驾驶汽车穿越一片繁盛的森林，如果汽车能够直接穿过树丛，并且森林中树的数量及树的排列方式对穿越速度没有任何影响，对于这样的情况来说，碰撞是另一种情境的属性。

图 5.8　马里奥因为失去了可在其中做出特技动作的情境而变得悲伤

情境是游戏世界独特的物理现实（模拟空间），它包含了物体之间的交互方式和空间的布局。就像一个角色的能力和行动一样，它是被设计的。游戏设计师创造了一个游戏空间，这个空间有其独特的物理系统、范围和限制。设计师同时也创造了填充世界的内容，并定义了它们的空间关系。

几乎每款游戏都有各自的情境，无论是《GT 赛车》（Gran Turismo）还是《吉他英雄》。绝大多数的游戏都拥有配合游戏机制设计的情境，比如轨道、迷宫、舞台、关卡和世界。在大多数情况下，这被称为关卡设计。这个设计的目的是发现游戏机制中最有趣的部分，并通过提供和这些机制相关的最有趣的交互来强调它们。

情境的重要性因游戏品类的不同而产生变化，但是绝大多数的游戏都包括了一些关卡设计。我最喜欢的例子就是修长版的《俄罗斯方块》和普通版的《俄罗斯方块》之间的不同，如图 5.9 所示。关卡设计在《俄罗斯方块》中可能不如其在《托尼·霍克的滑板》中重要，但是设计师阿列克谢·帕基特诺夫（Alexey Pajitnov）仍然决定将俄罗斯方块的游戏区域设置为 10 个方块宽和 20 个方块高。如果游戏区域的宽度仅有 3 个方块宽，《俄罗斯方块》将会变得非常不一样。因此，改变游戏的情境就是改变这款游戏。

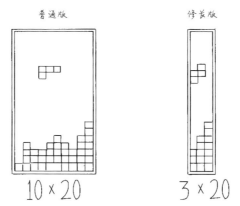

图 5.9　普通版与修长版的《俄罗斯方块》：如果情境不同，游戏也会变得不一样

《俄罗斯方块》默认的游戏区域让限制性和开放性处于恰到好处的平衡。这是一种有艺术性的选择并突出强调了情境中很重要的影响因素：空间中的约束会决定游戏的挑战。在《马里奥赛车 DS》中，转弯的密度和障碍物的空间排布决定特殊任务的挑战难度。路线越难，急转弯出现得越频繁，意味着会出现更多的障碍物和其他挑战要素。

情境对游戏感的影响只能通过软指标来衡量。当游戏的整体景观巨大且开放时，相比在封闭且受限制的空间内，操控感会有很大的差异，但确切的差异是无法量化的。情境是一种对空间整体的印象。操控感还会受物体的间隔或外形（包括其锋利度、圆润度、形状等）的影响。如果你的角色总撞到东西，你的游戏感和其他人的游戏感会有明显的不同。从最低层面来看，碰撞总会修正玩家的感受，因为它将交互行为用特殊的方式进行表达。如果物体接触时相互滑过，我们会判断物体表面可能是平滑的；但如果物体接触后会有粘连，我们会认为物体表面是粗糙的。如果一个物体撞到某样东西后会引起爆炸，游戏感会被改变。与此同时，操控会变得格外重要，并且你所控制的物体看上去会极其脆弱。

在同一款游戏的不同情境里判断操控感是去探测情境造成的影响最好的方式。在《小行星》里，有时候屏幕中只有一颗小行星。这时的操控感和屏幕上布满小型的、高速飞行的小行星碎片的操控感是完全不同的。在这些极端情况下，我们能发现《小行星》的游戏感在游戏区域（拓扑空间）的改变情况——从空到满。

润色

润色是指任何可以提升游戏世界中物体间交互效果的影响，是反映物体的物理特性的线索。如果所有的润色效果都被移除了，游戏的功能不会发生改变，但是游戏世界中物体的物理特性从玩家的视角来看将会发生改变。感知是活跃的，润色效果进一步定义了游戏中碰撞代码带来的物体间的交互的效果。

润色的作用也只能使用软指标衡量。在 *De Blob*（第 1 章中提到的由学生设计、制作的游戏）中，当 squash-shader 生效时，它的游戏感将如何变化？这无法像硬指标一样量化。我们可以衡量的是最后的物理层面的感受。润色效果会告诉我们正在观察的物体的特性。Blob 受到挤压或拉伸发生变形让它看起来像一个 Blob。正如约斯特（Joost）所说的，没有这个 squash-shader，游戏玩起来就像是在玩一个球形的石头。

这个原理适用于所有的润色效果。所有的润色效果都增强了交互过程中的物理特性，即便它最初的目标很模糊，只是想让交互过程变得更有吸引力。当被动参与时（你观察远处的两个物体发生撞击），你得到的感受和看电影或者看动画片得到的感受是类似的。但如果是主动参与的话，你的印象会深刻得多，就像是用你自己的感官去体验某些东西一样。

一阵很强的粒子效果加上屏幕的振动,再添加一些震耳的噪声,都会赋予物体重量和立体感。任何现实生活中和电影中可能发生的交互,或是任何你想象的交互,都可以通过润色效果来传达。去衡量润色效果如何影响玩家对游戏世界中的物体的感知是非常有趣的。

> **游戏实例**
> 在某些游戏里,可以看到对同一系统使用不同程度的润色效果后得到的效果。

现在,让我们以《火爆狂飙:复仇》(*Burnout: Revenge*)这款游戏为例进行说明。它拥有夸张至极的大量的润色效果,游戏中的汽车是高速运动的立体物体。当它撞毁的时候,撞击的力度是非常大的,结果也是灾难性的。汽车被撞变形,玻璃破碎,车体产生大量的火花。汽车的重量和速度导致它飞向空中,燃烧着,旋转着,最后撞向地面。碎裂声和剐蹭声让人非常不适。游戏中正常的车是一个高速行驶的立体物体,现在它完全损坏了,如图 5.10 所示。

图 5.10 《火爆狂飙:复仇》中的汽车可以被损坏到一个惊人的程度。这也是润色效果的一种

但你是如何得知这一点的呢?是什么让你意识到了这个情况呢?你如何知道这个物体的物理特性呢?你的理解来自什么线索?现在,让我们来分析一下。首先,我们有视觉上的线索:玻璃碎片从车窗上飞溅而出,车的金属零件碎片向四面八方飞去,引擎开始冒出烟和灰尘。这些可能只是简单的粒子效果——在一个特定的时间点,在三维的场景中显示二维的图片,但程序让它们始终朝向摄像机。一般来说,这是线性播放的序列帧,再叠加一些随机性,让玻璃的小碎片旋转,

让烟尘翻滚。其他金属碎片或者是汽车和路面剧烈摩擦产生的火花差不多也是以同样的方式做出来的，只是在喷射的过程中随着时间的推移而改变颜色，从白色到黄色再到红色。路面上留下的胎痕大概是借助带有透明通道的材质制作的，动态生成的形状映射好带透明通道的胎痕材质，铺在地上，可能还会加上两到三个图层，并随机选取贴图，使玩家不容易看到纹理发生重复。

其次，我们有声音方面的线索，如发动机的呼啸声、破碎声和刺耳的剐蹭声。同时，我们还会听到金属扭曲的声音，这是玻璃与金属一起发出的声音。声音甚至能够反映物体在三维空间中的位置（通过声波可以进行准确的定位），进一步强化声音和图像间的关联。之后，手柄的振动从触觉方面增强了用户的感受。它在逻辑上可能不严密，但确实让游戏更有冲击力。

这些线索都来自何处呢？是不是有一名游戏设计师简单地按下一个按钮，说"加入一辆车"，然后就可以下班去酒吧喝酒了？不是这样的。交互的每一个小细节、每种粒子效果和声音、每个扭曲变形、每个飞到空中的车辆碎片都是经过仔细设计，只为了一个目的：把交互的物理特性传达给你，也就是玩家。这些线索是多种视觉元素和声音的组合，因为感知是一个多种感觉融合产生的现象。当你感知某个东西的时候，你同时看、听、触摸和感受。感知某个东西需要调动你全身的感官，甚至要调动感官在虚拟身体里的延伸。除此之外，你对某个东西的感知还包括你基于自己过去的经历、想法、感受和教训赋予这个东西的意义。如果这个东西看起来像一辆车，那么你就会期待它的行为会符合你心中一辆车的行为。这种期待可能来自你在现实中撞车的体验，也可能来自你看电影时看到的撞车的画面，或者二者都有。重点在于，线索应该由设计师来设计，由美术师创作，然后由程序员编写代码。通常，这三者会结合产生一种复杂的效果。描述这个效果时一般都只是简单地写成"润色"，但将其具体运用到打造游戏感中时，它会营造一个可信度高且自洽的游戏世界，因此润色是极其关键的。

隐喻

玩家过去的经历、想法、感受和教训都会进入游戏，这些内容构成了隐喻。玩家的隐喻不仅仅从玩游戏中获得，还来自他们全部的生活体验。你正在控制的东西看起来像什么？它类似于你见过的什么东西，以至于你会期待它用什么样的方式去行动？如果你控制的车看起来像是真的，那么期望就是它开起来像车，听起来像车,撞的时候也像车。但是期望来自你对"车是什么"的概念,而不是客观现实。玩家会把他们全部的生活体验(坐在汽车里,自己驾驶汽车等)都带进来,但是他们也会把电影里和动画里关于汽车的体验都带进来。因此,如果想通过汽车的行为让人相信它是一辆真的汽车,那么可以让它被一颗子弹射中以后发生爆炸,也可以让它像在动画里面一样变形并且不产生任何明显的损伤。通常,人们玩一款游戏时会基于自己的概念,把对一个物体的行动方式甚至操作方式的设想带入到游戏里(我最喜欢的例子是骑马。当人们第一次骑马时,他们可能会说:"这感觉不像骑马。"然后你问他们:"好吧,你以前骑过马吗?"他们回答:"没有,但是这感觉不像骑马。")。

交互应该如何进行的期望也受到艺术加工的影响。一辆动画的、形象化的车会比一辆高度拟真的车在行为和交互上有更多的余地。

试想,玩家在《火爆狂飙:复仇》里控制的不是一辆汽车,而是一个身形巨大的在尽力奔跑的秃头大胖子,同时像酷暑天的洒水车洒水一样飙汗,如图5.11所示。假如游戏里所有的结构、设置都不变,也不调整游戏的功能,就单凭这种变化也能让游戏的用户体验完全改变。即使你仅仅把一辆汽车的3D模型换成一个大胖子跑步的3D模型,《GT赛车》也会变成新游戏,或许可以称其为《胖子快跑》。

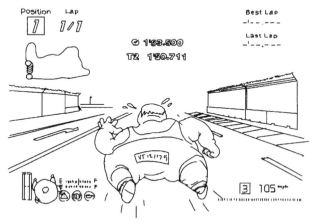

图5.11 在《胖子快跑》中,胖子带给玩家的期待与汽车带来的期待不同,此时即使底层功能完全保持不变,整个游戏给人的感觉也将改变

根据你驾驶汽车和观察汽车的经历,你知道驾驶一辆汽车是什么感觉,汽车会怎么移动和转向。当你思考一个游戏系统时,很重要一点的是能理解你的玩家

在此之前已经建立的概念是什么样的。最好的设计师会利用隐喻和艺术加工在玩家心中建立起期望，并通过游戏内的交互来超过他们的期望。

规则

回到《超级马里奥 64》这个例子。你有没有问过自己："为什么我要收集这些金币？"如果金币不会增加马里奥的生命值，或者 100 枚金币也不能换一颗星星，你还会继续捡金币吗？值得吗？为什么收集星星如此重要？这些星星有什么价值？在游戏系统之外，金币和星星都毫无价值。它们是抽象的变量，游戏中完整的、紧密结合的系统和这些物品的主观联系赋予了它们价值。换句话说，一枚金币、一颗星星或者游戏中任何其他部分的意义只能被它们与游戏中其他部分的关系所赋予。它们是凭空产生的。哇！一个系统赋予了它们意义。这很奇怪，可是这样行得通。你想要那些金币，你想要星星，因此你愿意忍受许许多多的挫败、厌烦和学习来获得它们。学习和执行内在的愉悦感可能是基本的吸引力，但是这些星星是驱动你玩下去的动力。

从传统意义上来说，这是规则在游戏设计和游戏感中所起的作用。它们提供了学习的动力和有组织的学习方式，为玩家定义了值得他们学习的行为。的确，看起来就是变量之间的主观联系赋予了行为意义。逐渐上升的挑战的难度匹配玩家能力成长的速度，使他们一直处于心流的状态里，如图 5.12 所示。

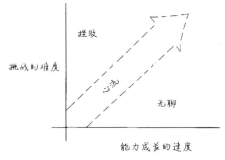

图 5.12 玩家一直处于心流状态

在讨论游戏感的情境时，规则依据我们对其的定义，提供了动机、挑战和行动的意义。游戏的情境为当下空间提供了意义，规则为持续性提供了意义，游戏能基于这些意义被建立起来。正如我们之前的例子，规则在游戏系统中提供了部分目标，如图 5.13 所示。

图 5.13　高级目标的涓滴效应

从 A 点跑到 B 点；攀登某座高山；救下五只迷路的小狗；逃离这个院子……这些更高阶的目标从持续性的层面定义了游戏感。它们在不同的层面、不同的时间，以及多种、多个目标间同时生效。它们在多个层面上运作，在任何给定的时间内都有多个目标和多种类型的目标。这带来了更高程度的参与，同时在任何时刻都允许玩家选择进行不同的行为。我们将其定义为游戏感的更低阶的操控感和物理感，它们是高质量的游戏体验的地基，但是，是高阶的规则提供了游戏感的"大梁"和"脚手架"。

要衡量规则对游戏感的影响，我们可以从三个方面对游戏里的规则进行测试。此处要再次强调一次，目前提到的都只是软指标，因为它们无法被特定的方式测量。我们在意的是变量之间的主观联系如何改变游戏世界中物体的意义，以及操控和交互给人的感受。

从一个最高的层面上来看，我们的目的是让玩家关注一组特定的行为。这些高阶目标呈现出一种涓滴效应，让对象在各个等级上都具备意义。高阶的规则可以是生命值和伤害系统，这个系统能够向下为每时每刻的交互赋予意义。

中阶规则不同于高阶规则，但它们密切联系。中阶规则能给游戏世界中的物体赋予意义，改变角色在世界中行动给人的感受。多人夺旗游戏中的旗帜是一个例子，对于当前握着旗帜的玩家，游戏感觉起来是不同的。

在最低阶规则的层面，规则可以更深入地定义物体的物理属性。一个角色摧毁敌人需要造成多少伤害，能改变玩家对这个敌人的"耐打"程度的感知。一个"一击就死"的敌人是脆弱的，一个"需要打 20 下才死"的敌人让人感觉结实得多。

小结

在游戏感系统中,游戏设计师可以塑造 6 个部分的内容。

- 输入(Input):玩家的意图可以通过该设备的物理构造传送到游戏感系统中,以此改变游戏感。
- 响应(Response):系统如何实时对玩家的输入进行处理、调整及响应。
- 情境(Context):模拟空间对游戏感的影响。例如碰撞的属性、关卡设计如何为实时操控赋予意义。
- 润色(Polish):人为强化游戏中物理实体在游戏中展现的真实性。
- 隐喻(Metaphor):游戏的表现和处理如何改变玩家对游戏对象的行为、移动和交互的期望。
- 规则(Rules):游戏中抽象变量之间的关系如何改变玩家对游戏对象的感知,定义挑战并调整操控感。

当检验游戏感系统的 6 个要素中的一个特定的机制或者一个特定的系统时,我都指出了一些不同的值得测量的东西。

我们会在第 6 章至第 11 章详细讨论上述提到的每一部分内容。例如查看每一部分里哪些内容是可以测量的,以及测量哪些东西会有用。我们会同时从软指标和硬指标角度开始。对于每一种测量方式,讨论它对游戏发挥作用的原因,然后探究其如何帮助我们,进而以一种有目的的方式比较两款不同的游戏。

测量的目的在于寻找打造游戏感的通用原理,这些原理能够运用到未来的设计中,并让我们能够有意义地对比两款游戏给人的感受。我们不再是"在黑暗中胡乱开枪",模仿现有的系统或是试着把别人调试好的设计硬塞进自己的系统里,我们将理解正在使用的工具。假如你希望游戏给人的感觉像《刺猬索尼克》《洛克人》(*Mega Man*)或《火爆狂飙:复仇》给人的感觉,借助这些工具的辅助,你可以更加深刻地理解这些游戏。你可能没有办法得到准确的源代码(因为它是保密的),但你至少无须再看着一块烘焙好的蛋糕,猜测里面用的是什么类型的糖了。

第6章

输入的测量方法

钢琴这种乐器（可以看作一种输入设备）在路德维希·凡·贝多芬（Ludwig van Beethoven）的时代是容易损坏的。贝多芬一场充满激情的演出下来，经常会弹坏10至15根钢琴琴弦，有时甚至将钢琴损伤到无法修复。毁掉那些钢琴的不仅仅是贝多芬的演奏方式，更是他的音乐本身——那样的音乐根本就不是为了那个年代的钢琴而作的。贝多芬的天才之处的一部分就在于能够突破当时钢琴的物理限制，并远远超越当时的钢琴所能呈现的音乐空间和实现的艺术表现。当他面对身前摇摇晃晃的维也纳古钢琴时（viennese piano），他看见的仿佛是牢靠的三角钢琴（grand piano）。

贝多芬能够看清并超越眼前强加于他的物质上和精神上的限制。他深刻地理解工具的本质，以及如何运用这种工具同时从物质上和精神上突破限制，并产生和影响一些活动。例如，一把原本是用来将螺丝拧紧的螺丝刀，拧紧的方式是由螺丝刀本身所决定的，这种方式只对类型相匹配的螺丝才有效。只有当螺丝的纹路、形状及大小都与螺丝刀匹配时，螺丝刀才有效果。跟其他任何工具一样，螺丝刀也潜藏着一系列可能的用途。这直接决定着这个工具能用来做什么，以及更重要的：人们会期待用这个工具来完成什么任务。如果你买了一辆赛车，你更有可能收到超速罚单。如果你有一把锤子，你会觉得所有东西看起来都像是钉子。

这是一个有趣的思路，然而我们却很少把这种思路带入看待操作电子游戏的输入设备中。一件游戏输入设备的设计究竟会如何影响受其控制的虚拟物体？输入设备本身又会给玩家带来怎样的游戏感受呢？换言之，在游戏中所见的一切虚拟物体到底在多大程度上会受到能够控制它们的输入设备的影响呢？

为了回答这些问题，我们需要的是衡量某种输入设备带来的创造可能性空间的能力，进而能够有意义地对比两种输入设备的输入空间，最终考察一种输入设备的物理呈现是如何影响一个特定游戏所带来的游戏感的。为此，我们将从三个维度来分析输入设备。

- 在微观层面，考察输入设备的每一种输入方式。
- 在宏观层面，从整体上考察输入设备可能带来的输入空间、结构布局，以及实现的行为的类型。
- 在触觉层面，考察输入设备的结构是如何影响其所控制的游戏对象产生的虚拟感觉。

微观层面：独立的输入方式

一个输入设备最容易衡量的首先就是它所包含的独立的输入方式的数量。例如，Xbox 360 的手柄有 14 种独立的输入方式，如图 6.1 所示。其中包含有两个拇指摇杆，一个方向按钮，两个扳机键，两个肩键，四个标准按钮，以及几个反馈较弱、使用较少的按钮（如开始、无线连接等按钮）。除去那些在游戏中使用较少的输入方式，剩下的输入方式具体如下。

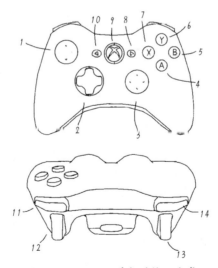

图 6.1 Xbox 360 手柄的输入方式

- X，Y，A，B 按钮（标准按钮）。
- 左、右肩键。
- 左、右扳机键。

- 方向按钮。
- 左摇杆。
- 右摇杆。

每种输入方式共有的元素是产生动作的潜力。按钮可以被按下，摇杆可以被推动，鼠标可以在平面上滑过。这几种输入方式都给计算机发送特定的信号，再借由输出设备（屏幕、扬声器等）得到计算机对信号的翻译、响应和反馈。这种实时操控和信号收发能力是一种输入方式的基本特质。而关联多种看起来并无联系的输入方式则是输入动作的关键。

在分类输入方式时，最先区分的是其产生的输入到底是连续的，还是离散的。意思是，它输入的信号是连续的（如推动摇杆、按住鼠标、转动方向盘等），还是单独的瞬时的信号（如敲击键盘、单击鼠标，按一下手柄按钮等）。

支持连续输入的输入方式也可按如下概念来分类。[1]

- 动作类型：线性移动或是旋转。鼠标所衡量的移动是线性的（在二维平面上），而一个方向盘衡量的移动则是旋转的。
- 感应类型：位置或是力度。鼠标衡量的是位置的改变，而摇杆衡量的是弹簧承受了多大的力。
- 动作维度：鼠标衡量的移动是二维的，摇杆衡量的移动也是二维的，扳机键衡量的是一个平面内的线性移动，Wii 手柄则衡量三维空间内的旋转。
- 直接或间接的输入：鼠标产生的输入是间接的输入，鼠标在桌上移动的同时其对应的指针在屏幕上移动。触摸屏则是让玩家能够以触摸的方式直接与游戏进行交互。
- 动作的边界：Xbox 360 的摇杆可活动的范围有一个圆形的界限，鼠标的动作则没有这样的限制。限制动作范围在一定程度上能改变使用这种输入方式时给人的感受。例如，任天堂 64 的摇杆的使用感受就与 PlayStation 2（后方简称 PS2）的摇杆的使用感受完全不同。
- 灵敏度：粗略来说就是该输入方式有多少种不同的状态。一个标准按钮的灵敏度是很低的，只有开和关两种状态。而鼠标的灵敏度非常高，使用鼠标没有物理界限，任何微小的动作都能成为它的一种状态。虽然一种输入

---

[1] 此处援引了罗伯特·雅各布（Robert J.K.Jacob）在 1996 年发表的杰出论文《输入设备的未来》（*The Future of Input Devices*）。

体现在游戏中可能会有更灵敏或者更不灵敏的表现,但每一种输入方式都有先天的灵敏度。
- 信号发送:每种信号是如何传递给游戏的,它们又是如何随着时间推移而改变的。

将你的手摆放成图 6.2 所示的状态,这是一种将这些特质视觉化的方式。这同样可以用于比较输入设备的移动和其所对应的控制对象的移动,通过这样能看出它们之间的映射关系是不是天然的。

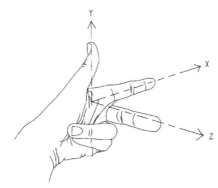

图 6.2 用三根手指视觉化地展示输入设备移动时的轴

想象你的手指延展出的线条如图 6.2 所示,然后将你的每根手指想象成一条轴。如果你沿着这些轴移动你的手,那么你就只在一个平面内做线性移动。如果你以某根手指为轴转动你的手,那么你就绕着 X 轴、Y 轴、Z 轴做旋转运动。鼠标的移动是没有边界的,因此,如果你沿着 X 轴和 Z 轴滑动你的中指,你就能很好地视觉化展示鼠标的无边界移动,如图 6.3 所示。

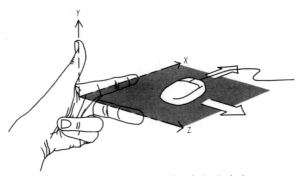

图 6.3 用"手指轴"模拟鼠标的移动

PS2 的摇杆也有这种类型的移动,不同的是它们这种移动是有边界的。所以我们可以将其想象为同样在该平面内移动，但只能沿特定的方向移动一段距离，如图 6.4 所示。

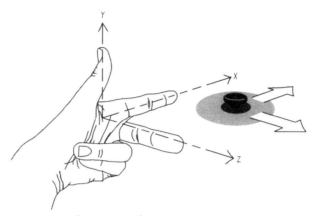

图 6.4　用"手指轴"模拟摇杆移动

每个按钮在使用中都有两种边界：安全按住；完全松开。这种移动无论是在扳机键这样在开和关之间存在多种状态的输入方式中，还是在鼠标按键这种只存在两种输入状态的输入方式中都是存在限制的。摇杆同样也存在移动范围的限制（相对而言，Wii 手柄和鼠标是常用的两种并没有先天的物理范围限制的输入设备）。边界对于输入方式非常重要，它会将输入的整体灵敏度缩小到一个特定的范围内。以摇杆为例，边界有时候在界定游戏最适合的输入设备的受控制动作的类型中起着至关重要的作用，如图 6.5 所示。

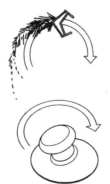

图 6.5　在《几何战争》中，Xbox 摇杆的边界对于游戏感非常重要

现在想想当你在该范围内四处移动你的手时存在多少种不同的状态。一个摇杆有多种状态，鼠标的状态则更多。扳机键的状态的数量大于 1，但比摇杆和鼠

标的状态的数量要少。这样可以简单地衡量这几种输入设备的灵敏度。

一种输入方式所包含的输入灵敏度的数量是一个软指标。我们可以计算出一种输入方式存在的状态的实际数字（标准按钮存在的状态的实际数字是2，一个放置在1 600像素×1 200像素的桌面上的鼠标指针存在的状态的实际数字大概是1 920 000），但这种比较方式并不能很准确地描述出使用这些输入方式时玩家的感受。这就像是一块蚀刻素描画板和一支画笔的区别。你用两者都可以画画，但画笔提供了更多的功能。这就是说，不同的输入方式从其设计上就决定了各自不同的输入灵敏度的数量级。标准按钮的灵敏度的数量一定是最少的（开或是关）。经典打砖块游戏 Breakout 的接球板控制器有更高的灵敏度，它的单轴内旋转有着极高的灵敏度。街机的摇杆则比上述两者的灵敏度更高，可以在 X 轴和 Z 轴形成的平面的圆形外框的物理范围内任意移动。图6.6粗略地展示了各种输入设备的灵敏度大致的范围。

图6.6 各种输入设备的灵敏度大致的范围

最后一项需要衡量的输入指标是其发送的信号类型。这是你在游戏中将会得到的响应的映射数据。因此，数据到底会以何种格式传递给计算机是非常重要的。这是一项硬指标，输入信号大多以计算机能快速处理的简单的数字的形式呈现，但它同样有助于我们理解输入的若干软指标。单个按钮以二进制信号（如"按住"或是"松开"）传递。测量这些数据一段时间后你会得到"上""按住""下""松开"的信号。鼠标发送的是一对数值，每个轴对应的移动单独为一个数值，这些数值是每帧更新的。因此一个鼠标可能在一秒钟内发送60对数值，如表6.1所示。

表6.1

帧数	发送的信号
1	(0.52, 0.11)
2	(0.51, 0.21)
3	(0.50, 0.34)
4	(0.31, 0.42)
5	(-0.1, 0.61)

第 6 章 输入的测量方法

鼠标发送的信号比按钮发送的信号更加复杂。图 6.7 表明了不同的输入设备所发送的信号的类型。

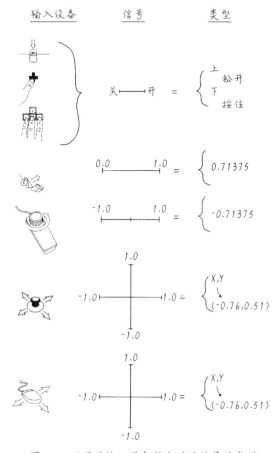

图 6.7 不同的输入设备所发送的信号的类型

测量输入的案例

测量每种输入方式的上述特性对于理解游戏感是十分有用的，这些特性都是游戏界面中不可更改的一部分。每一款运行在红白机上的游戏都是按照其特定的八个简单的双状态按钮所设计的。如果我们明白这些按钮的功能有多么简单，那么我们就会明白诸如《生化尖兵》中的挥舞铁索和《超级马里奥》中的流畅的动作等一系列复杂的游戏机制的创意有多么伟大。更重要的是，如果我们把这些数字、类型及灵敏度综合起来建立一个测量输入的机制，就能对不同的输入设备所带来的游戏感进行更有意义的比较。如果你能理解 Xbox 的摇杆比起红白机的方向按钮有更高的灵敏度，那么比较《光晕》跟《魂斗罗》所带来的游戏感受将会更有价值。

标准按钮

标准的双状态按钮（如图 6.8 所示）是常见的、最基本的输入方式。这类按钮只沿 Y 轴做线性移动。按钮下方的弹簧持续地将按钮弹回特定位置，塑料底座和钩子将其固定在特定位置作为按钮完全松开的状态（打开状态）。当玩家按按钮时，克服弹簧弹力使得按钮在手柄上沿着 Y 轴向下滑动，按钮在某个位置停下作为其完全被按住的状态（关闭状态）。按钮在这些塑料的硬性边界间的沿 Y 轴移动没有其他的状态。因此按钮只有两个状态：打开；关闭。

这些特性同样适用于键盘按键、鼠标按键或者其他任何双状态按钮（如手柄的肩键）。这些按钮的低灵敏度是十分重要的。由于一个标准按钮本身所能表达的内容很少，因此按这些按钮的反馈是间断的而非连续的，意味着它发送的信号在特定时间内只会发送一次。这些信号是二分的，按钮在某一时刻要么被按住，要么被松开。Ominous Development 制作的单按钮操作游戏《奇异吸引子》(*Strange Attractors*)证明通过映射单一按钮来实现复杂、微妙且灵敏的游戏响应是完全可能的，尽管按钮本身是一种限制非常大的输入方式，但用状态数量比单个双状态按钮还少的设备来创造一种功能型的输入方式几乎是不可能的。

标准按钮在 Y 轴上的移动有两个硬性边界：完全松开状态的边界和完全按住状态的边界。

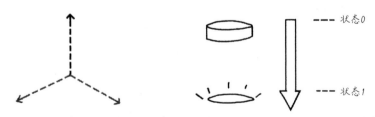

图 6.8　一个标准的双状态按钮拥有两个状态，且只沿 Y 轴移动，灵敏度非常低

扳机键

与标准按钮类似,现代游戏手柄常见的扳机键(trigger)(如图6.9所示)也是只在一个轴上移动。然而对于扳机键,我更愿意称之为在 X 轴上移动,因为它通常都处在手柄的前方由食指操作,不过这跟手柄在空间中所处的位置直接相关。

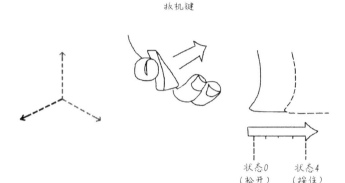

图 6.9 扳机键的移动

扳机键与标准按钮不同的是它能识别两个物理边界之间多种不同的状态。在按住和松开状态之间还存在一片感应区,这使得扳机键可以处于很多个不同的位置。从我自己的 Xbox 手柄来看,扳机键大概能感觉到四至五个离散的键位状态。扳机键同样是由弹簧驱动的且默认处在松开的状态,这与标准按钮相同。主要区别在于按钮的移动范围。在经过多次对扳机弹簧的定量压按练习后,玩家能够控制扳机停留在四分之一、二分之一及四分之三处。这种 X 轴上的移动在其被按住和松开的时候都有硬性的物理边界。

扳机键通常反馈的是浮点类型的值,数值大小在 0.00 和 1.00 之间。比如对应于一次扳机从松开到按住过程中的 3 帧,可能会分别发送 0.63、0.81 和 0.97 这三个数值。

旋钮

尽管旋钮(paddle)现在已经很少被使用了,但有相当数量的第一代家用主机是使用旋钮的。在做单轴旋转时,旋钮有着物理边界。在旋钮的前端有一个可以旋转的钮,如图 6.10 所示。这个可以旋转的钮可以被拇指和食指捏住,在两端的塑料外壳的限制范围内能左右旋转一定的角度。由于多种原因,这种输入方式已经被时代所淘汰。但旋钮仍然是一种灵敏度较高的输入方式，其在使用中存在几百种可能的状态。

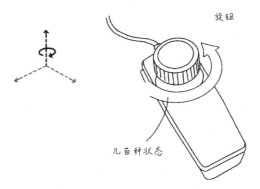

图 6.10　老款的旋钮：有边界的单维度旋转

旋钮反馈的也是浮点数，数值范围为 -1 到 1。当旋钮停留在正中间时，数值为 0，向左旋转时数值为负（如 -0.26），向右旋转时数值为正（如 0.41）。

摇杆

摇杆（Thumbstick）一般可以同时在两个轴的方向上移动，即左右移动和上下移动，如图 6.11 所示。摇杆在两个方向上都装有弹簧，因此在自然状态下它总会回到立在正中间的状态。在大多数情况下，摇杆外层的外壳（凹槽）限定了摇杆可以移动的范围，这种外壳通常是平滑的圆形。对于摇杆而言，计算它在移动中可能存在的状态的数量的意义不大。当玩家使用摇杆玩游戏时，所有的状态都是连续的，玩家会得到连续、平滑且高度精确的定位感。

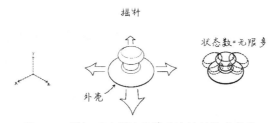

图 6.11　摇杆可以灵活且精确地控制游戏行为

摇杆往往会直接或者半直接地代表着玩家在游戏里想要的行为。例如，控制摇杆围绕外壳旋转一圈，在《几何战争》里能够让船在游戏中做出一个突然转弯，在《超级马里奥》里能让马里奥做出一个快速的变向，在《搏击之夜》里则能让角色使出一记快速勾拳。使用摇杆的时候，玩家可以做出轻摇或是轻弹的操作，这些都是高灵敏度输入方式的特性，这些操作远比使用标准按钮和扳机键灵敏得多。摇杆最多从中心位置移动到外壳圆盘的边缘，这限制着摇杆的移动。

摇杆能够从中心位置沿上下和左右多个方向同时移动，使得玩家在操作中能产生无限多种可能的输入状态。

摇杆反馈的是两组同时存在且不断变化的浮点数，每一组都记录着沿一条轴移动的情况。从左至右的移动（沿 X 轴）反馈的是一组 -1 到 1 之间的浮点数，从上至下的移动（沿 Z 轴）反馈的则是另一组浮点数，摇杆反馈的数值的格式通常为（-0.16，0.93）这种。

鼠标

此处所说的鼠标指的是捕捉位置改变的输入装置，而非鼠标按键。鼠标与摇杆类似，可以沿两条轴移动。鼠标没有先天的物理边界，如图 6.12 所示，而是有一个软性的边界，即鼠标需要被放置在一个平滑的平面上，这就带来了鼠标移动距离过大时可能会离开该平面甚至掉落。在实际中，这个边界更多的是由软件而非硬件决定的。鼠标指针到达屏幕边缘的时候会自动停下。

由于没有明确的边界，鼠标潜在的输入状态甚至比摇杆还要多。所有的位置都是相关的，并且没有一根弹簧一样的东西迫使它回到原位。这些因素加起来使得鼠标成了现在常用的输入设备中灵敏度最高的设备。

鼠标的移动边界存在于软件中，屏幕的四个边缘（上、下、左、右）会阻止鼠标指针继续移动。实际上，鼠标移动的物理边界存在于垫在鼠标之下的设备上，但由于鼠标实体的移动速度和其指针在屏幕中的移动速度的比例适当，这个物理边界很少在鼠标指针到达虚拟边界之前到达。当鼠标移动一小段距离时，鼠标指针往往已经在屏幕里面移动了一大段距离，因此你的鼠标并不会经常掉下桌子。

鼠标是一个灵敏度非常高的输入设备。在一个 1200 像素 ×1600 像素的桌面上，鼠标指针可能停留在 190 多万个像素点中的任何一个上。在实际中，用户很难做到将指针准确地放置于小于一定尺寸的目标（如一个对话框里的勾选框）上，但灵敏度仍然是不变的。

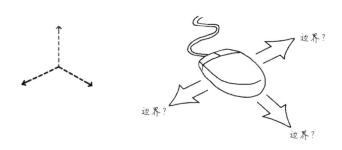

图 6.12 鼠标拥有上万种移动状态而且几乎没有物理边界

跟摇杆一样，鼠标反馈的是两组分开的浮点数，数据格式类似（0.18，-0.28）。但对于鼠标而言，反馈的更多的是移动情况，即从上一帧到当前帧鼠标沿 X 轴和 Z 轴移动的距离。这通常直接映射为屏幕上的移动（即指针的移动），但这种移动距离并不是绝对值。如果是真实的绝对值，当你移动鼠标一段距离后，把鼠标拿到远处再继续往该方向移动时，你就无法连续向前移动指针了。

表 6.2 比较了以上所有这些输入设备。

表 6.2

	标准按钮	扳机键	旋钮	摇杆	鼠标
移动的类型	只沿一个方向移动，竖直或者说 Y 轴	线性。沿着一个轴线性移动	旋转。移动是绕着一个轴旋转	线性。沿着 X 轴和 Z 轴线性移动	线性。沿着 X 轴和 Z 轴线性移动
移动的维度		只在一个轴上移动，向前或者说沿 X 轴	只会沿着 Y 轴移动	沿着 X 轴和 Z 轴移动	在 X 轴和 Z 轴确定的平面上移动
直接输入或间接输入		间接输入；你按下手中的扳机键，游戏中的一些事情发生了改变。你不会直接接触屏幕	间接输入；你不会直接接触屏幕	间接输入	间接输入
移动的边界	两个物理边界，完全按住或者完全松开	两个物理边界，完全按住或者完全松开	两个物理边界，向左旋转到头或者向右旋转到头	一个边界，通常是圆形的（但也可以是方形或者沟状的，形状会改变玩家使用摇杆的感受）	四个软性边界

续表

	标准按钮	扳机键	旋钮	摇杆	鼠标
灵敏度	只有两种状态,按住或松开。在两个物理边界之间没有中间状态	在按住和松开之间大概有四到五个可能的状态	在两个旋转的极限状态之间,有数以百计可能的状态	在上下、左右的移动之间有无限多种可能的状态,可以把摇杆推到边界和中心位置之间所有的位置	数以百万计
灵敏度的类型		力。按钮知道它的弹簧被从初始位置压缩了多少	力(这里是扭矩)。根据弹簧的回弹力度,旋钮能感知它顺时针旋转的距离	力。摇杆能通过弹簧机制感知自己离初始位置有多远	位置。鼠标能感知位置的改变;当它向左、右、上或下移动时,会改变它发送的信号
信号	二元信号;"上""按住""下"或者"松开"	0.00 和 1.00 之间的浮点数	-1.00 和 1.00 之间的浮点数	两个浮点数,每个都在 -1.00 和 1.00 之间。一个表示的是沿左右轴的移动,另一个表示的是沿上下轴的移动	-1.00 到 1.00 之间的浮点数

宏观层面:将输入设备视为整体

上文已经从微观层面审视了这些输入方式。现在我们将这些输入方式视为一个完整的输入设备来审视它们是如何组合并形成一个表现潜力强于其中任何一种输入方式的设备的。为了让分析更简单,我们直接以红白机为例,如图 6.13 所示。

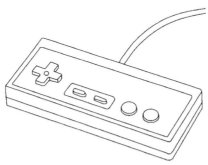

图 6.13 整个输入设备的表现潜力大于任何一种输入方式的表现潜力之和,因为输入可以组合和重叠

考察过之前介绍的每一种输入方式后,我们必须承认红白机手柄是一种灵敏度非常低的输入设备。在游戏过程中有六个双状态标准按钮可以使用。此外,某

些按钮还有专门的功能和设计，你无法同时在方向按钮上按下上方向按钮和下方向按钮，也无法同时按下左方向按钮和右方向按钮。但这种输入设备实际上却有着远高于其中任何一种输入方式的灵敏度，即便是六个标准按钮和方向按钮存在诸多限制。输入方式可能的组合看起来如图 6.14 所示。

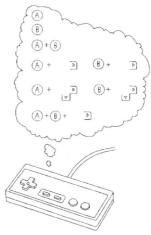

图 6.14　输入方式组合起来形成了一个更大、更灵敏的输入空间

为了能真正将整个输入设备作为一个整体来审视其输入空间，我们必须综合审视其微观层面和宏观层面并共同考虑。每一种输入方式究竟有多高的灵敏度，这些输入方式的布局和手柄的设计到底是增加了还是减少了灵敏度？以红白机为例，无法同时按下左方向按钮和右方向按钮及无法同时按下上方向按钮和下方向按钮的设计使得手柄的整体灵敏度降低了，但界面布局上两个拇指同时操作带来的可能的输入方式的组合又大大提高了灵敏度。

这并不是一个硬指标。我们可以计算输入方式的总数和这些输入方式可能的组合的数量，但那并不是很有意义。我们感兴趣的是比较一种输入方式与另一种输入方式在灵敏度上的差别。这让我们明白红白机手柄的输入灵敏度先天就比计算机鼠标要低得多，这对于我们理解两种不同的输入方式对于游戏操控而言所能带来的不同的灵敏度并做出相应的设计决定非常重要。

触觉层面：物理属性设计的重要性

输入设备的使用感受也非常重要。输入设备的触感是游戏感中经常被忽略的一点。使用触感更好的控制器带来的游戏感会更好。例如，Xbox 360 手柄的触感就非常好，手感非常充实，重量适中，表面光滑，握持舒适。相比较而言，第一代 PS3 手柄太轻且充斥着廉价感，就像第三方仿造的一样[1]。

输入设备触感的区别，会在很大程度上影响游戏给玩家带来的感受。当我制作游戏原型的时候，无论是平台游戏、赛车游戏还是其他游戏，把游戏原型与有线 Xbox 360 手柄相连而不是简单地选择使用键盘输入会给感受带来显著的提升。当然，这也是一个软指标。我们当然可以轻易地用一句"对控制器的喜好因人而异，大家品味各异"而轻描淡写地带过，但实际上仍然有很多值得注意的且可以测量的指标能够用来考量不同的输入设备。

重量

输入设备的重量是一项非常重要的品质。更重、更有质感的控制器让人感觉质量更好。对于游戏感受而言，这能让游戏行为变得更加有力量感和满足感。当然，太重也可能成为一种负担，就像第一代 Xbox 手柄那样。不过，更为常见的问题仍然是大部分输入设备都在走轻快、廉价的路线。这大大地影响了使用它们操作虚拟对象的感受。

材质

输入设备所使用的材质同样也会对用户使用设备的感受产生显著的影响，进而影响玩家在游戏中的体验。我的 Xbox 360 手柄的白色塑料外壳使用起来非常光滑、舒适。它的透气感让我感觉触摸它时像是在触摸人的肌肤。我的 Wii 手柄和 PS3 手柄用起来感觉就更像塑料。这种差别带来的不同的游戏感受非常微妙，很难测量。我只能说我更愿意拿着我的 Xbox 360 手柄。我用的鼠标有着同样的透气感，但它更粗糙，用起来没有使用 Xbox 360 手柄那样令人愉悦。这些都会在潜意识里影响我跟这些设备的交互，进而影响我对所操作的虚拟对象的感受。

按钮质量

此处的按钮质量是指按钮的弹簧阻力。人们在描述一个特定按钮的使用感受时经常会用到和描述游戏感受一样的词：紧致、松弛，反应灵敏、反应迟钝。无

---

[1] 译者注：因作者备注的网页地址已无法打开，请自行搜索原文 cheap [feeling], like one of those third-party knockoffs。

论是在摇杆上还是在按钮上,这种感受都取决于弹簧类型、质量、结构所带来的使用时的操控感。

正如 Crunchtime Games 的詹姆斯·戈达德(James Goddard)所说:"输入设备会给游戏感受带来非常大的区别,即便是非常类似的输入设备也不例外。很多人在玩多平台游戏时能够感受到不同操控方式所带来的游戏感受的差别,但很少有人能够说得清到底是什么造成了这些差别。很多游戏开发者也没有接受过相关的训练。通常的说法只是某个游戏平台的控制器'就是更好'。假设将某游戏平台的按钮布局分毫不差地移植到另一个平台上,那么人们所能感受到的'更好'就仅限于按钮和摇杆的按压感和键程在反馈上的差别了。这种差别可能会精确到毫米。"

控制器的设计与其工业设计和产品设计息息相关。毕竟控制器是一种面向玩家的产品,这与游戏主机、计算机、鼠标、键盘等是一样的。任何一件基于游戏感设计的硬件都是面向玩家的产品。硬件的物理设计会改变使用者操控虚拟对象时的感受。

小结

总体来说,我们可以把输入设备按照单个输入方式、整个设备总的输入空间,以及由其材质和物理结构所带来的触觉感受进行分类。

单个输入方式可以按照它们所适用的输入维度的数量、移动的类型、记录的是位置还是力度、是直接还是间接改变屏幕上的物体、移动时的物理边界,以及它们发送给计算机的信号(硬指标)进行测量。同时,它们也可以按照灵敏度(软指标)进行测量。

输入设备作为整体的输入空间则可以通过考察其包含的各种输入方式及这些方式可能的组合进行测量。

在触觉层面上,输入设备的使用感受需要对每一种输入方式的触感(运动阻力、弹簧弹力等)以及整个输入设备的触感(总体重量、质感、材质等)进行综合考量。这两种都是软指标,给游戏感受带来的影响更多的是在潜意识中的。

第 7 章

响应的测量方法

"响应"指的是游戏系统对玩家输入的响应,换句话说就是对玩家指令的反应,即"输出"。一旦收到来自玩家的指令,系统可以以多种方式处理这个指令,再将结果输出给玩家,这个过程包含以下三个必要的步骤。

1. 接收输入信号。
2. 对输入信号进行解释和筛选。
3. 根据输入信号调整游戏里的某些参数。

如果要测量一款游戏对输入的响应,首先要了解一个单独的输入信号和游戏参数间的映射关系:这个信号到底调整了哪个参数,是如何逐渐改变这个参数的,参数之间又有着什么样的关系?

输入信号可以通过多种方式改变游戏参数。一个输入设备仅仅是由塑料和弹簧组成的没有生命的物体,但游戏里的虚拟对象不是。比如在《洛克人》中,玩家的输入映射的是游戏人物的位置的改变。玩家的输入也能映射成旋转,就像在《小行星》和《GT赛车》中一样,玩家做出的向前冲刺是由旋转角度来控制的。同时,一个输入可以同时映射成旋转和位移,比如在《杰克与达斯特》(*Jak & Daxter*)、《超级马里奥64》和《几何战争》中,当玩家旋转摇杆并按下方向按钮时,角色会同时进行移动和旋转。

输入信号也可用于游戏中物体的创建,比如让洛克人使用武器"产生"一颗子弹,或按下一个按钮让《街头霸王2》里的古烈使出一记音速波招式。在大多数情况下,一个信号可以让游戏角色在当前位置产生一个全新物体。这个物体通常都有自己的运动规律和属性。

输入信号的另一种响应是回放一段线性动画,比如在《刀魂》(*Soul Calibur*)、

《侍魂4》(*Samurai Showdown 4*) 和《街头霸王2》里，当玩家按下一个按钮时，角色就会使出相应的招式。其实这个招式只是一段由专业动画师制作的基础动画，以及游戏相应的角色的运动。角色使出招式的位置和时机都是由玩家决定的，一旦这个招式被玩家的输入触发，就会以一系列动画帧的形式展现出来，好像是在电视里播放一段动画那样。这个动画的时长也许很短，但值得一提的是，播放一段线性动画一般都会绑定一个特定的输入。举一个比较极端的例子，在初代《波斯王子》中，整个游戏实际都是靠各种线性动画的回放来控制的。玩家的输入只是改变当前播放的动画而已，并且从头到尾都要靠这种机械又呆板的方式控制角色的运动。

有时输入还能映射一个或多个参数的改变。举个例子，在《马里奥赛车DS》中，在每一帧画面的背后，模拟机制都在计算赛车的动态模型，包括赛车之间的相对关系，各自的重量、速度、旋转力，以及摩擦系数等，甚至赛车接触地面时产生的摩擦力对彼此的运动有什么影响。玩家的输入不仅能使赛车前进或转弯，还会影响赛车的摩擦系数从而改变整个游戏的运动机制。当玩家按下R按钮进入漂移模式时，实际上只是降低了摩擦系数。当摩擦系数降低时，玩家便能更轻松地转弯（简而言之，就是能够漂移而不是进行普通的转弯）。

综上所述，一个输入信号可以做以下事情。
- 在每一帧为一个物体设置一个新的位置。
- 对一个模拟对象增添一个作用力，使这个物体旋转或移动。
- 调节一个模拟机制中的变量，比如改变一个汽车车轮受到的重力和摩擦力。
- 播放一段完整的动画，比如格斗游戏中一个招式的动画。
- 改变一个循环动画的回放速度。

我们把输入信号关联到具体参数，并调整这些参数的过程称为映射。但在实时操控中还需要一种特别的次映射：从输入到运动的映射。

在实时操控中，输入信号会直接或间接映射到一个游戏角色的运动上。我们能使用之前提到的测量输入的指标测量角色的运动，角色的运动有以下几种类型。
- 运动类型：线性移动与旋转，角色是线性移动还是旋转的？
- 运动维度：角色是在哪个维度运动的，如图7.1所示。

第 7 章 响应的测量方法

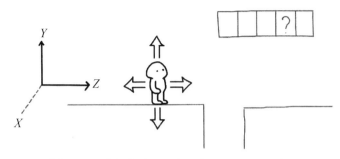

图 7.1 《超级马里奥》中的马里奥是在 X、Y 两个维度上运动的

- 绝对运动／相对运动：当前运动用的是哪个参考系？这个运动是像在《小行星》里那样，跟角色相关的吗？还是像在《超级马里奥 64》里那样，跟摄像机相关？或者是跟游戏世界里的其他参考系相关？
- 位置／速率／量值：输入改变的是物体的位置、速率还是量值呢？我们都知道鼠标输入通常是映射角色的位置改变的。在《光晕》里，向左推动摇杆会改变角色转向的速度（只推到一半时角色会慢慢转向，推到底时转得最快）。
- 直接控制／间接控制：输入会直接对角色产生影响吗？还是只对模拟过程添加作用力，抑或是导致别的物体移动或旋转？举个例子，在《祖玛》(*Zuma*)里，鼠标指针的移动方向即青蛙面朝的方向。
- 统一维度／分离维度：输入会改变游戏里的一个还是多个变量？比如，在《小行星》中向左推动摇杆会同时改变飞船的移动速度和旋转方向，在《杰克与达斯特》中同样如此，一个摇杆会同时改变角色的移动速度和旋转方向。

通过这样的梳理，我们就能确切地了解每一项输入都映射游戏里的哪些参数。现在回头看以前的游戏。比如，在《刺猬索尼克》中我们知道角色是在 XY 平面上运动的；在《古惑狼》(*Crash Bandicoot*) 中我们可以说角色是在 XZ 平面上运动的，但同时可以沿 Y 轴跳跃和降落，还可以沿着 Y 轴旋转来改变方向。《战神》里大家耳熟能详的"奎爷"也是以类似的方式运动的。通过了解角色在哪个维度上运动，我们就能识别某项输入分别影响哪个维度的运动，并且能判断这个运动是线性移动的还是旋转的。例如，马里奥的在水平方向上的左右移动由手柄上的左方向按钮、右方向按钮控制，马里奥的竖直运动（跳跃）是由 A 按钮控制的。

冲击，衰减，保持和释放

不管输入映射到哪个参数（位置、旋转、动画回放、其他），在一段时间内参数的调试都是有个曲线过程的。我们可以用 ADSR 包络图（ADSR Envelope）来描述这种曲线过程。ADSR 是 Attack、Decay、Sustain、Release 四个英文单词首字母的缩写，代表调试参数的四个阶段：冲击、衰减、保持和释放，如图 7.2 所示。

图 7.2　ADSR 包络图，反映了一个参数在四个不同阶段的变化

这样的包络图也常用于描绘乐器发出的声音。比如拨一根吉他弦产生的声音可以用 ADSR 包络图的四个阶段来表示。我们都知道当弦刚被拨的那一刻声音是最响的，但实际上在这之前还有个从无声到有声的过程，这个阶段就是冲击（Attack）阶段。当吉他弦产生的声音达到最大时，会开始逐渐变弱直至停滞，这个阶段就是衰减（Decay）阶段。从停滞点开始，吉他会保持当前音量一段时间，即进入了保持（Sustain）阶段。此后，音量再次开始下降直至无声的阶段就是释放（Release）阶段。我们把这个音量变化过程和时间的关系用 ADSR 包络图表示出来即是图 7.3。

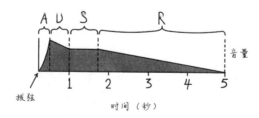

图 7.3　用 ADSR 包络图表示拨吉他弦后音量的变化

我们同样可以用 ADSR 包络图表示管风琴的声音的变化，但得到的 ADSR 包络图会和拨动吉他得到的 ADSR 包络图截然不同，如图 7.4 所示。声音从一开始就维持在一个稳定的音量，在松开琴键前，音量都很稳定，当停止按琴键后，声音瞬间就消失了。

第 7 章 响应的测量方法

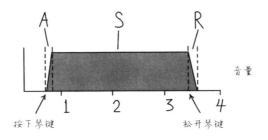

图 7.4 管风琴发出的声音的 ADSR 包络图

ADSR 包络图普遍应用于将计算机合成的音乐调整得更加逼真，但它同样也是一件用来调试游戏参数的优质工具。我们可以用它来分析在《超级马里奥兄弟》里按左方向按钮时游戏参数是如何变化的，如图 7.5 所示。

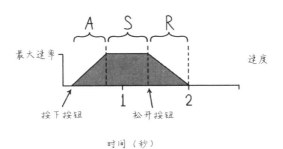

图 7.5 马里奥水平运动的 ADSR 包络图

图 7.5 的纵轴代表马里奥的运动速率。马里奥从按下按钮的瞬间到达到他的最大速率的阶段就是冲击阶段，衰减阶段则直接跳过，只要按钮还是处于按下状态时，马里奥的运动就一直处于保持阶段，最后松开按钮的时候则有一个明显的、较长的释放阶段。最终呈现给玩家的就是一个看上去会逐渐加速的马里奥，如图 7.6 所示。

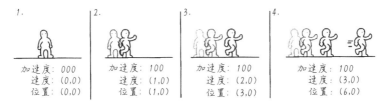

图 7.6 马里奥从静止到运动的逐渐加速的过程

现在我们来对比一下马里奥和《森喜刚》(Donkey Kong) 里的"跳跳人"(Jumpman，马里奥的前身)，如图 7.7 所示。跳跳人运动时是没有冲击阶段和释放阶段的。只要摇杆一动,他就会以恒定的速率朝玩家操作的方向运动,如图 7.8 所示。

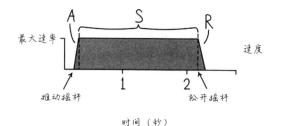

图 7.7 跳跳人水平运动的 ADSR 包络图

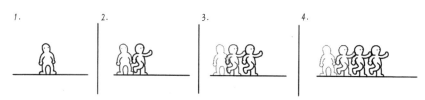

图 7.8 跳跳人在输入设备指示的方向上以恒定的速率运动

当我们知道游戏的哪项参数映射到哪个输入指令上时,我们就能用 ADSR 包络图检测一段时间内输入信号引起的参数变化了。假定我们要检测的参数对应的是游戏角色的实时运动,那就可以总结出玩家基于这个包络图会体验到怎样一种操控感了。

一个较长的冲击阶段通常会让玩家感到"飘"(floaty)或"迟钝"(loose),这不一定是件坏事。《小行星》里的推进器系统就采用了一个比较长的冲击阶段,很受玩家喜欢。但如果让玩家以为输入设备没反应了,那这个冲击阶段就有些长得过分了,如图 7.9 所示。

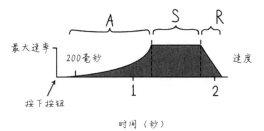

图 7.9 如果被控制的对象在 200 毫秒后才有所反应则通常会给人一种"卡机"的感觉

当反应延迟的时间过长时,即时响应给人的流畅感就会大打折扣,所以我们要尽量避免这种情况的发生。即使是一些微小的变化,如果不能让玩家直观地感受到响应,这个游戏也会给人一种响应不灵敏的感觉。理想状态当然是能让玩家感受到迅速、灵敏的响应，如图 7.10 所示，同时又存在张弛有度的活力，就像图 7.11 所示的那样，在初始状态有着非常急速的冲击阶段，但整体仍保持一个较长的冲击阶段。

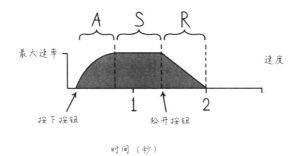

图 7.10　更短的冲击阶段会让人感觉响应更迅速、更及时

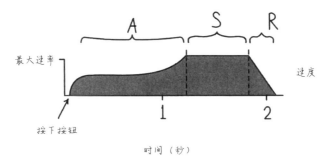

图 7.11　尽管冲击阶段很长（超过 1 秒），仍然有明确、清晰的初始响应

> **游戏实例**
>
> 可以通过 CH07-1 这个例子来实际感受一下响应速度的不同。按下"1"键会有明显的迟钝感，按下"2"键能感受迅速又张弛有度的响应。

但即便是迅速、灵敏的响应，冲击阶段的包络图呈现的通常也是非线性的曲线。换句话说，冲击阶段的线条是一条曲线而非直线。这样才能保持一种流畅的活力，从而加强玩家对即时响应的感知。另一方面，在冲击阶段较短的情况下，如果从静止到开始这个过程是线性的，给玩家的感觉通常就会像抽搐（twitchy）一样，如图 7.12 所示。你可以根据你想要的效果来决定要不要采用这种做法，还有一点需要注意的是，一个完全线性并且较短的冲击阶段通常会给人一种不自然的僵硬感。

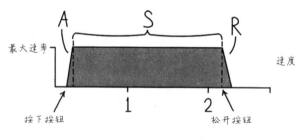

图 7.12 一个"短、平、快"的冲击阶段反而让人觉得很突兀

有趣的是,以上这些感觉(漂浮感、抽搐感、紧凑感、松弛感或钝感)都可以在同一次操作内被传达。它们在包络图上呈现的只是细微的差别,即移动在时间轴上细微的不同而已。这个运动可以是直接的或是间接的,是一个线性移动或者是一个旋转。但不管怎样,我们可以归纳出:不同的冲击阶段给玩家的操控感是截然不同的。

冲击阶段和释放阶段通常是镜像对应的,就像《超级马里奥兄弟》里的水平运动一样。在玩家松开按钮后,马里奥需要花费跟从静止到最大速率同样多的时间减速,直到停下来。这种"软释放"会营造一种松弛感,而如果像《森喜刚》那样根本没有释放阶段的话,则会让人觉得很突兀。

游戏操控中的衰减阶段通常是一种意外状况,或是有意为之。有时游戏设计者会因为输入的改变而在不经意间让角色运动的速度比保持阶段的速度还要快。从而意味玩家要不停按按钮来维持最大速率。这种情况自然是我们都不希望发生的,理由很简单,玩家的手会累断的。比如在《反恐精英》早期的测试版本中,有个玩家普遍了解的"滑步"走位,即先让角色按照一定的角度侧身,然后迅速按下前进按钮和方向按钮会让衰减阶段和冲击阶段的最大速率达到最大值,甚至远超保持阶段的速率,如图 7.13 所示。

这给了一些有经验的玩家可乘之机,因为这种情况下的运动速率要比平时快上一半还多,这个漏洞很快成了一个被玩家广泛利用的漏洞。当然这个漏洞很快就在后续版本中被修复了。

第 7 章　响应的测量方法

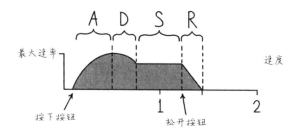

图 7.13　冲击阶段和衰减阶段的最大速率大于保持阶段的速率

通过以上的反面教材，我们不妨将保持阶段的速率值看作一个上限，就像一辆车或一个角色的最大速率一样，谨慎对待它。

模拟机制

这些包络图是从哪里得到的呢？对于任何一款游戏来说，它的参数和映射对象都是比较容易追踪的，但是要分清哪类系统在影响这些参数是很难的。通常来说，包络图是指一个模拟机制中各种变量的相互关系。举一个简单的例子，想象一个左右运动的立方体，它在两个方向上的运动都会呈现出图 7.14 所示的 ADSR 包络图。

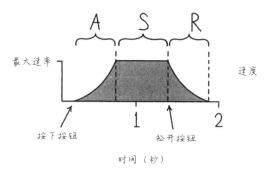

图 7.14　立方体的运动机制较平滑

> 打开 CH07-1。按下 "A" 键和 "D" 键来控制立方体的左右运动。单击一个参数（比如"最大值"）并且输入一个新的数字可以改变这个参数的值，再敲击回车键就可看到包络图的变化。

目前，这个立方体在每帧的速度都有一个加速度值，从而让它有一个较平滑的、时长为 0.25 秒的冲击阶段。因此，这个立方体会呈现出逐渐加速的松弛感。

与之相对的,每一帧也会存在一个阻力值,使得立方体会在玩家松开按钮后逐渐减速,直至静止。如果没有这个阻力的话,立方体会无休止地运动下去(你可以将阻力值调整到 0 试试看)。最大速率这个变量决定了保持阶段的速率值,即立方体在冲击阶段结束之后能达到的一个速率值。

通过这个简单的小测试就可以看出来模拟机制是如何影响参数的变化的,并且这样的变化会给感官带来怎样的不同。实际情况远比这要复杂(我们在之后的第 12 章至第 17 章会讲到),但这样的模拟机制正是游戏操控感的基石。模拟机制是如何构建的决定了可能衍生出来的操控感。一个特殊的调整就可能极大地改变操控感,但是模拟机制的构成(哪些参数是在最开始就可以被调整的)决定了我们的调整空间。

以《魔界村》(Ghosts and Goblins)、《森喜刚》和初代《银河战士》这三款游戏为例,它们沿水平方向的左右运动都有极小的冲击阶段和释放阶段,如图 7.15 所示。

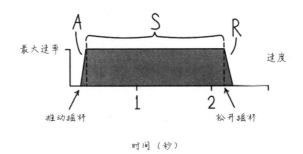

图 7.15 响应灵敏,但让人感觉僵硬

在能够创造这样一个包络图的系统里,推动摇杆或是按下按钮会直接重写角色的位置。游戏在每一帧都会检测按钮有没有被按下,然后在角色当前位置坐标上增加新的值,从而使角色朝着新的位置坐标运动。同样的道理,当松开按钮时,一个值会增加到释放阶段的位置坐标上,促使角色瞬间停止运动。最终呈现给玩家的是一个响应灵敏,但让人感觉僵硬的系统。这种设计在玩家应对一些需要精准走位、跳跃的挑战时其实是十分合适的。在其他没有或有很短的冲击阶段和释放阶段的情况也会给玩家差不多的感受,比如鼠标指针会在屏幕上随着玩家移动鼠标而移动。有些时候玩家会把这种感受称为"抽搐性的"。

再回头看《小行星》中的冲刺机制。按下推进按钮有个很长的冲击阶段,如

图 7.16 所示,这是因为游戏一直在跟踪飞船的速度。不像上一段提过的那样,游戏并没有逐帧给飞船设定一个新的位置坐标,而是让飞船一直保持一个自己的速度并且基于初始位置坐标不断更新位置坐标。按下推进按钮会向飞船添加沿当前朝向的加速度。从结果来看,飞船在不断加速,呈现出一个柔和的冲击阶段曲线。这就是一种不同的模拟机制和它带来的不同的游戏感。

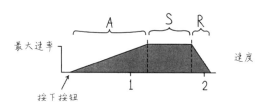

图 7.16 给人松弛、流畅的感受

另一种建立包络图的方式是在输入影响游戏系统之前就将其先过滤掉,比如在《小行星》中的飞船处于旋转状态时,此时的包络图如图 7.17 所示。当按住向左旋转按钮不放时,飞船的朝向会逐帧改变。这时会有一个细微的冲击值,它表现为在接到输入指令后朝向只是稍微改变。在按下按钮后最初的几毫秒里,飞船朝向的改变值小于几毫秒之后的改变值,这个值会逐渐变大。这种方式传达了一种灵敏但又柔和的操控感。玩家可以轻按按钮让飞船稍稍旋转,或是按到底让飞船全速旋转。旋转操作实际就是过滤输入的一种表现。这是调整包络图的另一种方法:直接改变正在进入的输入信号。

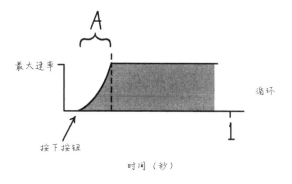

图 7.17 冲击阶段会稍微柔和

模拟机制还有一种可量化的属性——状态变化。这里的状态指的是人为的改变,这种改变会直接影响即将进入的输入信号的意义。比如在《超级马里奥兄弟》

中，在表面上操作有向左运动、向右运动、跳跃到空中三种方式。图 7.18 展示了在不同的状态中如何用不同的方式产生交集。

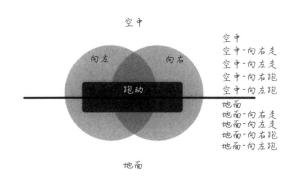

图 7.18　角色在互有交集的状态中会产生更强的表现力

马里奥有一个"地面"状态和一个"空中"状态。在这个模拟机制中，当马里奥接触地面或是腾空时，他的运动能力（即他的物理属性）会发生变化。当马里奥在地面时，按左方向按钮、右方向按钮的操作会映射为某种额外附加的力。当马里奥离开地面时，他的左右运动的强度会大幅度减小，从而产生出一种完全不同的状态。这就是一个通过切换状态来提高灵敏度的简单范例。左右运动对腾空状态下的马里奥的作用是完全不同的，它意味着一个单一输入被映射到了两个独立的运动上，而这两种运动的切换取决于角色当前的状态。值得一提的是，这又为系统添加了额外的灵敏度：让输入在不同状态下映射到不同的响应并产生更强的表现力，而这些状态是靠模拟机制本身去维持和改变的。总而言之，我们可以只靠单次输入得到两种不同的响应。

把这个发挥到极致的例子就是《托尼·霍克的滑板》系列游戏，在这一系列的游戏里，有多达 6 种不同的状态，每种状态都对手柄上的每个按钮分配了一个不同的值。每个按钮在每种状态下的作用都不同，从而通过少量的输入映射出大量不同的行为。游戏还特意为角色创造了不同的物理状态，只要这些状态的改变对玩家来说足够直观，那它们就可以关联大量可行的响应了。这个道理也适用于格斗游戏，不管是处于下蹲状态、格挡状态还是处于跳跃状态，每种输入的意义都是不同的。

通过分析游戏模拟机制的类型，我们不用深入了解复杂的数值系统或物理系统，就可以比较游戏机制的不同。比如，相对于《超级马里奥》中的跳跃使用的比较简单的模拟机制，《银河战士》中的跳跃是基于设计好的固定位置的，这就让《银河战士》的操作让人感觉更加爽快、精准。这种方式同样可以用于分析游戏角色在游戏中究竟可以在哪种不同的状态下行动。如果存在多种状态，那么究竟有几种，每种形态又会让模拟机制对输入信号产生什么样的影响。

过滤

从输入设备接收的输入信号可能是多种形式的，如布尔值或是一直在改变的浮点数。游戏其实可以把"原始"输入直接映射成一个响应、一个作用力或是模拟机制中的其他调整方式。但这是十分罕见的做法，因为直接映射原始输入会错失调整游戏感的机会。常见的做法是用一层代码将接收到的原始输入信号进行过滤后变为一个数值范围，如只是简单、粗暴地将它乘以 2 或者 3，大多数输入信号都需要经过调整才会映射成响应。几乎所有的输入都会被这样调整，这就是在系统设计里人们经常提到的"微调"（tuning）。

举个例子，任何计算机屏幕上由鼠标控制的指针都有着一个"控制—显示"比例。桌子上的鼠标的位置改变被最大限度地映射成了屏幕中指针的移动，但实际上物理移动和虚拟移动之间是有一个比例的。如果桌子上的鼠标每移动 1 厘米，指针在屏幕上移动 2 厘米的话，"控制—显示"比例就是 1：2。这个例子中的信号过滤处理就是简单地做乘法而已。除了乘法，输入也同样可以使用除法、加法、自乘等多种方式进行过滤。

处理信号的方式也可以不像上面描述的那么简单易懂，尤其是当信号代表一个数值范围的时候，如手柄上的摇杆会返回两个 -1.00 到 1.00 之间的浮点数。这种复杂的方式被《侠盗猎车手 4》（*Grand Theft Auto 4*）或是其他有类似驾驶系统的游戏广泛采用：不同于传统的使用一个恒定的转向比例（方向盘转 1°会导致汽车转 2°）的方式，摇杆被往一个方向推得越远，转向比例会变得更大，如图 7.19 所示。

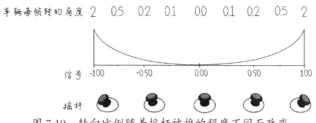

图 7.19 转向比例随着摇杆被推的程度不同而改变

当往右边稍微推一点摇杆的时候,车辆仍能产生小幅度的转向。这减少了一些"硬核"向驾驶游戏(如《VP 赛车》(Vanishing Point, Dreamcast 上的游戏)或《GT 赛车》)中普遍存在的因"手感突兀"引起的难度过高问题,避免了玩家出现"一不小心"就拐了个大弯的状况,从而使整个系统的容错率更高,让玩家能更轻松地做出闪避和漂移动作。

从这个层面来说,我们不仅可以在输入信号进入之前改变它,还可通过进一步解析它创造全新的信号。以著名的"Konami 秘籍"为例,它就是一种典型的按按钮序列。系统会侦测各种输入信号,如果这个信号符合特定的、预先设定好的输入模式,游戏就会给予对应的响应。当一款游戏对输入规律的侦测灵敏度达到这个程度时,输入空间就可以变得很大了。格斗游戏中的招式其实在本质上采用的就是这种方法。比如,《街头霸王 2》中隆的必杀重拳和《恶魔城:月下夜想曲》(Castlevania: Symphony of the Night)中主角阿鲁卡多的吸血招式都需要玩家按照特定顺序按一串按钮。同样的道理,使用 Wii 手柄进行操控的很多游戏也是如此。

基本上来说,上文说明的是在输入到响应之间可以有一层额外的识别层。存在专门的代码在输入信号进入的时候检查这是不是系统预先设定好的一个输入模式。如果是,系统会检查接下来的输入是不是符合这个模式。这个过程通常是有时间限制的,输入必须在极短的时间内完成,否则系统就会重置认知序列。这就意味着对输入加上额外的灵敏度,毕竟一个输入序列在本质上并不是输入自有的信号。这在本质上不是一种常规响应,而只是游戏在对输入信号中的额外模式做出响应。一旦一个模式被识别到,则会通过这个识别层产生出一种特定的信号再传递到模拟机制里,之后再做出相应的响应。就像我们之前提过的,这个响应可以是一段动画,也可以是解锁额外的生命或额外的游戏机制。这在 Wii 游戏里应用得十分普遍,只不过算法会复杂得多,因为当玩家拿着一个手柄自由甩动时,系统其实一直在疯狂地计算着大量数据以测算速度和位置。无论是在《街头霸王》

里使出重拳还是在 Wii 面前做出挥砍动作，游戏始终在侦测输入是不是符合一种特定的模式，我们称之为"姿态"（gesture）。

通过识别层产生额外的灵敏度还有一种方法就是利用空间，无论是利用游戏内的空间还是输入空间。举例来说，按住 A 按钮可以得到一种响应，按住 B 按钮会得到另一种响应，但同时按下 A 按钮和 B 按钮会得到第三种响应。这跟我们前面提过的"姿态"很相似，但是与侦测特定的输入模式不同，这里侦测的是同一时间内的输入组合。换句话说，比起单独给每项输入分配一个独立的含义，这种方法是直接对一个输入组合进行定义。我们一般称之为"调和"（chording），这种方法在《托尼·霍克的滑板》系列游戏里被运用到了极致：每一种按按钮组合加不同的方向按钮都对应一种不同的滑板技巧。"调和"在更古老的游戏（如《超级马里奥兄弟》）里也有体现：同时按下 B 按钮和方向按钮会加快马里奥的运动速度（相当于 B 按钮映射了一个额外的作用力）。

回到空间理论，还有一种方法是借助游戏环境来提升灵敏度。比如在《生化危机4》里，角色所在的位置会改变输入的意义，如站在窗口或是梯子边会改变 A 按钮的作用。《奇异吸引子》把这个方式运用得更加灵活，这个游戏只有一种操控方式——激活放置在关卡各处的重力井，这些井产生的重力会影响飞船相对于井的距离（我认为是遵守了平方反比定律的），这意味着游戏有着基于环境不断变化却又让人感觉十分流畅的灵敏度。飞船在游戏空间里相对重力井时近时远，按下按钮得到的结果也一直在变化。

综上所述，信号的处理既可以是基于空间的也可以是基于时间的。空间变换意味着把一条直线转为一条类似指数曲线的曲线，或者意味着通过识别出信号组再转化为对应的新的信号串来提高灵敏度。基于时间的处理则是给每项输入都赋予一个定义来产生新的手势。这为我们提供了一个新的比较游戏的思路：比较它们在输入信号上的处理方式，以及由此得到的反馈。

关系

通过学习映射和包络图，我们能对游戏感的产生有更深入的了解。最后，我们需要了解系统中的各项参数之间有什么关系，因为这是调节游戏感的一个重要环节。在《刺猬索尼克》里有一项关于重力的参数。重力和跳跃时的阻力共同产生作用来营造索尼克的跳跃感。同样的道理，要在赛车游戏里营造出"甩尾"的感觉，需要用到摩擦力的作用。如果没有摩擦力，车辆的转弯就会让人感觉像是在冰上滑行一般"轻飘飘的"。当我们给车轮施加一个侧向摩擦力时，车辆就会像在现实世界中一样抓地。换句话说，就是通过一对一地映射一个输入到一个响应上，从而产生整体的操控感。

整个过程如图 7.20 所示。图像上方是玩家通过输入设备向系统发出指令的过程。玩家通过对输入设备进行操作，设备会产生并输送对应的信号。一个原始的输入信号可以直接被映射到一项响应上（像鼠标指针那样），或被映射到一项模拟机制上。另一种情况是存在过滤过程，这时候输入信号在被传递到模拟机制或得到响应之前会先被修改。游戏的模拟层相当于游戏内部的一套模拟真实世界的模型，也是玩家通过输入来交互的环境。最后，游戏会产出与输入信号相对应的响应。

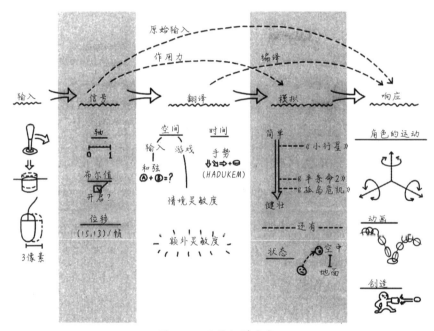

图 7.20 从输入到响应

要测量响应，我们需要知道哪个输入会影响哪项参数。首先我们要知道玩家可以做出多少操作，游戏里有多少关联角色。然后挨个研究每个角色在游戏里的运动维度和类型，运动当前的关联帧，以及是直接运动还是间接运动。在了解这些基本属性后，我们就可以掌握每项输入调整的是哪些参数，并且用包络图把它们表现出来。从包络图出发，我们可以进一步推算系统是怎样运作的。是直接过滤输入信号，还是对模拟机制进行调整，抑或是两者皆有。最终，我们需要了解哪些变量在这个过程中受到了影响，这些变量互相之间又有什么关系，它们又是如何组成包络图的。

输入和响应的灵敏度

在我们之前讨论过的所有游戏中，《森喜刚》尤其令人玩味，因为这个游戏将一个拥有较高灵敏度的输入设备（摇杆可返回一个 X 轴上的 -1.00 到 1.00 之间的浮点数）映射到一个低灵敏度的响应上。与之相反的是《超级马里奥兄弟》：拥有较低灵敏度的输入设备，响应却十分灵敏。

如果我们把这些角色的位置（包括跳跃动作）都记录下来，就能看出马里奥较松弛的运动明显有着较强的表现力，如图 7.21 所示。

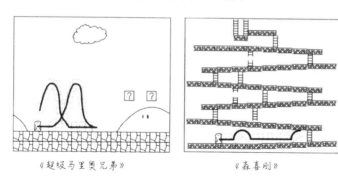

《超级马里奥兄弟》　　　　　《森喜刚》

图 7.21　马里奥和跳跳人的运动轨迹，马里奥更有表现力

通过这个对比可以很明显地看到《超级马里奥兄弟》有着比《森喜刚》更具表现力的机制。输入和响应的结合产生出了相当精确的"虚拟灵敏度"，如图 7.22 所示。当然，这只是一种软指标，但是在对比两款游戏的灵敏度时会十分有用。

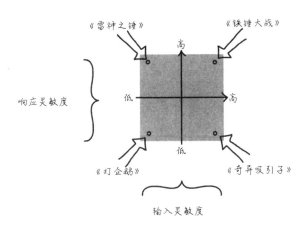

图 7.22　不同的游戏在输入灵敏度和响应灵敏度图上的位置

游戏实例

要想亲身体验这种感觉，可以试试 CH07-2 的例子。使用键盘中的 1、2、3、4 键可以实现 4 种操作。

按下"1"键开始游戏，使用 W 键、A 键、S 键、D 键让立方体运动。这些输入指令的输入灵敏度和响应灵敏度都很低。输入灵敏度低是因为只有 4 个键，每个键也只有开和关两种状态。响应灵敏度低是因为游戏只存在两种响应：全速运动和完全不动。这给我们的感官体验当然不是很好：僵硬、呆板、没有吸引力。但在某些特殊的例子（如初代的《塞尔达传说》）中，这样的呆板反而是有必要的，因为这反而能促使玩家思考，而不是基于本能的感受来操作，此时，这种方式反而是贴合游戏设计理念的。而在《吃豆人》里，很多多余的动作都为了简化的目的而被特意删除了。不过，如果在立方体的例子中做同样的简化，它就不会那么吸引人了。

按下"2"键能体验低输入灵敏度和高响应灵敏度。这次，立方体是不是运动得更有生气、更流畅一些了？这是因为模拟机制在添加作用力而不是直接改写角色的位置坐标。这时的运动轨迹也是流动的曲线了。

按下"3"键，这次是高输入灵敏度和低响应灵敏度。你的鼠标会变得非常灵敏，但游戏几乎不会有任何响应，立方体就好像一个巨大的鼠标指针一样。这是一种自然映射：屏幕上鼠标指针的位置和鼠标在桌面上放置的位置是对应的，因此你会很容易感受到它的位置，产生一种掌控感。有些无聊，不是吗？因为这种映射给人的印象在日常使用鼠标的过程中早已根深蒂固，所以你不需要学习什么，也没有需要掌握的任何运动转换。鼠标运动是干脆利落的，但也让立方体没有了重力、质量和存在感。

按下"4"键来体验高输入灵敏度和高响应灵敏度。这次的运动就十分有趣了，需要一点操作技巧。你可以一遍又一遍地抽打立方体让它击中红点。你也可以试图减慢它的速度，让它向相反的方向运动，甚至可以让它走出"8"字的形状。即使是一个高输入灵敏度、低响应灵敏度的游戏（如将鼠标指针的运动绑定为视角运动的第一人称射击游戏），也能使呆板的输入变得顺畅许多。

以上例子简单展示了输入和响应可以组合出多样的操控感，这些组合可以运用到任何游戏里。

小结

以下是对本章介绍的响应的指标的总结。

1. 硬指标：

- 玩家能操控多少个物体。
- 每个游戏角色的运动维度、类型和关键帧。
- ADSR 包络图。

2. 软指标：

- 游戏整体的灵敏度，包括输入和响应的灵敏度。

理解模拟机制和信号过滤是怎么运作的并不容易。如果你想通过实时操控方式传递一种操控感，了解模拟机制会给游戏带来怎样的感官体验是非常关键的。不过如果只是要评判一款游戏的操控感，那么光看它的包络图就已经足够了。因为底层的模拟机制对于玩家来说是无关紧要的。真正重要的是输出、操控感和整体的灵敏度。

第8章

情境的度量方法

情境是一个包罗万象的术语，形容游戏感中模拟空间造成的影响。模拟空间除了包含定义物体在物理层面上交互的碰撞代码，还包含了关卡的设计，也就是空间的物理布局。它们共同赋予实时操控以意义，并提供了一个物理空间，让玩家能够通过角色来主动感知。

硬指标不太容易像用空间来改善操控感那样应用到情境上，因为情境和玩家的主观印象紧紧联系在一起，很难通过任何有意义的、一致的方式来用图表表示。但是我们还是能够识别出一些有用的软指标。让我们从情境的最高阶（空间、速度、运动和尺寸给人的印象）开始，然后讨论即时空间（immediate space）和障碍回避（object avoidance），这也是中阶的情境。最后，我们会讨论情境如何通过个人的空间从最低阶来影响游戏感。

高阶的情境：空间给人的印象

从最高的层次来看，当你操控角色探索一个游戏世界时，你经常会体验到一些空间感。随着在虚拟空间中的自由探索和运动，你逐渐能够在意识里映射这个空间，就像你映射自己所处的物理空间一样。在你的意识里，你会持续不断地感知，并对抗自己的感知域，进而会持续地构建和提炼对周围环境的概念。虽然这样的描述不够精确，但是它让你从一开始就能应对当时的环境。如果你和我以及大多数人那样在脑海里有一张非常精确的地图，它标出了你家附近几千米内所有的街道和景点的话，那接下来就开始想象一段旅行：当你的起始点转移到了一间酒店、你朋友的家，或者是一个不熟悉的地方，开始四处探索的时候，你就会开始把一些地标和细节植入你的心智模型。然而，在此之前有一个阶段，你对这个新地方的想法、你的整个心智模型，都是基于归纳、总结的一种概括化的、但是未充分发展的空间感受或一种感觉。

这个从宏观到微观的空间学习过程，和玩家操控一个角色去探索游戏空间是类似的。这是情境在最高阶对感受的影响：对空间的整体感受。这是不可能通过具体的数字这样的硬指标来测量的，但是完全有可能去归类一个空间的整体结构所传达的整体感受，这也是很有用的。为了讨论这一点，先让我分享一段个人体验。

出于对精美的绘画材质的喜爱和对暴雪游戏的情怀，我安装了《魔兽世界》（*World of Warcraft*），其实我并没有打算真的去玩这款游戏，很久以前在《网络创世纪》（*Ultima Online*）里得到的一段惨痛的经历打消了我对MMO（Massive Multiplayer Online，大型多人在线）游戏的热爱。但我依然对四处闲逛和左顾右盼很有兴趣。一开始我被游戏中广阔无垠的空间震撼了，这种感觉和我在现实世界中得到的一样，长途跋涉后的激动心情就像是登上了壮丽的迷信山（Superstition Mountain）山顶之后的心情。我和朋友会时不时地去那座位于亚利桑那州的高山，如图8.1所示。当你站在山顶时，你除了风声什么都听不到，但在晴天的时候可以从四面八方看到数百千米外壮丽的风景。我在《魔兽世界》中可以找到与站在山顶时相同的感觉，游戏表现的内容类似于我此前站在山顶向远处眺望时看到的内容。

图 8.1 野外的开放空间

《上古卷轴4：湮灭》（*The Elder Scrolls IV：Oblivion*）和《魔兽世界》一样，玩家都能在里面感受到游戏世界的开放和辽阔。爬到高处的时候，你放眼看到的是一个辽阔延绵的世界，而不像单机游戏中那些星星点点的小村落，这样的国度充满了无限的可能。假如我能看到远处的某个地方，我就能去那里，简单而直接。作为反例，《反恐精英》总是存在着边界，充满不断循环的、扭曲的通道，简直能引发人的幽闭恐惧症。一个玩家只需要玩过一遍之后，就能凭直觉发现那些建筑和主题贴图仅仅是为了装饰而已。

换种方式来理解这个概念。当空间庞大且辽阔时，它允许玩家思考和探索，鼓励玩家跳出自我，并意识到自己是多么的渺小和微不足道。当空间更局促且充满约束时，它会引发更多的自省。

联系到之前提到的游戏感，就像被《上古卷轴4：湮灭》的粉丝们称赞的那样，空间大小的区别就在于是强烈关注当前的环境还是关注探索与可能性。《反恐精英》通过其他规则和系统调和了它狭窄、扭曲的环境，这些规则和系统强调了对激烈的枪战全神贯注的重要性，尤其是在中等大小的空间里运动的有效性和高效性。游戏角色在游戏里可以被一枪杀死，而且玩家清楚地知道拐角处有5个敌人会随时出没，因此会变得很小心，会更加谨慎地探索环境中的每一个角落和缝隙。

我们作为玩家，并不用像建筑师一样深入研究空间的概念，但至少可以欣赏一个高级的、辽阔的游戏世界会对游戏感造成怎样的影响。作为一名建筑系学生，佐治亚·利·麦格雷戈敏锐地关注着游戏设计领域的发展，他表示：在《魔兽世界》和《指环王：中土之战2》中，建筑的设计风格和结构有着很大的不同。

从建筑学的角度来看这两款游戏，会发现它们的建筑风格是完全不同的。《魔兽世界》利用建筑构筑了一种空间体验。它更多地涉及玩家探索空间的能力，以及能否在一系列建筑物之间体会虚实结合的概念。玩家与建筑物交互的时候会不断感受到刻意引导和阻碍的交替变化。这就是一种玩家在现实世界中能够体会到的建筑感，在现实中玩家把建筑物看成一种特定的容器。建筑学中也有建筑师所称的规划，因此铁炉堡可以被划分成交通空间和活动空间。相反，《指环王：中土之战2》就没有把建筑看成是空间。

从测量的角度来看，空间感可以被看作是一种软指标。空间的大小及开放的程度都能与玩家在现实中的体验相仿，如果体会过大都市、海滨沙滩、幽闭的地铁隧道和洞穴带来的空间感，就能粗略地量化空间对游戏给人的感受的影响。

速度和运动给人的印象

对物体运动速度的印象也会造成不同的游戏感受,这也是情境影响游戏感的另一种高阶方式。速度在游戏中其实是一种假想的概念,在游戏中并没有标准单位来测量物体运动的速度,这和在现实中不一样。现实中的速度可以被理解为加拿大萨斯喀彻温省的一只燕子的飞行速度,行驶在缅甸的一辆公交车或者行驶在慕尼黑的一辆玛莎拉蒂牌轿车的车速,但每款游戏都用不同的基础单位来测量(及调节)物体的速度。即使在《世界街头赛车》(*Project Gotham Racing*)和《GT赛车》这样表面上用"千米每小时"这个单位来测量速度的游戏中,道理也是一样的。但在不同的游戏之间,度量标准是不同的,问题在于相对性。一款电子游戏中的速度的意义是由周围物体的数量、位置和性质决定的。如果没有物体参与对比,那么一款游戏中某个东西的运动速度就没有意义可言了。

> **游戏实例**
>
> 为了让大家看到这种影响会有多大,我曾经在某个案例中制作了一个关于一辆车的交互测试。在游戏中,这辆汽车的行驶速度为100km/h。游戏的代码简单地写着"当按下空格键时,速度=100km/h"。当摄像机以相同的速度跟随这辆车时,100这个数字就变得毫无意义。在游戏中通过代码来反映汽车的速度是不会给玩家带来任何关于速度的印象的。但是在汽车的底部加上沥青路面的纹理后,速度感就变得真实起来。按下键盘上的"2"键就能体会到变化。简单总结一下:没有一个参考系就无法让玩家体会到速度给人的印象。加入树木、篱笆、奶牛和桥梁,效果会更好。随着汽车速度的提升,摄像机中的景象逐渐变化,对速度的印象变得更强了。

即使我们能通过不同的方法测量出游戏里物体的运动速度,并通过屏幕告诉玩家速度与距离的关系,但是和其他游戏里物理的运动速度做比较时,依然存在下面这个问题:我们所追踪的是游戏内部的速度模型而不是玩家对于速度的个人感受。我们想量化的是速度在玩家心目中的印象,如何做到这一点呢?需要用到软指标。仅靠玩家来告诉我们或者我们自己猜测的话,我们永远无法清楚地知道玩家对速度的印象。谢天谢地,不同的玩家对速度的印象的差别并不大。人类花了大量的时间来处理各种事物的快速变化,因为准确地估算物体的速度对我们来说非常重要。在悬崖边上刹车，早三秒和晚三秒就是生与死的区别，因此人们非常擅长在不同的距离下判断物体的运动速度，尤其是站在他们自己的角度在空间中进行判断。朝你开来的公共汽车会按一个固定的比例越来越大，引擎的声音也会越来越大。公共汽车经过静止的车辆和电线杆也会帮助你判断它的速度，它经过周围东西的速度也向你提供更多的数据，可以用来判断它朝你开来的速度有多快。周围行驶的其他车辆也能作为相对速度的参考系，如果公共汽车在其他车辆之间左右穿梭，说明它的速度很快。总之，有很多的线索和方法能让你反复验证公共汽车的运动速度。在这些数据的协助下，我可以决定为了一个美味的松饼是直接冒险穿过马路，还是等一会儿再过去。

电子游戏传达的速度的印象也提供了同样的线索（比如物体大小的变化，它们的相对位移和声音的变化），以欺骗玩家的视听系统，让其相信运动是真的。根据物体在屏幕上明显的运动，以及角度和视野的变化（如多普勒频移和屏幕模糊），玩家会判定速度是快还是慢，抑或是介于两者之间。现在，让我们关注物体在屏幕上的运动并且改变观察它的角度，类似多普勒频移和屏幕模糊这样的效果被归类为一种改进表现的手段，因为这些效果只覆盖在表现层上面，对模拟机制并没有直接的影响。

了解游戏中某种物体的速度最好的方式，依然是和现实中的物体进行对比。游戏中的速度给人的印象是类似于骑自行车还是更像是行驶在高速公路上？对我来说，《杰克与达斯特》中的达斯特（Daxter）就像松鼠一般敏捷，它没有很高的速度，因而也不需要花很长的时间来达到最大速度，而是在任何方向上展示出快速的变化，并迅速提升到最大速度，就像一个小东西在狭小的空间里快速运动那样。玩《乐克乐克》(*Loco Roco*)就像是在玩快速滚动的水球那样。所有的设定都来自角色的运动速度与它穿梭的环境、自身的尺寸及物体的空间之间的平衡。基于这种方式，情境是调整实时操控的另外一个因素。有效地调整一款游戏给人的感受意味着要调整一系列掌管角色运动的数据，但是只有一系列的物体在周围形成参考系才会为这些数字赋予意义。要调整游戏感，就要调整一部分情境。

另一个深深地影响游戏中速度给人的印象的东西是视角。回到在街角看到公共汽车的例子里，想象一下你不是站在街角，而是坐在一辆和公共汽车并排行驶的汽车里。现在公共汽车的运动看起来有多快？如果你这时候是坐在在公共汽车上方几百米飞行的一架直升机里呢？在这种情况下，汽车和公共汽车的运动看起来都非常缓慢。因为直升机在高空盘旋，天地间的距离让地面交通工具看起来像是在缓慢爬行，就像是你平时站在地面上观察喷气式飞机缓慢滑过一样。视角会改变一切。在电子游戏中，绝对速度没有真正的意义。飞机能不能以每小时600千米的速度飞行是没有关系的，玩家对速度的印象才是重要的。从游戏设计师的角度来看，这是个好消息。我们能够很轻易地改变物体之间的距离、物体的尺寸和它们之间相对运动的速度。除此之外，还能改变摄像机的视场角度。维基百科所定义的视场角度是"这是一种效果，在一些第一人称游戏特别是赛车游戏中，视场角度被拓宽到90°以上，以此来夸大玩家运动的距离，因此，玩家对于速度的感知被夸大了。这个效果被逐渐加入游戏中，玩家在启动了'涡轮增压'后会触发相应的效果。它自己就是一种有趣的视觉效果，同时还给开发者们提供了一个方式，让他们可以在游戏里呈现超出游戏引擎或者计算机硬件所能显示的极限速度。这样的例子包括《火爆狂飙3》（*Burnout 3*）和《侠盗猎车手：圣安地列斯》（*Grand Theft Auto: San Andreas*）"。

尺寸给人的印象

速度感的延伸是尺寸感，尺寸感也是速度感本身的另一种表达。换句话说，一个物体的尺寸和它的运动存在一定的关系，可以通过两者的相关性来设计出速度较低的感觉或尺寸较大的感觉。比如在《汪达与巨像》（*Shadow of the Colossus*）中，巨像的运动就非常迟缓。这就像前文提到的在地面看一架在天空中平缓滑过的商务飞机一样。事实上，飞机在以每小时600千米的速度飞行，只是距离影响了你对速度的判断，从而认为它是在爬行。当游戏里的英雄靠近巨像时，它运动的速度其实并不慢，只是因为尺寸太大的关系，人们才觉得它运动得很慢。这种印象并不只是由角色突然运动到巨像的脚下通过参考系判断出来的，同样也由巨像的尺寸和缓慢的运动衬托出来。有意思的是，靠近和远离巨像的过程中的对比传达出了笨重、运动缓慢的印象。小小的角色离巨像越来越近，借此来获得一连串的数据，参考巨像的运动，这些数据会模拟并传递角色详细的质量和重量。游戏在视角方面做得也很出彩，不断把视角从角色指向巨像，有效地保证了巨像一直耸立在角色之上并且利用锁定视角的方式来扩宽视野，从而夸大了距离给人的印象。最终的效果是当角色靠近巨像时，巨像会跟着变大，并且距离也会随之缩小。游戏里的声音效果、粒子效果、屏幕振动及其他效果都表现出庞大这一特性，但巨像的速度感还是通过它的尺寸和重量来表现的。

尺寸感的应用也有失败的案例，如《英雄萨姆》(Serious Sam)和《恐惧杀手》(Painkiller)里的 Boss。从角色的相对速度来看，这两个 Boss 的尺寸如果没有巨像那么大，至少也和巨像近似。这两款游戏都有声音效果、粒子效果、屏幕振动及其他效果来传达庞大的概念，但是因为缺乏必要的环境，所以无法有效搭建起对速度的印象。角色的运动是有问题的。即使角色离它们很近时，玩家感觉到的也不是一个巨大、臃肿的野兽，但仍然保留了它所有的物理特征。也就是说，以摩天大楼的高度来衡量，Boss 的尺寸就像一条腊肠犬一样。动画的播放速度也是很重要的。巨像在角色离他们远的时候运动得非常迟缓，但当把参考系拉到更近的距离时，运动速度会适当加快。《英雄萨姆》和《恐惧杀手》中的 Boss 即使在远处看起来运动得也很快，这就毁掉了尺寸感制造的预期的效果。

所以这是一个很好地解释物体运动速度的例子，通过提供的情境来有效地传递出物体的尺寸和重量。虽然声音、粒子效果和屏幕振动都能表现出这些特性，但是在以上的例子中，这些感觉还是靠物体在环境中的相对运动传达出来的。

这个基本的原理同样被运用在《街头霸王 2》里的桑吉夫相对春丽的迟缓运动。桑吉夫的运动比春丽的运动迟缓，这是角色自身的原因，但是放入春丽这个敏捷的参考系后，这个效果明显得到提升了。反过来想象一下，如果桑吉夫是《街头霸王》中最快的角色，那将其和其他角色对比，就会显得很滑稽。

中阶的情境

中阶的情境是指对当前空间和躲避物体的一种感觉。在这一层面上，情境的变化会带来感受上的差别，比如，在拥挤的派对中、在空旷的街道上，或者在一场篮球比赛中，这就是三种不同的环境感受。这并不是一种低阶的空间感，不是某个人的或者人与人之间的感觉，它给你的感觉也不是漫步在沙滩上的开阔感。情境对于游戏感来说就像是"第二套调整旋钮"一样。第一套调整旋钮是游戏对输入的响应，你根据游戏的环境来调整角色的运动速度。举个例子，角色以每秒 90 米的速度向前运动，然后以每秒 0.1°到 5°的速度转向。正如之前说过的那样，这些数字本身都没有意义，除非它们被关联到一个空间的情境中。要让赛车游戏中的前进速度有意义,就要让玩家感觉到转向的速度,这需要一条赛道,赛道需要有可以让赛车极速转弯的弯道,并且赛道上有一些需要避开的物体和障碍。当输入的响应与环境中的物体的距离有关系时,游戏感才能从根本上得到调整。

因此,中阶的情境与操控和躲避物体有关,是一个有趣的熟练空间拓扑关系并导航的过程。为了对比不同游戏之间中阶情境给人的感受,我们需要检验如下内容。

- 物体的数量。
- 物体的尺寸。
- 物体的特点。
- 物体的布局。
- 物体间的距离。

在多款游戏之间,我们能够对比物体之间相对于角色的速度和运动的距离,并检验它们是如何改变游戏感的,如图8.2所示。一个非常好的例子来自《魔兽世界》。在《魔兽世界》中穿行的时候,我出现了"高速路催眠现象"。(这种现象通常在开车时出现,周围的景色会让人昏昏欲睡,人们会进入一种梦游般的状态,思绪开始向四面八方延伸,某种强烈的脑电波会把人脑海中对时间的意识删除,在人们意识到这一点之前,可能已经开了200千米了。然后人们突然对这种感觉感到厌烦,也许自己早在两三个小时前就应该保持警惕。我的驾驶教练告诉我很多事故是由这种现象引起的。对我来说,我通常会在长途驾驶时出现这种情况。)在《魔兽世界》中的陆地上穿行,就像是在洛杉矶通往圣何塞的平坦的高速公路上驾车一样。

图8.2 不同的空间配置和类型会为操控角色带来不同的感觉

在《魔兽世界》中，物体之间的距离相对于角色的运动速度来说太远了。由于角色穿越地表的运动并没有什么游戏性的功能，因此穿越这样的环境让我开始昏昏欲睡，如图 8.3 所示。

 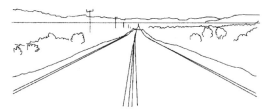

图 8.3 《魔兽世界》中的"高速公路催眠现象"

与此相反，玩《绝路狂飙》就像是在从洛杉矶到圣何塞之间一段崎岖的道路上驾车，在 5 号公路上"无脑"开车数小时后，你就会到达帕切科通道。这样的对比是惊人的，在帕切科通道的路上，风会从列克星敦水库的水上吹来，猛烈地拍打着你的车并且让你担心车会不会被吹离路面。玩《绝命狂飙》的过程就像开车行驶在帕切科通道那样。《绝路狂飙》在 DC 时代算是一款比较有难度的游戏，玩家在大多数的时候都有焦躁不安和难以控制的感觉。游戏让玩家用操控来完成最可怕的任务。

《魔兽世界》和《绝路狂飙》分别是中阶情境里的两个极端，中阶情境是创造游戏挑战的主要层面。从《魔兽世界》到《绝路狂飙》，你能看到物体的间隔既有很远的，也有很近的。通过改变这种关系，你提升了角色在空间中导航的挑战。因此，角色运动时所处的空间情境是改变挑战最主要的工具。再次强调，在这个层面进行测量时，我们感兴趣的是物体的空间。

低阶的情境

最后，情境也会在低层面上影响游戏给人的感觉：个人空间会在这一层和不同的物体进行触觉方面的交互。在这个层面中我们关心的是"碰撞"。对于我这种头脑愚笨的游戏设计师来说，在碰撞的检测和响应上引入现代数学是一件可怕的事情。不过，市面上有很多不错的书籍和在线资源讲解不同类型的碰撞，以及它们的实现。我们的意图是对比不同类型的碰撞模型，使得最终结果能简单地和现实世界中的物理对象做类比。同样，这是一种软指标，需要一些游戏物体与现实物体在象征关系方面实现概念性的飞跃。这种类比通常是一种有效的归纳和比较的手段。

举个例子，大部分的赛车游戏都使用"滑水道"式的碰撞和响应。原因在于，赛车游戏需要非常精准的操控，玩家不会希望当虚拟汽车撞到另一个物体时，车就像是涂了一层胶水一样，或者出现其他类似的响应。当虚拟汽车以每小时 200 千米的速度碰到一个障碍物时，并不应该像是陷入了沼泽，而是应该像大多数赛车游戏一样，在碰撞后有滑水的感觉。在游戏里，汽车碰撞后应该几乎没有摩擦，而是发生变形或者爆炸，汽车弹开后还能继续行驶，和现实中这种状况给人的感觉完全不同，碰撞过程伴随着摩擦，当一辆车撞进墙体的时候可能会翻滚，可能会卡住，因为摩擦产生了褶皱。

所以，本质上我们能做的是观察游戏里物体间碰撞给人的感觉，并且与日常生活中的事物给人的感觉做对比。比如，《乐克乐克》里的碰撞就像是一大碗果冻或者一大堆水球撞在一起一样，给人的感觉非常柔软，很像撞在了弹簧上；《GT赛车》中的碰撞则是非常猛烈的；而在《火爆狂飙：复仇》中，碰撞是模糊的、拖沓的。《火爆狂飙：复仇》采用了"滑水道"模型，但是使用了更加复杂的损坏模型。这导致汽车受压（即使不受到任何摩擦力）后仍然会急速地行驶。

最后的例子还是《魔兽世界》，考虑一下这个游戏中低阶的感受。《魔兽世界》中高阶的感受是开放、无边的，它让人觉得贫瘠而空旷。在我爬山的时候，即便只是一小段不难的攀爬，我也能感觉到岩石的触感。在《魔兽世界》中，我从来不会和任何事物发生交互，也不需要去关注周围的环境，或是走进一栋建筑、一片沙漠，抑或是跌落悬崖，这让人感觉有些枯燥。这种碰撞的反馈非常平滑，但是死亡没有让人感觉到任何能量上的反馈。你不能在撞进一些东西后反弹，也看不到任何的交互。这就有点像是在玩软弹枪那样，室内会让你玩得更安全且没那么"硬核"，你也不需要一直盯着看。

小结

度量情境的指标可以被归类为以下三级：

- 高阶的情境 —— 游戏世界整体带来的对于空间、速度和动作的印象。
- 中阶的情境 —— 角色周围的空间，以及角色在运动时与空间中物体的交互，比如如何避开物体。
- 低阶的情境 —— 角色与物体在触觉上的交互。

在以上的每一个层面我们都探讨了它们的软指标，之所以没有严格的计量单位，主要还是因为每一个独立的玩家都有自己主观的印象，把每个人的印象都考虑在内几乎是不可能的，但是他们的这些观点在游戏设计层面上却是非常重要的。在最高阶的层面上，我们测量的是空间给人的整体感觉、玩家的相对速度和运动，以及游戏世界的有效性。在中阶的层面上，我们测量的是空间物体。在低阶的层面上，我们测量的是物体间的碰撞，以及游戏中的碰撞结果与现实世界中的碰撞结果的对比。

第9章

润色的度量方法

润色,是指用人为的手段,体现物体在交互中展现的物理特性。在这里,"人为"可以被理解成"非模拟"。举个例子:当两个物体碰撞时,程序代码会识别出它们都是实体,进而演算出碰撞的力度和方向,最后让物体反弹。这个过程不是润色而是模拟,是程序对输入参数的响应。另外,"人为"还可以被理解成"非本质"和"修饰"。重点是,当润色的效果都被移除时,游戏的本质功能应该不受影响。润色改变的只是玩家对游戏中物理特性的感知。从这个角度来说,润色对游戏感的影响是很大的:它能够提供视觉、听觉和触觉线索,从而帮助玩家在脑海中建立一个精细的、可扩展的模型,以此来理解虚拟物体的物理特性。可以说,润色是用来"包装"交互的。

人们往往对润色工作嗤之以鼻,经常会有人说:"这游戏本身不怎么样,只是润色得好而已。"正是这种想法让人们忽视了润色对游戏感和玩家体验起到的重要作用。润色可以让游戏中的物理世界带来在现实生活中不存在的体验。这种体验为玩家带来了可能性,激发玩家的好奇心,从而吸引他们体验游戏。一旦玩家在游戏中观察几分钟,就能在脑海里推算出一个充满可能性的可交互的世界,还可以接触到各种现实生活中不可能发生的情况。无论游戏中的物体是巨大、笨重的,还是轻巧、灵动的;无论它是在摩擦、雕刻、爆炸、撞击、抚摸,还是以其他方式与环境交互,玩家都能体验到探索的巨大乐趣。问题在于,我们应该如何衡量一款游戏的润色效果,从而与其他游戏进行对比?

首先,我们需要明确定义。什么叫"效果"?举个例子,当踩下油门时,车轮发出的尖锐的摩擦声和车轮扬起的烟尘就是两个分开的效果,一个是声音效果,一个是视觉效果。制作这两个效果需要完全不同的技能。有趣的是,玩家通常会认为它们是同一个效果，因为它们属于同一个物理实体，玩家在脑海中会自动将两个效果拼接到同一个事件中。我们在提起"一个效果"时，只是在单独指摩擦声或者是烟尘。它们都支撑了玩家对交互的感知，但每一种效果都是分别制作出来的。从更高的层次来看，我们关注的是不同效果所支撑的交互。很多跨感官的效果都可以支持并提升玩家对交互的感知。

接下来我们需要分辨出不同的效果，并根据其所希望支撑的物理交互体验对其进行分类。这样做有一个附带的好处，就是可以让我们快速检查一下，结果有没有达到设计预期。有些效果设计出来可能是为了让物体看起来更重，但实际上却与其他效果产生冲突，呈现出完全不同的结果。回顾一下第 8 章提到的《恐惧杀手》和《汪达与巨像》。巨像的行走动画比《恐惧杀手》里大型 Boss 的出场效果要更有重量感和存在感。在《汪达与巨像》中，声音效果是深邃回响的隆隆声，还伴随着碎石洒落的声音。当巨像重重踏步时，扬尘和碎石也适时地通过粒子效果呈现出来。此外，当角色离巨像较近时，屏幕中的页面会晃动，从而进一步展现出巨大的冲击力。在《恐惧杀手》中，动画和声音效果互相冲突。它的声音效果倒是与《汪达与巨像》较为相似，但动画没有做出那种缓慢运动带来的重量感，也没有做出巨大怪物所应该具有的笨重的动作。除此之外，Boss 踏步时的粒子效果也太少，不足以体现出巨足落地应有的效果。虽然怪物本身体型巨大，但它的动作和相应的效果却让人们感觉它没那么大。

最后，在开始讨论润色的度量方法之前，我们需要明白润色的评判标准是软性的，跟很多其他领域（如隐喻）的评判标准一样。这是因为我们很难量化玩家对润色的感知。玩家的感知是相对的，而且感知都来源于游戏的世界观，而不是真实世界的物理特性。不过，我们后边会发现，软性的评判标准对游戏也是很有用的。

下面进入正题，让我们先来定义一些软性的评判标准，以度量润色效果是如何影响对象间的交互行为的。

对真实事物的感知

在分析对象间的交互时，一个常见的错误是把它们分开，单独分析每一个对象本身的物理特性。物理特性并不像我们以为的那样简单。维基百科在"物理特性"

词条中列出了以下项目:吸附性、加速度、角度、面积、电容、浓度、密度、绝缘性、排量、功、电荷、电场、电势、能量、扩张度、辐射量、流量、流度比、频率、力、引力、阻抗、电感、强度、长度、位置、亮度、磁场、磁通量、重量、摩尔浓度、力矩、动量、渗透性、电容率、功率、压强、辐射率、溶度、电阻、角动量、温度、张力、热传递、时间、速度、黏性、容积、光反射……

这份清单倒是很详细,但并不是我们想要的。这些特性无法通过视觉、听觉和触觉感受到,而是必须用一些复杂的仪器才能测量到。这些特性不但在游戏中无法测量,而且大多数对于游戏来说意义不大。对于玩家来说,感知到的就是现实。在游戏中一个对象可以重达10吨,但如果它运动起来像松鼠一样轻盈,玩家也会认为它轻如一只松鼠。我们需要把游戏中的物体做成图9.1这样。

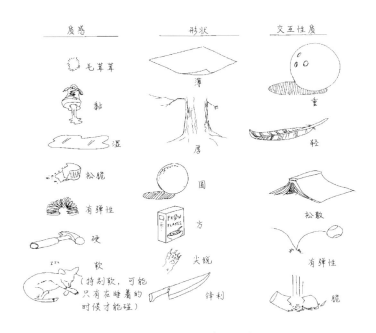

图9.1 对一些真实事物的感知

我们需要使用一些非科学性的词汇(如"尖锐"和"有弹性")来形容润色效果,因为润色效果所激起的玩家感知是主观的、相对的和笼统的。这和现实生活中衡量某物的方法是相反的,后者一般需要客观、绝对和具体。我们衡量一块砖有多重,要把它放在天平上去称。天平(一个客观的测量工具)可以用克或千克(绝对的标准)衡量某块砖的重量(具体)。与此相反,在游戏中一块砖的物理特性完全取决于玩家的主观感知。

由此可以明白，玩家在游戏中是这样衡量物理特性的：他们通过角色对某个物理事件的反应来衡量物体的物理特性，就像他们平时分辨颜色、分贝和温度一样。例如，让 50 个人去触碰一杯冰水和一杯热茶，每个人都知道盛热茶的杯子的温度更高，但没有人能够确切地说出每个杯子的温度到底是多少。一个物体的"热度"只能用来和另一个物体进行比较，而这个比较的过程，无法帮助我们得知它的具体温度。这个道理对于润色来说也是一样的。我们在游戏中所跟踪和调整的，就是玩家对所控制对象产生的笼统的、相对的、主观的感受。通过分析这些感受，我们就可以了解玩家是否从游戏中推断出了相应的物理特性，从而也能够由此深入到单个效果的层面进行分析。

换句话说，我们真正想要跟踪的不是物体的物理特性本身，而是玩家的感知，以及引起玩家感知物理特性的那些线索。在游戏中，物体的特性只能通过观察得出。如果我们要在游戏中做一个保龄球，它就必须看起来像保龄球，能像保龄球一样滚动，同时发出只有保龄球才会发出的声音。这种特性是不能用仪器测量的。如果玩家觉得真实，它就是真实的。

站在玩家的角度来看，一个物体可以是轻的、重的、粗糙的、光滑的，一个动作可以是弱的或者强的，一次冲击可以是轻柔的或者猛烈的，这些都是感知。它们确实和一些可量化的标准（如体积、速度和重量）有关，但更多的是对物体的物理特性的一种笼统的感知。

以重量这个物理特性为例。在描述游戏中物体的重量时，我们实际上指的是对重量的感知。这种感知是从一系列细小的线索中得来的，每一个线索都需要单独设计，而它们经常会被设计成润色效果。每一个微小的变化、每一次扬起的粒子和响起的声音都能起到很大的作用。如果在润色碰撞效果时，将扬起粒子的时间改变一下，或者改变扬尘的速度，都会让物体的重量看起来完全不同。对碰撞本身的底层模拟还是一样的，但润色可以完全改变玩家对重量的认知。

我们作为设计师，可以从三个角度来审视润色的效果。

- 单个独立的效果，它的运动、尺寸、外形和特征都能够在游戏模拟对象中单独测量。
- 整组效果，向玩家传达出笼统的感知。
- 一种可观察的物理特性，它可以从玩家感知中推断出来（如重量、材料和纹理)。

单个效果能够增强和支撑特定的感知。这些感知作为一个整体时，可以传达出关于物理对象的一些信息。玩家会把这些物理特性，如重量、材质、摩擦力等，整合成游戏中统一的物理模型。当玩家在游戏内进行交互的时候，这个物理模型会不断更新，并且将所有新的交互行为整合进来。此时，如果某个交互与玩家头脑中的物理模型相矛盾，它就会非常显眼，然后作为背景的一部分被整合进模型中，用来衬托未来玩家在游戏内做出的决定（回忆我们在第3章提到的"感知域"）。从这个角度上说，在一个游戏空间中学习定位，就像适应日常生活中的物理空间一样。这也是润色如此重要的原因。润色为玩家提供了一个最基本的背景，让玩家可以在此基础上去熟悉和适应这个陌生的游戏空间，以及其中复杂的物理和几何特性。

润色效果的类型

润色效果的最终目的在任何情况下都是一样的——提供物体交互和运动的线索，从而传达物体的某种物理特性（重量、体积等）。一辆车在路上刹车，轮胎会留下痕迹，扬起烟尘，并产生刺耳的声音。这些都是游戏设计师提前植入的线索，从而呈现出"橡胶轮胎和路面被车的重量挤压在一起"这样的场景。所有的细节都试图传达同一种感知——这些对象是真实的。

前面我们讨论过，要用不同的润色效果去影响玩家感知。现在我们来看看单个效果的最底层。换句话说，让我们看看在不改变模拟机制的情况下，如何改变玩家对游戏中物理现实的感知。这些方法包括动画效果、视觉效果、声音效果、镜头效果及触觉效果。

动画效果

动画是一种成型已久的媒介。它有着悠久的历史，从早年的《白雪公主》《美女与野兽》到《超人总动员》和《料理鼠王》。在这个过程中，动画领域诞生了非常详细的先进经验，并被提炼成了制作动画的基本原理[1]。这些美学标准处处通

---

[1] 相关内容可查阅弗兰克·托马斯（Frank Thomas）和奥利·约翰斯顿（Ollie Johnston）编写的有关动画的文章 *Principles of Physical Animation*。

用、不容置疑，每一名新入行的动画设计师都需要学习。然而，"萝卜白菜各有所爱"，虽然外部原理本身是客观的，但每个人却可以对这些原理进行灵活的解读，而不用考虑设计师的意图和外在的客观原理。如果你的动画有压缩效果和伸展效果，它就会比没有效果的动画好一些，这对所有的动画来说都是真理。因此，所有新的动画师都必须学习和掌握动画原理。动画原理的另一个神奇之处在于，它们在动画上运用的方法和游戏的修饰手法是相通的。这些原理几乎可以在所有游戏中通用，从而通过动画来包装对象间的物理交互。这种包装会直接触及玩家的感知。简单来说，动画师手里有一套标准，可以用它直接改变观众的感知，让观众感受到物体的物理特性。动画师已经破解了玩家感知的密码，只要遵循这些原理，对游戏中的物体做出一些压缩、伸展、动作重叠之类的改动，就能随意改变玩家的感知。

　　动画师在很多年前就知道，在动画中使用压缩和伸展这两个动作可以收到奇效。如果想吸引观众，让观众认为你构建的世界真实可信，单纯地还原现实并不是最好的办法。我们可以用一个巧妙的方法——忽略现实的条条框框，从而创造出更有说服力的动画。我们来看一下弹球的例子，如图9.2所示，这是每一名动画专业的学生的第一份专业作业。

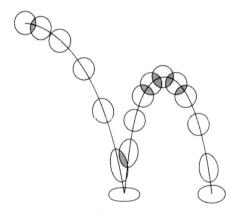

图9.2　通过改变小球弹跳时的形状来创造拟真的感知，
但动画本身并没有直接模拟现实

　　当小球在图中底部接触到地面时，它会往下挤压并变扁。当它弹起时，它会沿着动画的动线伸展回来。在运动过程中，球体看起来软绵绵的，更有球的感觉。如果在动画里做一个没有变化的球体并让它弹来弹去，它看起来就会很僵硬、不自然、没有重量感,也缺乏表现力和个性。这告诉我们一个道理:你完全可以使用不拟真的方法来改变某个人对事物的感知。

当动画被应用在电子游戏中时,玩家看到的就是一个有动画效果的物体,而非一个计算机模拟出来的对象。动画将模拟的对象包装起来,改变了玩家对其特征和属性的感知。通过不同的动画,我们还可以给玩家一种"这好像是个汽车/喷气机/忍者"的印象。当我们把动画原理应用在角色的循环动画上时,动画将会和底层模拟对象的运动同步播放。动画本身被创造出来的时候,只是一系列压缩、伸展、重叠等动作的线性组合。但当它覆盖在模拟对象的表面时,就能够传达出物体的重量感、表现力及各种物理特性。这些运动的物体变成了玩家脑海中的形象,物体在运动时表现出的物理特性也被感知为物体运动的一部分,即使这些物理特性和模拟机制毫无关系。当动画和程序的响应相结合之后,动画就能很好地表现出重量感、体积感、表现力和物理特性。

例如,《杰克与达斯特》中杰克(Jak)的奔跑和跳跃动画就传达出一种重量感和表现力,这在模拟的层面上是完全做不到的。当杰克奔跑时,每只脚落下都会伴随着压缩和伸展,在这个过程中有很棒的动画重叠,整体看上去像是一个真实的有血有肉的实体在变化的地面上奔跑。如果你把游戏中所有的对象都替换成灰色的胶囊,所有的模拟机制都没有变化,但重量感、表现力和个性就全毁了。

因此,动画原理几乎可以直接运用到游戏的物体运动里。除了像舞台布景这种依赖于框架和摄像机行为的效果,像压扁、伸展等效果都可以直接运用到游戏的角色上。例如,《罪恶装备》(Guilty Gear)、《红侠乔伊》(Viewtiful Joe)以及《古堡迷踪》(Ico)这些游戏都在模拟对象之上覆盖了出色的线性动画。

另一种可以采用的方法是模拟机制和动画双管齐下。依然用表层的动画来包裹模拟对象,但模拟机制中的某些参数可以驱动动画元素。在最初的《超级马里奥兄弟》中,有一种奖励能够让马里奥加速,而在加速时,马里奥跑步动画的播放速度也加快了。这就是一个很好的组合模拟机制与动画的方法。不过我们要记住,动画不能对模拟机制产生任何影响。动画播放得更快是因为角色运动得更快了,而不是反过来。正如我们说过的,这是人为制造的效果,而不是模拟机制的一部分。

当过程式动画(procedural animation)和人偶机制(active ragdoll solutions)出现后,动画和模拟机制之间的界限就模糊了。关键帧动画在平时传达对象的感知，而模拟机制则会适时接管。比如，在足球类游戏中，球员在场上奔跑时突然被铲断。动画驱动着运动的印象，直到球员受到另一个力（铲断）的影响，此时模拟机制接管。尽管如此，润色效果的适用性基本还是一样的。从游戏感这方面来讲，传统动画的目标是传达出一件事物符合自然规律且始终如一的印象，并且让玩家感觉到它在不断和周围的其他物体交互。

视觉效果

视觉效果和动画有两个最基本的不同点。

首先，视觉效果往往只发生在一瞬间，它的作用是满足展示两个对象交互的短期需求。一个视觉效果只会在两个对象交互的瞬间出现，如一辆车擦到栏杆时迸出火花，或者木箱被打碎时飞溅碎片。

其次，视觉效果一般是由其他物体而不是原物体本身引起的。在一段动画里，玩家可以看到角色或物体的一段线性动画。经过动画师的调整，这段动画会让物体看起来具有重量感、表现力、体积感等特征。视觉效果是由另一个物体引起的，用于强化物体之间的交互。以《灵魂能力》（*Soul Calibur*）中的效果为例，当长剑挥舞时会有一道剑光紧随其后，刻画出刀的挥舞轨迹。这个效果是由长剑的运动引起的，当两把长剑相交时，剑身会溅出火花。火花本身既不是物体也不是轨迹，但它强化了物体的运动过程和物理特性。

视觉效果包括交互和运动过程中的粒子、轨迹、火花等临时的指示器。这些效果可以通过各种方法实现，但现代游戏中的视觉效果大多数是由粒子组成的。3D游戏中的一个粒子实际上是在三维空间中有自身位置的一个平面形状。它会像一块公告板一样一直朝着摄像机的方向，而且一般不会被灯光或者模拟机制的其他作用所影响。不过，把模拟机制和粒子结合也能带来很好的效果，例如凯尔·加布勒（Kyle Gabler）的作品《虫群》（*The Swarm*）。在这个游戏里，角色是一大团黑色粒子的模糊组合，它们随鼠标指针前进，所到之处能把各种简笔画风格的人物随风卷起，并用一种极其有趣的方式到处乱扔。粒子效果就是一系列一直朝着摄像机的贴图。一系列贴图一直朝着摄像机的好处是设计师可以通过绘制贴图建立起人为的纵深感，因为这些贴图是应用到每一个粒子上的。烟雾粒子系统看起来像是一团三维的烟雾，但它是由一大堆贴图组成的，每一张贴图上面都绘制了一张烟雾图，这样就"伪装"出了纵深感，因为你永远无法从侧面看到这些图像。

这种感觉会一直持续，让一系列贴图在视觉上融合成一个平面，看上去就像一团聚在一起不断翻腾的烟雾。

这里值得注意的一件事是：贴图（贴在单个粒子上的图像）远没有粒子的运动重要。在很多游戏（尤其是任天堂出品的游戏）中，当物体相互碰撞时，产生的视觉效果会由一大群各种颜色的、不断旋转的星星爆炸而成。在《超级马里奥银河》(Super Mario Galaxy) 中，马里奥和每一个物体的交互都会生成四处喷射的星星。如果用仿真的观点来看待这种表现形式，它绝对是说不通的。但就像前面提到的压缩和伸展一样，它不是对现实的仿真，而是对玩家感知的操纵。现实中的物体不会落到地上就压缩再伸展、弹起，狠砸一块砖头也不会让它冒出一大串五彩斑斓的星星。但是在游戏中，星星能够以一种令人赏心悦目的形式炸开并消失，它能在跳出物理约束的情况下营造出感受物理现实的假象。正如在动画里一样，模拟现实并不是值得追寻的目标。你完全可以不依靠模拟现实表现出对象之间的交互，强化它们的物理特性。没人会说《灵魂能力》中的火星看起来很真实，但真实并不是我们追求的目标，让玩家感受到强大的视觉冲击才是我们追求的目标。

声音效果

声音效果和动画一样，早已形成了一套广为人知的定理。声音效果的制作流程和电影的后期配音相似，并且游戏里的声音必须是可重复的。人们往往会为一次游戏事件制作出一系列的声音，并且在每次事件发生时随机挑选出一种声音。这个挑选出的样本是用来表达交互事件的，让交互的过程没有那么枯燥。这种随机性让玩家不会反复听到同一种声音，并因此感到烦躁、分心。

> **游戏实例**
>
> 声音效果能够完全改变玩家对一款游戏中特定物体的感知。我们来看一个例子，这最初是由独立工作室 2dBoy 的凯尔·加布勒制作的游戏，我随后用 Java Applet 重制了出来。在这个游戏里，两个红色橡胶球会从屏幕的两边向中间飞，并在屏幕的中心最终撞到一起，在单纯的视觉反馈下，玩家会认为两个对象像幽灵球一样，毫无阻碍地互相穿过，然后继续之前的行进路线。声音效果会完全改变玩家的感知。有了声音之后，两个球在外观和运动轨迹上是完全一样的，但它们在中间相撞时会发出扑通一声，像击

> 打网球的声音。这种做法效果出众，两个球不再看起来像是互相穿过，而是撞到一起再各自反弹。一个声音效果就能创造出如此大的区别！

声音效果在游戏角色身上也一样有用武之地。德里克·丹尼尔斯（Derek Daniels）是《战神》的一位游戏设计师，他给我们举了一个声音改变感知的例子。有一次，动画师为奎托斯（Kratos，游戏主角）的一个攻击动作做出了一段精细的动画。当德里克将动画植入游戏时，却发现结果不尽如人意。动画师打算重做，但德里克却说："稍等，让我们先把声音加上。"果不其然，声音就是点睛之笔。加入声音后，动作马上充满了重量感，并有适度的暴力感，效果非常好。

从声音效果来说，你可以使用撞击、摩擦和循环这三种音效。

撞击音效是在两个物体以某种速度撞击时产生的，如炮弹击中石墙、球拍打中网球，或者大锤砸到地面。此时的音效用于展现两个物体之间的冲击力。比较有趣的是，它们不但能影响对物体交互过程的感知，还能影响对环境的感知。如果大锤打中地面后产生回声，玩家就会认为这次冲击是在一个大型仓库或者其他大型、空旷的室内场所发生的；如果冲击声是闷闷的，听起来就让人感觉是在室外敲打地面；如果没有任何回声，人们会认为声波在不断往外扩散，没有碰到任何东西，也没有反弹。

摩擦音效展现了两个表面间较长时间的交互，它是伴随着摩擦这种交互产生的。我最喜欢的一种摩擦音效是在《托尼·霍克：地下滑板》里听到的，在这款游戏里玩家可以让角色将滑板翘起，压着铁轨摩擦一段时间，发出一段非常悦耳的木板摩擦金属的声音。本质上只是做了一段很短的声音重复播放，但声音会被游戏不时地轻微调整，让人听起来像是滑板因为重心变换而在轨道上左右摇摆。

还可以在游戏里使用循环音效，它本质上只是声音在不断重复，并且重复的过程和对象间的交互无关。这种循环声能够表现出类似引擎或涡轮那样不断运动的效果。

很有趣的一点是，声音效果同样不必拟真，比起视觉效果，声音效果甚至可以做得更加夸张。

声音效果如同压缩、伸展或者粒子效果那样，它们不用非要与现实一致。无论是《块魂》中宇宙大王发出的声音还是《托尼·霍克：职业滑板 3》（*Tony Hawk 3*）里使出特殊动作时的管弦乐音效，都证明了当特定事件发生时，一段出人意料的

第 9 章 润色的度量方法

声音能够收获很好的结果。这些声音和它们要刻画的对象的真实情况毫无关联，但可以带给玩家好的感受。就像在卡通片里一样，我们不必把思维局限在模仿真实声音上，可以使用和真实情况非常不同的声音来表达事物的物理感。

镜头效果

镜头效果类似屏幕振动、视角转换、运动模糊、《黑客帝国》中的慢动作。这些效果是运用在摄像机上的，而非游戏内的物体。我们说过，游戏中的摄像机就是玩家的眼睛，是玩家在游戏中用来感知的器官。它为玩家提供了一个规定了位置的有限视角，但位置可以改变，就像游戏中的任何一个角色一样。这是我们在电影中经常使用的做法。当一场大爆炸发生时，会先出现一小段延迟，之后屏幕振动，看起来就像摄像机被爆炸引起的冲击波振动一样。在玩家看来，就像是眼前发生了一场极具力量感的冲击。

关键在于这些效果要运用到游戏的摄像机上，而非对象上。这种效果也可以改变玩家对游戏中物体的物理特性的感知。在一局格斗游戏中，如果一名玩家击打另外一名玩家，结果屏幕剧烈振动的话，给玩家的感知就是这一击用上了巨大的力道。格斗游戏会利用的另一种效果是慢动作/停帧。当一个角色进行一次毁灭性的攻击时，游戏会短暂停帧来强化冲击力，时间长度大概是 20 毫秒。这种效果也用在了任天堂的《塞尔达传说：黄昏公主》（*The Legend of Zelda: Twilight Princess*）以及《越野狩猎迅猛龙》中，如图 9.3 所示。

图 9.3 在《越野狩猎迅猛龙》中，当你击中一头迅猛龙时，摄像机会被推近，游戏会进入慢动作状态

有趣的是，它虽然植根于我们的意识中，但我们在日常生活中是找不到这种效果的。就像前边说的热茶和冰水的温度对比那样，每个人都会认为屏幕振动是冲击力极大的表现。除此之外，视角上的改变也能让一个对象看起来运动得越来越快，运动模糊也对速度的感知有着类似效果，它能实现类似物体在摄像机下快速运动时产生的模糊效果。

触觉效果

最后，我们谈谈触觉效果。在目前（2019年）的输入设备中，触觉效果只能表现为控制器的摇动或振动，像Xbox 360、PS2和Wii手柄那样，它是通过启动输入设备内部的马达来实现的。控制器振动是一种比较生硬的结果，因为马达的工作方式是一直转动。但只要符合游戏场景，它就能在游戏中起到很好的效果。例如枪的后坐力就可以通过振动模拟出来。现今大多数的第一人称射击游戏都使用振动效果来提升游戏内机枪发射给人的感觉。对于狙击步枪这种单发枪械，则产生单次振动。当马达只被射击操作触发时，效果还是很不错的。换到另一种载体：《托尼·霍克滑板：八强争霸》（*Tony Hawk's Project* 8）这个游戏用持续的轻微振动来模拟滑板在不同表面的摩擦感。在这种情况下，如果能用好触觉，其效果也很强大，它能够将某种交互感受关联到视觉和听觉之外的第三种感受上。

另一种触觉效果就是所谓的"力反馈"。也就是大家都知道的触觉反馈（haptic feedback）。这个概念的意思是，控制器会针对位移产生真实的作用力，迫使用户去努力拉动、推动或旋转控制器。这是一种作用力的主动运用，通过游戏代码来在特定时间施加力，并使用弹簧的作用力来让力一直朝向起始位置。这类设备（如飞行控制器和方向盘）虽然已经出现很多年，但一直没有非常流行。这可能是因为触觉反馈虽然能提升玩家的操控感，并让对象具备真实的物理特性，但它对玩家手臂、手腕和双手的负担过重。

案例研究:《战争机器》和《恶魔城:苍月十字架》

当我开始研究这两款游戏中的润色效果时,马上就后悔挑选了这两款游戏进行分析。这两款游戏中的润色效果多如牛毛,即使简单地分类都难以入手,更别提从零开始创造了。游戏的润色就是这样可怕,它会占用开发过程中海量的时间。我们一般认为太早进行润色工作或者陷入其中都是很危险的事情。看看下面这两款游戏你就会知道为什么。要添加的效果太多了,你永远可以去创造更多的润色效果,永远可以找到更好的方法来包装对象之间的交互。我想,要解决这个问题,秘诀就是要一直聚焦于你想要创造和提升的整体感受。基于这一认识,再来看这两款游戏的对比就会非常有趣。对《战争机器》来说,它在设计时的大局观非常清晰,要达到的结果也都是统一的。而《恶魔城:苍月十字架》则存在一些自我矛盾之处。下面将对两款游戏的润色效果做一个深入分析,从单个效果开始,到整体感受,再到效果所传达的物理特性。

如何记录这些效果?很简单,去玩这些游戏,并且在观察到效果的时候记录下来。我将所有的润色效果分为五类:动画效果、视觉效果、声音效果、镜头效果和触觉效果,并且将所有的效果放在相应的栏目下面。

《战争机器》(*Gears of War*)

动画效果	视觉效果	声音效果	镜头效果	触觉效果
跑步循环——动作很大,不断循环,步伐很重,有很多的动作重叠		脚步声——悦耳的嘎吱嘎吱声和重踏声 装甲碰撞声——听起来像金属抵着厚皮革和板甲,很符合装备的重量感和复杂感给人的感受	随着跑步循环适时上下摇动	
前滚翻——快速、敏捷	翻滚的尘土——当开始翻滚时产生(很奇怪)。角色的脚会像被施了魔法一样突然被一团灰尘遮掩掉	装甲碰撞声——动作这么大,声音却有点太轻了	摄像机随着动作慢慢下沉	
蹲跑——蹲下来,很奇怪地用沉重的步伐跑	每一步落下时都会扬起一团尘土	装甲碰撞声——听起来像金属抵着厚皮革和板甲,很符合装备的重量感和复杂感给人的感受	摄像机会上下左右摇动,像使用手持摄像机拍摄一样	

续表

动画效果	视觉效果	声音效果	镜头效果	触觉效果
踢门——很重的冲击力，给人一种强有力的感觉	尘土粒子从门里炸开	在门被踢坏、通道出现的瞬间，发出悦耳的金属爆裂声	摄像机后退倾斜，当踢的动作发生后快速摇晃并前进	
进入掩体——产生像橄榄球后卫拦截那样沉重的冲击力	尘土粒子从墙上和天花板上零散地飘下	悦耳的嘎吱嘎吱声和重踏声；听起来像金属抵着厚皮革和板甲，很符合装备的重量感和复杂感给人的感觉	摄像机根据角色朝向来改变焦点，让角色位于画面的侧边	
跃过障碍——快捷灵敏的跳跃，落地的跟随动作及动作重叠很合适		在障碍上掠过时发出嘎吱声，落地时发出重重的冲击声	角色落地时，摄像机下沉，露出角色的双脚，随后再移回角色肩部上方	
机关枪的设计——有力地展示出枪的后坐力，角色双脚叉开站在地上对抗后坐力	枪管、枪口的闪光粒子效果；枪管的烟雾粒子效果；子弹打到墙上或其他表面上时的碎石粒子效果；墙上产生的子弹洞先是发出白光，然后变黄，最后变红	低沉强力的机枪声音；子弹从机枪表面掉落的声音；弹壳掉落在地上的声音	子弹发射时震屏	不断振动来展现机枪射击的后坐力
摇动手榴弹——手榴弹看起来又重又大，角色最初往后退并看着手榴弹		摇动时发出悦耳的深邃声音，伴随着轻度的多普勒效应；链条叮当作响	摄像机视角轻微改变，既让摇动的手榴弹入镜，也提升速度感	
扔手榴弹——大幅度弧形轨迹，手榴弹看起来又重又大		每当手榴弹落到地面时都会发出深沉的金属冲击声		

我省略了不少效果，因为这个游戏里的效果太多了，列出的这部分是一个很好的"截面"，可以代表这五方面的效果。

《恶魔城：苍月十字架》(*Castlevania: Dawn of Sorrow*)

《恶魔城：苍月十字架》的效果多少有些令人难以置信。游戏中的每种生物（一共超过 100 种）都有不同的声音效果、视觉效果和动画效果。有一些诸如 Boss and iron golem 这样的大型敌人甚至有他们自己特别的镜头效果。角色使用的每一把武器都有不同的动画和效果。同时，这些效果还有一些子效果，用来增进理解和进行对比。即使没有触觉效果（任天堂的 DS 没有振动马达），已经展示出来的这些润色效果也足够令人震惊了。

动画效果	视觉效果	声音效果	镜头效果
	Soma 的每个动作都伴随着一条紫色轨迹，强化速度感，凸显他的超凡存在		
跑步循环——非常程式化，但每一步落下时的重量感都得到了很好的体现。当转换方向时有过渡动画，让人认为角色是漂浮的、无重量的			
用斧攻击"黄金斧"——大幅度的全身动作，看起来像角色举着斧头划出一条沉重的弧线		很轻的挥动声，角色大声呼叫	
用矛攻击"岗尼尔"——举矛时的前摇动作，投矛后的跟随动作，以及强有力的动作重叠。在抽出长矛时有恰当的延迟，突出矛的重量		在空中挥舞时有包含多普勒效应的噪声	
用剑攻击"村正"——快速灵敏的动作，头发与手臂有很好的动作重叠	不知为何，剑挥动的时候看起来像是剑从剑鞘向四处发射；剑在空中留下弧形的痕迹	在空中挥舞时有包含多普勒效应的噪声	
跳跃——在接触地面之前有奇怪的滞空延迟		Soma 离开地面时有轻微的与空气摩擦的声音；双脚落地后有轻微的踏步声	
二段跳——快速灵敏的翻腾动作，外套会飘动起来，让人赏心悦目		第一次跳跃时同样有很轻的空气摩擦声	
发射光球——令人赏心悦目的手臂挥动动作	蓝色的能量球有规律地振动，快速往外飞	魔法在空气中震荡的声音	
	小型的粒子轨迹，让蓝色光球看起来像一个彗星状物体		
超级跳——角色在竖直方向伸展，仰望上方，并往该方向快速飞行。抵达天花板时，以超自然的敏捷身手把身体反转，脚顶住天花板，动作的后坐力很好，外套有动作重叠		听起来像划破空气的声音；角色撞到天花板时发出平淡的塑料碰撞一样的撞击声	撞到天花板时会震屏
杀死骷髅——当骷髅被杀死时，身体变成碎片落下	骷髅碎片落到地面时会扬起大团尘土	骷髅被杀死时会发出击打的声音；每块碎片落到地面时会发出空洞的、击中木板的声音	

当你像我这样把所有元素都列出来时，就会发现游戏里存在海量的效果。类似《罪恶装备》或《灵魂能力》这样的游戏都让我很吃惊，因为它们做了

非常多的工作来把动画、视觉、声音和镜头效果协调起来,清晰地传达出这么多角色各自独特的给人的感受。怪不得这些项目团队里都有那么多人,也许在开发过程中会有很多人来润色同一个角色。

分解《战争机器》和《恶魔城:苍月十字架》这样的游戏是一个很枯燥的过程,但这种分析方法(把每一段动画看作单个效果)是很有用的。有时一段动画明明在支撑某种感受,但另一段动画却和它相悖。例如《恶魔城:苍月十字架》中 Soma 的跳跃、旋转和滑行都让它显得很快,像某种具有超能力的人士一样,比起人类,他更像是松鼠。然而在平地上跑动时,他看起来又无精打采,双脚直在地上趿拉。如果你让他不断变向,就能明显感受到这个情况:他会来回慢慢滑动,就像在水里慢慢游泳一样,这和他快速前进时紧凑、敏捷的动作非常不协调。

《战争机器》中的前滚翻动作显得中规中矩,在我看来,它既没有支撑也没有打破游戏里角色给人的印象——人形破坏球。我注意到这个动作里大部分的表现都是在屏幕外发生的。我还没有和 Epic Games 的设计师聊过,但我猜这是因为很难做出一个完美的翻滚动作,既让玩家感觉快得很跟手,又能传达出适当的重量感。

单个效果也能用于支撑多种感受。例如一个动作既可以表现出重量感(Marcus Fenix 就像个 NFL 线卫一样,身体强壮,穿着一件像煤渣砖一样的外套)和材质(他身上护甲的动画重叠,让护甲看起来像是一件很重的金属装备)。

这里看起来有两种很不同的感觉流。除二段跳的快速灵敏及"超级跳"之外,Soma 的运动都是很流畅和轻盈的,他看起来几乎没有重量,如同《卧虎藏龙》中的人物一般,他转换方向的动作及伴随着动作的紫色轨迹共同支撑了这种感受。但在某些时候,他的动作看起来又冲击力十足,如"超级跳"撞击天花板时的震屏效果。在跑步动作上也有一定的动画重叠,Soma 的头会下垂以表现出重量感,但由于运动速度没有完全匹配脚部动作,一定程度上削弱了这种重量感的表达。这也是动画师常说的"滑步",即对象动画的播放速度和底层模拟对象的动作的速度没有动态匹配,这在游戏中是很常见的问题。

用武器进行攻击的过程也能很好地表现出冲击力和重量感,尤其是在对比轻武器和重武器的效果时,你会有强烈的感受。此外,杀死敌人时喷射出的粒子效果和爆炸效果也能够有所体现。这再次反映了我在《卧虎藏龙》中看到的运动和交互的整体感受。角色四处运动、漂浮，就像风中的纸片一样，但挥动武器的瞬间却又有强大的冲击感。不过，《恶魔城：苍月十字架》中的重量感、表现力和冲击力都没有达到《战争机器》的水平。

《战争机器》让你觉得自己像一个人形的破坏球一样，无论是沉重的跑步步伐还是踢开门时的摄像机摇晃，每一个动作和伴随其中的效果都提升了你的感受，让你觉得控制的是巨大的、很重的角色。每当角色和环境交互时，例如当角色靠墙寻求掩护时，各种效果的共同表现都让你觉得有一个庞大、壮硕、复杂的对象压在一个肮脏的、有纹理的表面上。此时一大堆尘土的粒子会从墙上和天花板上掉下来，声音深邃、沉重。你会感觉整个环境反应多样、易受影响，当子弹打到墙上表现出一连串效果时，这种感觉会更明显。不过，这种交互看起来是漫不经心的，因为弹孔分布很广，每个弹孔都会掉落一块块的材质。用枪来扫射在感觉上是很聒噪的一件事，扫射时手柄会振动，枪声很深邃且会回荡，同时伴随着相当多的冲击效果。无论扫射时还是被击中时，角色的身体几乎没有任何反馈，这也进一步强化了角色庞大、健壮的形象。

特征	《战争机器》	《恶魔城：苍月十字架》
质量	沉重且庞大	轻盈至极，但冲击时又力量惊人
速度	相对较慢，但在一瞬间改变方向时能做出很短、很快的动作	中速到快速。改变方向很灵活，当装备某几种灵魂时可以达到极快的速度
惯性	除在动画里表现以外，没有真正的惯性	除在动画里表现以外，没有真正的惯性
材质	血肉、合金	金属、木头、骨头，但大多数都是表现在敌人身上，主角非常光滑、轻盈，像一块肥皂
摩擦力	有很大的摩擦力，是一个充满质感的世界	角色滑行时会有一定摩擦感，除此之外，无论是在地面还是在空中，运动都很自由
地心引力	有很大的引力，没有竖直跳跃	有很小的引力，一些对象（如怪物）看起来是没有逻辑地飞行或飘浮在空中
外形	粗壮、结实、很厚重，看起来很有人的形状	人长得像矩形
弹性	不明显	不明显
可塑性	不明显	不明显

小结

在本章中,我们仔细分析了各种不同的润色方法,这些方法能在不改变模拟机制的前提下改变玩家对游戏世界物理现实的感知。之后,我们从三个不同的角度分析了润色效果。

1. 单个独立的效果,它的运动、尺寸、外形和特征都能够在游戏模拟对象中单独测量到。

2. 整组效果,向玩家传达出笼统的感知。

3. 一种可观察的物理特性,它可以从玩家感知中推断出来(如重量、材料和纹理)。

我们还了解了动画效果、视觉效果、声音效果、镜头效果和触觉效果都是如何影响玩家感知的。润色效果能为玩家提供一个背景,让他们借以去应对游戏空间中崭新且陌生的布局,以及这些事物所处的陌生的物理系统。

第10章 隐喻的度量方法

作为游戏感系统中的一个组成部分，隐喻有两个方面：表现形式和处理手法。

表现形式是事物的概念，或者说事物看起来是什么。在蒸汽朋克（steampunk）式的热带废土上，它是一辆汽车、一个凝胶状的肉块，还是一个头发竖起来的勇敢英雄呢？它是一辆迈凯伦F1，还是《胖子快跑》里的胖子呢？隐喻统一了玩家对游戏角色、世界和这个世界里所有物体的概念。如果你用纯粹抽象的形状和颜色替换游戏中的所有视觉艺术和声音，那么你所移除的正是游戏的表现形式。想象一下《暗黑破坏神》的图形和声音分别由杰克逊·波拉克（Jackson Pollack）和史蒂夫·赖克（Steve Reich）制作。游戏的基本功能仍然完好无损，但隐喻的表现形式已经消失。虽然油画和电子音乐并没有代表任何东西，但是野蛮人、建筑和奶牛会让玩家可以用已知的概念去理解游戏里的任何一个东西。

处理手法是由视觉效果、声音效果、触觉效果共同凝聚为一体的。如果你从游戏中夺走了所有的视觉效果和声音效果，但保持核心系统不受影响，你所移除的就是处理手法。想象一下游戏《暗黑破坏神》中的每一个元素（角色、村民、生物、环境）都被替换为灰色方块。游戏的基本功能仍然完好无损，但是处理手法和表现形式都消失了。有人可能会争辩说："灰色方块也是一种处理手法。"但"你懂我的意思"。

我们可以通过两种方式衡量隐喻对游戏感的影响。首先，我们要确定隐喻是什么。这个东西看起来是什么？在概念层面上每个物体向玩家表现了什么？它可能是一辆汽车、一列火车或是一只高个子的人形猫。接下来，玩家对这个事物的行为会有怎样的期待？换句话说，基于隐喻的表现形式，玩家会期望什么样的行为、特效、动画、运动、交互和声音？

我们还将研究处理手法的作用。处理手法在很大程度上决定了玩家所期望的物体的性质和运动的表现形式有多匹配。当玩家看到一个看起来像是照片一样逼真的东西时,他会合理地期待这个东西像真人一样运动和行动。然而,如果这是一个简笔画风格的人物,那么期望会大不相同(并且更容易实现)。

总而言之,隐喻对游戏感的主要作用是引导玩家对特定事物应该如何行动确立先入之见。表现形式传达了关于事物是什么的想法,处理手法表明了其复杂程度。响应、情境和润色与所呈现的隐喻越匹配,游戏就会具有更好的统一性、自洽性和更出色的游戏感。

请注意,我们不会对"匹配"隐喻的含义做出任何评判,"匹配"并不意味着对现实的仿真就是我们要走的路。日本机器人科学家森政弘曾提出"恐怖谷"理论,内容是关于游戏中事物的隐喻的表现形式与其游戏感的匹配程度的。如果声音、动画或特效都接近但不能完全达到表现形式和处理手法所设定的期望值,那么它可能比完全抽象的表现形式更容易让玩家分心。

例如,在《毁灭战士3》中,处理手法的期望是做得很真实。但是当触摸或射击时,游戏世界里的许多物体都会以狂野的、不切实际的方式旋转和四处飞行。如果处理手法更加形象化,像漫画小说那样,或者如果让隐喻变得更加抽象,采用不固定的形状取代僵尸,就不会让玩家觉得不和谐。事实上,因为《毁灭战士3》中的处理手法和隐喻是真实而严肃的,所以,如果僵尸的摇摆方式完全一样就会让玩家分心。《毁灭战士3》中枪声的音效似乎与真实的视觉表现也不匹配,游戏里的射击声听起来像是在使用玩具枪进行射击,如果枪声采用抽象的脉冲声或激光声,可能更容易被玩家接受。如果游戏设计的目标是创造出荒谬的感觉,那么即使像小猫叫声一样完全荒唐的声音也可以被接受。当游戏的隐喻可以完美地对应响应、润色和情境的时候,表现形式和处理手法处于最佳状态。

案例研究:《马里奥赛车Wii》和《世界街头赛车3》

为了理解表现形式和处理手法如何结合在一起成为一个实用的度量方法,一种有效的方式是通过比较和对比,观察两个类型相同却有着很大差别的游戏,从细节上看看隐喻是如何被使用的。接下来让我们看看《马里奥赛车Wii》(Mario Kart Wii)和《世界街头赛车3》(Project Gotham Racing 3)。

从视觉效果上来看，两款游戏都是当赛车排成一列且处于赛道环境中时开始的。《马里奥赛车Wii》是3D卡通风的，所有的视觉都是形象化的、圆滚滚的。游戏环境是风格化的，流畅、色彩鲜艳、引人入胜。图像虽然与现实世界有一些联系，但它们是高度象征化的。树被识别为树，但它不是一棵具体的树，只是一棵概念性的树。相比之下，《世界街头赛车3》中的处理手法与《马里奥赛车Wii》相差甚远，因为它尽可能地去表现真实的赛车在赛道上的形象。《世界街头赛车3》致力于实现完全的超写实主义。如果游戏设计师能在《世界街头赛车3》里实现他们理想的表现形式，那么玩家玩这款游戏时就像是在看一部电影。玩家可以在赛道上驾驶一辆赛车，而且开车超过东西就像是在现实生活中一样。玩家驾驶的赛车和周围所有的赛车看起来会像是一张张运动的相片。

在声音效果方面，《马里奥赛车Wii》中环境的配乐要少得多。《世界街头赛车3》有着大量引擎快速转动的声音，这些声音可能采自现实中的汽车，这也是设计师想要表现的。《世界街头赛车3》中还有观众的欢呼声和各种真实的噪声。《世界街头赛车3》在声音背景方面同样寻求极致的真实感，根据赛道的起点是城市还是乡村，玩家还可以听到不同的背景声音。《马里奥赛车Wii》展现了许多相同的东西，但声音和视觉效果采用的都是象征化的表现形式。卡丁车发出的都是小小的隆隆声，而不是严格逼真的引擎声。即便如此，《马里奥赛车Wii》中的声音与卡丁车风格化的外观并不完全一致。设计师完全可以把声音做得更加异想天开一点，而依旧保持着其与视觉隐喻的统一性。

在两个游戏中，当倒计时出现的时候，你会听到"嘀-嘀-嘀-嗒"的声音，这一系列声音是非常相似的。在《世界街头赛车3》中，它很可能是一段真正的录音，而《马里奥赛车Wii》中的声音则给人一种劣质的感觉，倒计时结束后，声音就消失了。

当赛车开始在赛道上运动的时候，两款游戏的环境是非常不同的。在《马里奥赛车Wii》中，玩家会遇到奇怪的事情，比如被大炮击中或是被一根弯曲的管子吸进去。在《世界街头赛车3》里，汽车像是在一条真实的赛道上飞驰，这条赛道和现实世界中的赛道一样迂回曲折。《世界街头赛车3》中的运动映射比《马里奥赛车Wii》中的更为逼真，后者更加卡通化。在《世界街头赛车3》里，驾驶汽车被有意地设计成类似于驾驶一辆真正的高速行驶的汽车。你可以转弯、刹车、通过漂移使汽车以可能的最高速度过弯，同时不会失去对汽车的控制也不会撞车。在《马里奥赛车Wii》中，如果你在拐弯时没有按下漂移按钮，你将不能在没有撞到任何东西的情况下过弯。按下漂移按钮可以改变汽车的摩擦性能，增加汽车的浮力并使其侧向滑动。你还可以通过摇晃摇杆和改变火花的颜色来提升对滑行的控制。如果你通过漂移来让摩擦的火花变成金色，当你松开摇杆的时候，汽车会在出弯时获得速度提升。显然，这和驾驶真正的汽车没有任何共同之处。《马里奥赛车Wii》中的驾驶汽车是卡通化的物理学模拟，而《世界街头赛车3》则采用更真实的驾驶汽车的物理学模拟。

在这两款游戏中，因为运动而产生的视觉效果和声音效果与游戏各自的风格是一致的。《世界街头赛车3》中车轮产生的烟雾粒子效果是克制的，并且看起来很轻盈，就像它们在现实生活中一样。车轮产生的刺耳的噪声是通过驾驶真实的汽车录制的。在《马里奥赛车Wii》中，到处是大量飞来飞去的粒子，它们产生的烟雾和声音都非常夸张。

在隐喻方面，让我们来看看这两款游戏怎样通过执行创造出出色的游戏感。从游戏和物体的交互方面来看，需要把隐喻带入情境，从某种意义上来说，当物体交互时，它们的行为方式会对游戏感产生巨大影响。

在《世界街头赛车3》中，当汽车发生碰撞时，它们只是相互弹开，这不是你所期望的真实的视觉效果和声音效果。如果两辆车看起来真实，运动得很真实，听起来也很真实，那么你会期望汽车像在纳斯卡赛车中看到的那样发生剧烈的撞击。汽车的碎片会飞到各处，会着火，其中一辆汽车会旋转着飞出，赛场上其他所有的汽车都会紧急转向来避开它——紧接着会发生大骚乱，然后所有的驾驶员都会在黄旗下待命，直到处理紧急事故的车辆把现场清理干净为止。哦，这就是人性。在《世界街头赛车3》中，交互被做成很像在滑水道里一样。赛车就像一堆大光滑而圆的塑料物体从滑水道上掉下来，同时相互碰撞。如果一辆汽车在环境中遇到某种东西，它会暂时停下来,或者擦身而过,然后继续前进,就好像墙壁是花生油一样。汽车只是保持着滑来滑去,如果现实中汽车撞到真正的墙壁、灯柱或铁栅栏,这种情况根本不会发生。这是隐喻与响应、情境和各种润色效果所传达的感觉之间令人遗憾的错配。

引人注目的是,《马里奥赛车Wii》中汽车之间的交互作用与《世界街头赛车3》中的相似。一辆车撞到另一辆车的时候,你会听见一些细微的声音,然后汽车会相互擦身而过,就像滑水道中的物体一样,游戏中的物体也不会一直卡住对方。然而,就《马里奥赛车Wii》而言,这种设定没有任何违和感。卡丁车的处理手法是卡通化的,这意味着玩家对其的期望是不同的。没有人会期望它们表现得像真正的汽车一样。《马里奥赛车Wii》和《世界街头赛车3》在汽车的相对感觉上的主要区别在于,在《马里奥赛车Wii》中,有些卡丁车看起来是更大、更重的赛车,当它们撞到相对较小的卡丁车时,会把对方撞开。从这个方面来看,《马里奥赛车Wii》中物体间的相互作用实际上比《世界街头赛车3》中的更为复杂,因为后者的汽车似乎都有着相同的质量。

总体而言,除了表现形式,这两款游戏几乎在每个方面都是相似的。但是,游戏各方面的和谐或不和谐存在巨大差异。在《马里奥赛车Wii》中,所有不同的方面,从卡通化的表现形式到抽象的声音,再到产生的运动,以及卡丁车的交互方式,所有这些元素似乎都是很协调的。虽然《世界街头赛车3》在视觉和声音方面具有良好的协调性,但是当涉及细节异常复杂的汽车交互时,它存在着明显的漏洞,这破坏了游戏感的统一性。这实际上是由于不幸地受到了法律的约束,而不是因为糟糕的设计选择。尽管如此,结果还是很有说服力的。最终结果是《世界街头赛车3》中的汽车的交互根本不符合玩家对它们的期望,与游戏中相片般真实的隐喻明显不协调,《马里奥赛车Wii》在隐喻的协调方面做得更好。

以上就是我们感兴趣的度量方式:隐喻对一个事物给人的感觉的总体影响在于它给玩家设定了期望值,这种期望值是关于事物如何发声、看起来怎么样、行为如何,以及怎样和其他事物交互的。通过这种方式,游戏感的所有部分都会受到设计师选择和应用的隐喻的影响。

写实、形象化、抽象

到目前为止，我们只是对"现实主义"一词进行了间接引用。接下来让我们理解什么是现实主义，以便更好地掌握这种处理手法是如何改变游戏感的。我们使用现实主义的方式来衡量某些事物与照片或电影的相似之处，与它相对的是卡通化。我认为，这是大多数人使用现实主义这个术语的方式，尤其是对于游戏中的图像。

一个略有不同的方法是斯科特·麦克劳德（Scott McCloud）在《理解漫画》（*Understanding Comics*）一书中使用的方法。他增加了第三个维度并将"卡通化"改为更具描述性的"形象化"，如图10.1所示。虽然斯科特的概念在下图中呈现了出来，但还是建议去阅读他在《理解漫画》中的原始解释，他讲得非常好。

图 10.1　写实、形象化和抽象：三类不同的表现形式

在斯科特的图表中，所有视觉表现形式都存在于一个三角形的某个位置上。三角形最左边的点代表写实，最右边的点代表形象化。他将书面文字定义为终极的抽象，它是视觉的三种表现形式中离真实最远的形式，但是仍然可以有效地传达意义。在写实与纯粹的抽象之间，有各种程度的形象化。也就是说，视觉效果从真实中抽象出来，但仍然传达了意义。通过第三种维度，他将形象化的抽象与他所谓的"非形象化"的抽象（这可能是大多数人认为的抽象）分离开来。形状、颜色和线条，这些元素都基于自身而存在，它们没有固定的含义也不代表任何东西。这种划分标准虽然最初设计用于评判漫画和其他视觉艺术，但通过一点点修改，它可以被应用于评判电子游戏中事物的表现形式上。

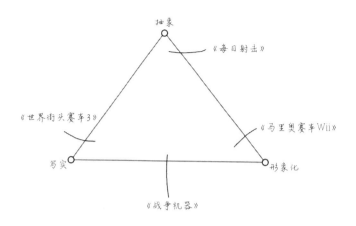

图10.2 一些知名的游戏在这个三角图里的位置

《战争机器》位于《世界街头赛车3》和《马里奥赛车Wii》之间的某个位置。游戏里有一些形象化元素，从某种意义上说，游戏中的人物是大而笨重的（不是你在日常的现实世界中看到的那样），但纹理和灯光都力求超写实，就像电影《异形》（*Alien*）一样，它试图视觉化一个事物更黏、更潮湿、具有更多轮廓光的世界。

《使命召唤4》（*Call of Duty IV*）更加逼真，它试图以比《战争机器》更加沉稳的方式发现照片般的视觉效果。尽管游戏中颗粒状和电影化的视觉可以被认为是一种风格化，但游戏中角色的比例并没有太多的风格化。在形象化方面，《塞尔达传说：风之杖》是高度形象化的，但是它呈现出的完整的游戏体验基于自身完全统一的游戏规则。如果我们运动到三角形的顶部，朝着纯粹的视觉抽象前进，我们会看到诸如《每日射击》（*Everyday Shooter*）这样的游戏，游戏中的物体在几何图形和音乐方面是抽象的，它们没有明显的隐喻。

从度量的角度来看，我们感兴趣的是游戏整体的隐喻，如果游戏或多或少是写实的、形象化的或抽象的，游戏中的元素应该如何表现。举例来说，回到《世界街头赛车3》，我们之前把这个游戏定位在三角形的最左侧，也就是写实。我们可以推断出游戏中所有的事物都应该与物理世界中我们所感知到的行为表现得尽可能接近。《每日射击》是非常抽象的，它向玩家展示了一个奇怪的世界，在这个世界中玩家不确定事物会有什么样的反应，这种表现形式的作用是给玩家设定广阔、开放的期望。我们很难让《每日射击》中的事物以一种似乎错误的方式运作，但游戏同样也没有为我们设定任何期望。在《狡狐大冒险》（*Sly Cooper*）这样位于三角形最右端的形象化游戏中,我们期待卡通化的物理系统,并且如果两个物体在碰撞时像布丁一样摇晃,只要根据动画原理保持它们的体积不变,玩家就不会觉得心烦意乱。

隐喻设定了玩家对各种事物的外观、运动、声音、行为和交互方式的期望,这就是隐喻影响游戏感的方式。当一切都十分协调并且玩家的期望都得到了满足时,游戏设计师和玩家就获得了双赢。当游戏中的事物不协调时,它会引起失调和挫败,然后玩家会离开游戏。如果视觉效果"签下了一张游戏的物理系统不能兑现的空头支票",那么玩家就会对游戏世界的一致性失去信心。

小结

我们可以通过观察游戏的响应、情境和润色,并将它们与游戏中所有事物的隐喻所设定的期望进行比较,从而度量隐喻对游戏感的影响,这是一个软指标。玩家会像设计师期望的那样去感知游戏中的事物,而这种感知不一定是真实的。我们想知道隐喻和处理手法建立了什么样的感知期望。

如果你去过品酒会,就很容易在现实生活中看到这种现象。如果你拿出八瓶葡萄酒并隐藏它们的标签,你会得到一个与品尝者看到标签时截然不同的结果。人们会设想有名而昂贵的葡萄酒尝起来更好——品尝之后他们会觉得的确如此!但是如果闭上眼睛品尝葡萄酒,你就会得到非常不同的结果,在1976年的葡萄酒品酒大会上,当著名的法国评委们闭上眼睛品酒后,美国加利福尼亚州生产的葡萄酒轻松战胜了顶级的法国葡萄酒。

所以你需要注意你在游戏中设定的期望及设定这些期望的方式,问一问以下几个问题。

- 游戏中的事物代表着什么?
- 游戏的处理手法位于三角图上的哪个位置?它是写实、形象化还是纯粹的抽象?
- 游戏中事物的表现形式和处理手法与其行为方式上的一致程度如何?基于隐喻的表现形式,游戏预期的行为、特效、动画、动作、交互和声音是怎样的?
- 就游戏中的每一个元素而言,隐喻设定的期望是否与其创造的游戏感保持一致呢?如果不是,那么可能需要调整隐喻或是游戏中的元素。

第11章

规则的度量方法

对于我们在本书中的目的而言,"规则"是游戏中物体和参数之间主观的、设计好的关系。存在主观性是因为没有更高的规则去引导这样的关系的创立,它是被设计师有意图地设计出来的。以下是符合这个定义的一些例子。

- 收集100枚金币以获得一颗星星。
- 收集五颗星星以打开一扇门。
- 橙色的三角形能够升级武器。
- 打败木头人(Woodman)能获得叶片盾牌。
- 你只能同时持有两把武器。
- 为了获得一分,需要把你所在团队的旗帜插在你的基地里。
- 杀死一个Skelerang需要三次攻击。
- 升级所需的经验值是呈指数增长的。

把单独的规则提取出来,并用逻辑的眼光去审视它们,这种感觉真是棒极了。要注意,这些规则脱离了系统的情境便变得缺少意义,它们被很仔细地设计以融入那些系统。在合适的情境中,它们为游戏中的行为增添了目的和意图。收集金币有了准确的意义,因为这个行为能够恢复生命值、提高分数及获得星星。

这样的规则对游戏感会产生什么样的影响?

规则的改变对一款游戏给人的感觉的改变是微妙但可以测量的。有动力去收集金币会改变你和它们交互的性质,因此可以改变收集它们产生的感觉,甚至改变在环境里运动产生的感觉。为了观察这是怎么运作的,我们会通过把它们分为高、中、低三个级别来对比规则如何影响不同的游戏给人的感觉,正如第5章所说的一样。

- 高阶的规则由一系列广泛的目标组成，这会让玩家把注意力集中于一些特定动作的子集，比如收集金币。高阶的规则也可能是生命值和伤害系统。
- 中阶的规则是对游戏中特定物体的规则，它能立刻赋予一个行动意义，比如在一个多人夺旗游戏里的夺取旗帜这个行为。
- 低阶的规则更深入地定义了独立物体的物理参数，比如一个角色摧毁一个敌人需要造成多少伤害。
- 我们目标是得到一个广义的、通用的、游戏内部的衡量标准，这让我们能够把一款游戏的规则和另一款游戏的规则进行对比，以观察它们如何改变游戏感。

高阶的规则

最高阶的规则可以让玩家聚焦于一个特定机制的子集，通过这样的方式改变他们对游戏的感觉。设计师可以引导玩家做出特定的行为。在一款游戏所有可用的行为选项中，设计师想要玩家做出特定的选择，并制作了一个奖励系统来强化这样的行为。通过奖励，游戏设计师和玩家进行了沟通，指出特定的行为比其他的行为更有乐趣、更令人满意。设计师好像在说："训练这样一组特定的技能是最对得起你的时间的。"

这类似于一个高阶的空间构成对一个机制给人的感受的影响，它是一个不明显的、通用的感受。像这样的高阶关系不会"一巴掌扇在你脸上，告诉你去做什么"。相反，它会通过"留下一条撒着面包碎屑的小路"鼓励你去按照一个特定的方式来玩。举个例子，在《超级马里奥64》中，收集100枚金币给你一颗星星，这随后会解锁城堡里的许多星星门。打开足够多的星星门以后，你就可以到达Boss关了。打通Boss关，你就可以进入城堡中更多的区域，以获得可能的最高奖励。这是一个分层的奖励结构，包括金币、星星和城堡的区域。从本质上来说，玩家完成了一个挑战以后，收到的奖励是一个新的挑战，但是在感觉上，这个新挑战让人兴奋，像获得了胜利一样。这是个很经典（多少也有点"坏"）的惯例。当然，这里的重点是，如果收集金币的意义一路传导到进入一个新区域的权限（一款游戏中的最高奖励），结果就是金币看起来非常有价值。

从游戏感的角度来说，金币很有价值的感觉是可以测量的效果。类似精确地转身、移动和跳跃这样的技能和一些诸如飞行、游泳这样更难的技能都被强调了。

第 11 章 规则的度量方法

游戏中的每一个角落都有金币，为了收集它们，需要很精确的操作，尤其是在高速运动的时候。金币给了玩家一个衡量自己技能的参考，以及一个跑、跳、游泳和飞行的动力来源，这就像足球里的带球一样。带球穿过一个空旷的场地会带来一些运动方面比较低的吸引力，这不足以让你持续训练数小时。能让你坚持练习好几个小时的是带球穿过两个防守队员并射进制胜球的感觉（抑或是获得这个感觉的可能，无论概率是多大）。一款游戏的规则成功地把一些技能变成了重要、值得花时间训练的技能。运动的感觉随着高阶规则为其创造的价值成比例地改变。

为了更清楚地了解这个效果会多么有力，想一想你玩一款游戏，游戏里有非常多可能的行动，但是没有一个行动看起来是值得的。对我来说，一个很好的例子是《瑞奇与叮当》（Ratchet & Clank）。在《瑞奇与叮当》中，所有东西都会喷出齿轮、螺帽和螺栓，并且喷出来的非常多。对我（并不是对所有人）来说，玩《瑞奇与叮当》时感觉就像在扮演一个吸尘器。游戏里有如此多的小东西，以至于每一个小东西都缺乏意义，这让收集每一个齿轮和螺帽的过程变得像是非常无聊的家务劳动。这些小东西的价值来自收集和购买之间并不精妙的关系。我收集很多东西，然后把它们带到一台武器贩卖机前，这里面的度量太透明了。如果我想要一个新武器，就要花很多时间去不停地杀死同样的人，然后像吸尘器一样把碎片全收集起来，太无聊了吧。

现在，想一下游戏中的一个非常重要的物品，一个你非常想要的东西。为什么想要它？在游戏外，它显然毫无价值，但是通过某种方式，通过巧妙地对规则进行构建，这个物品被赋予了一定量的相对的重要性。

观察高阶目标的另一个有趣的视角是：规则甚至可以把一个无聊的行为变得非常有趣或者让人"沉迷"。举个例子，在不同的《塞尔达传说》游戏中，到处都有草。你可以使用一把剑在草丛中砍出一条路。只看这个动作本身，它并不让人非常满足，因为草本身不带来任何阻力。但你会持续砍草，因为有另一个规则，也就是我们之前说过的没有联系的物品之间强制的联系，当你砍倒草的时候，会有一定的概率从草里掉出一些特定的物品。举个例子，有时候你会获得卢比，如果你收集足够多的卢比，你能够购买特殊的护甲、炸弹和其他特殊的物品，它们和游戏世界有特殊的关系，允许你和之前一些你无法交互的物品进行交互，进入新的区域，这往往会让你觉得得到了很大的回报。砍倒草也会给你箭来补充你的箭袋，因为存在另一条主观性的规则让你可能会用完你的箭。这个规则很简单：

你有无限的箭，倾向于不停地使用弓射击，但是，有的地方需要你射出一支箭来解一个谜题，如果你的箭袋空了，砍倒附近的草可以补充你的箭袋。因此，在某种意义上，砍倒草给人的感觉被改变了，因为砍倒草获得奖励的意义被改变了。

同样的原则也适用于更简单的机制。举个例子，在《暗黑破坏神》中，有一套规则控制不同物品（敌人或宝箱）的掉落概率，从敌人到宝箱。玩家每杀死100个左右的敌人，其中一个会掉落一个物品，物品可以用来提升玩家击杀敌人的能力。这样，玩家会有动力坚持击杀尽可能多的敌人，或者单击宝箱，即使这个行为本身非常无聊。奖励系统补偿并改变了体验，吸引玩家持续不断地玩。

中阶的规则

中阶的规则能立刻赋予行为意义。在强调游戏感（操控物体运动并在空间中导航）的游戏中，许多重要内容被放入了物体的空间（也就是情境）中。你不仅仅需要调节角色的速度和运动方式，同时还要调节它们在特定空间下的速度和运动方式。游戏世界中物体的数量、特性和空间是游戏调试的另一半。当游戏世界中的物体被一套规则系统影响时，它们会立刻、临时变得重要，同样的基础规则在这里也得到了应用。

想一想《雷神之锤》。如果你在玩《雷神之锤》，而角色的生命值非常低，此时当你看到角色附近有一个医疗包的时候，去抢到这个医疗包的优先级变得非常高。为了防止送给别的玩家一分，你必须拿到那个医疗包；因此，在你拿到医疗包之前，其余所有的事情都变得缺乏意义。基于这个规则，游戏的目标变成了不惜一切代价拿到那个医疗包。这是很简单、很任意的规则，改变了玩家在一个关卡的空间里行动的方式。

现在，仔细想一想，当你在玩一款游戏（可能是一款格斗游戏，如《侍魂4》，或者是相比之下更温和的游戏，如《塞尔达传说》）的时候，突然发现你自己的生命值变得很低，每一个微小的行动瞬间变得重要起来。你对自己的每一次行动的意识都提高了，对操控、手感和角色的理解更为敏锐。通过这样的方式，一款游戏中定义生命及其意义的规则会为空间中的一个物体赋予重要的感觉。这反过来又对空间给人的感觉产生重大的影响。

同样的情况也适用于在《士兵突击》(*Soldat*)中夺取一面旗帜。当你持有一面旗帜的时候，你是游戏中所有行为的焦点，而你自己的所有行为的意义都改变了。你突然觉得当前的情况变得非常紧急，你对和任何敌方角色交火都失去了兴趣，你只想尽可能快地从它们身边跑掉，然后返回自己的基地。你不再继续在场地里穿梭，而是会寻找最近的出口。你感觉你的角色的运动速度比不久前（夺取旗帜之前）要慢了许多，旗帜这个物体也完全改变了玩家对环境和向旗帜运动的意义。在夺旗模式中，所有行动的焦点都在两块包含旗帜的区域上，所有人都想要把对方的旗帜夺过来，冲进自己的区域以得分。当旗帜被放在不同的区域中时，关卡给人的感受和围绕旗帜运动给人的感受都改变了。

在中阶规则中，意义可以立刻被游戏世界中任意的规则所掌控的物体表达出来。这种改变机制给人的感觉的方式，类似于在游戏中放置静态的、不受规则影响的物体，能够通过提供有意义的情境来平衡角色对输入的响应。额外的好处是，收集一个通过系统的规则带来价值的物品，相对来说，比在《星际火狐》(*Star Fox*)里面熟练地躲避一根柱子会让玩家更有满足感。

低阶的规则

在最低阶，即视觉交互的层面，规则可以通过改变物体的感知属性影响游戏给人的感觉，尤其是当它们随着时间变化和角色交互的时候。举个例子，在《光环》中，有两种怪物：一种是头上长着鳍状物的小怪物，另一种是巨大的Brute。通常来说，玩家在《光环》里需要射击一个敌人很多次才能把它的生命值降到零（也就是打死它）。同样的道理，这只是一个主观的关系。生命值的总量和一把武器造成的伤害的总量可以通过任何方式来定义。当玩家射击小怪物的时候，子弹会把它们打倒在地，它们会扑通一声倒下，发出小声的哀号。为了击倒巨大的Brute，需要的射击次数要多得多，这样玩家会觉得它们更大、更重、更有力量。然而，机制基本上是相同的。为了击穿它们的护盾并杀死它们，必须开非常多枪，大量的射击强调了对它们的力量的感知。

一个物体在被摧毁之前能够承受多少伤害，这对感知一个物理物体有至关重要的影响。在《光环》中，杀掉任何东西都需要开很多枪，这让游戏变得更厚重，尤其是和《恶魔城：苍月十字架》这种游戏比。在《恶魔城：苍月十字架》中，你可以猛击一个骷髅，然后骨头就会飞得到处都是，这很让人满足，但和《光环》

给人的感受完全不同。小的敌人很容易死去，中型的敌人能够承受更多伤害，而打倒一个 Boss 需要大量的伤害。一个物体能承受的伤害的总量提供了对物体的物理参数的反馈。如同一个盲人的手杖一般，射击游戏里的物体能完成一个特殊的任务——判断什么是对你最危险的东西，而什么是你的武器无法影响的东西，这样一来你就不会浪费时间和资源。在低阶层面上，你能够通过生命值和伤害之间主观的规则，在视觉层面上去表达一种物理物体给人的感受。

同样的道理，本质的规则也适用于格斗游戏中的轻击和重击。在《街头霸王2》中，重腿是一个更重、更慢的攻击，被设计用来制造更多的伤害。重腿的沉重、有分量以及"犁"入敌人身体的感觉都是由规则强调出来的，但这是完全主观的。从系统及它是如何配置的角度来说，没有任何理由不允许一记轻拳造成的伤害比重腿更多。但《街头霸王2》给人的感受是对的，因为动作造成的伤害和玩家感知到的这些物体的物理属性是一致的。

案例研究：《街头霸王2》和《洞窟物语》

现在，让我们看看这三个级别的规则如何组合在一起来强化游戏感。要把《街头霸王2》和的经典独立游戏《洞窟物语》（*Cave Story*）中规则的不同考虑进去。

在《街头霸王2》中，高阶规则通过回合结构（如图11.1所示）来影响交互给人的感觉。在《街头霸王2》中，游戏玩法是围绕着"三局两胜"来组织的，如果你赢得两个回合的战斗，你就赢了整个比赛。这会带来一种效果，当你在某一个回合中面临赛点的时候，更高级别的得失都会被放在这个回合中。在每次比赛中，只有一个回合（每次比赛的第一个回合）不是这种情况。在第一种回合结束以后，两位玩家中的一位就会面临被淘汰的命运，这是一个非常棒的"提高赌注"的方式，并且是让玩家聚焦于每一个行动和操控上的方式。

在中阶层面，击杀某人需要造成的伤害总量是非常重要的。这对游戏感有巨大的影响。《街头霸王2》中的角色需要相对大量的伤害才能被击杀。相对应的，这会让人感觉角色更皮实、厚重，并可以强化视觉效果和听觉效果。这个游戏中的角色都很大、细节丰富，动画的制作精良。如果它们会被一招毙命，这会与它们的动画、声音和隐喻的表征所不符。

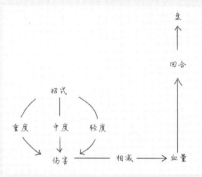

图 11.1 《街头霸王 2》中系统的基本关系

在低阶层面，不同的行动会造成不同的伤害。更重的行动会造成更多的伤害，更轻的则造成更少的伤害。

在《洞窟物语》中，高阶规则为每个行动完美地提供了动力。进入新区域的通路和令人惊讶的、迷人的、周期性的故事片段，提供了讨人喜欢的"胡萝卜"，诱使玩家一直前进。此外，玩家选择的枪械和升级之间的关系影响了其稍后使用和学习的技巧，如图 11.2 所示。

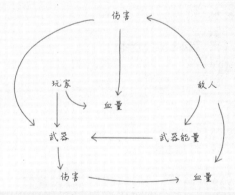

图 11.2 《洞窟物语》中系统的基本关系

这套规则是这样的：在《洞窟物语》的开始，玩家只能跑和跳。随着成长，玩家可以获得不同的武器。武器包括不同的光束武器、一把机枪和一把泡泡枪，它们可以通过开宝箱或是在游戏里的一些地点交易来获得。一共有九把不同的武器，但由于交易系统的限制，玩家只能同时拥有最多五把武器。大部分武器能够通过收集敌人掉落的武器能量来升级，如果玩家的角色被击中了，会损失武器能量。游戏内非武器的物品几乎都是情节导向的，对通常的玩法没有任何的影响，只有极少数物品例外，比如推进器（某种喷气背包）和血瓶。

《洞窟物语》中的中阶规则则通过生命值和武器能量的等级，改变了运动对不同敌人的意义。被击中会同时降低生命值和武器能量的等级。这里的生命值的功能和大部分游戏中的生命值的功能是一样的，它能够在降得较低的时候提升玩家的聚焦程度和注意力，并通过改变行为和生命值的意义改变游戏感。

但《洞窟物语》的规则中真正的天才之处藏在武器系统中，以及它和敌人的交互上。随着武器能量的等级的降低，玩家可能会需要迅速替换武器来杀死一个特殊的生物，即在战斗的过程中改变武器、伤害、敌人的生命值和武器能量的等级之间的关系。当和高生命值的Boss战斗的时候，玩家必须要计划使用武器的顺序，因为要假设自己会被击中、武器能量的等级会降低。在准备一场与Boss的战斗的时候，玩家可能会发现自己要不停地回去打怪，以此来加强一把很少使用的武器，以防万一。

在低阶的层面，在《洞窟物语》中摧毁某个东西需要的伤害总量被极好地平衡了。一个特定生物的生命值、一把武器造成的伤害总量、武器的升级程度都被一丝不苟地平衡好了。结果是，世界中的每一个物体看起来都像是真的由其材料所形成的。一个东西能被打成泡沫和尘土，蹦出一大堆跳来跳去的橙色三角形（用于升级武器），之前所承受的伤害越多，三角形的数量就越多。很少有一款游戏中的物理系统仅仅靠规则的平衡和实施，就能够这么有凝聚力。

小结

一款游戏中物体和参数之间主观的、经过设计的关系是这个游戏的规则。存在主观性是因为没有更高的规则去引导这样的关系的创立，它是被设计出来的，因为这样的关系是设计师有意图地创造的。我们区分了三种规则：高阶、中阶和低阶，并检视了它们是如何在不同层面影响游戏感的，以及它们如何在不同层面共同作用以传达独立于其他维度（但也被这些维度强化）的游戏感给人的整体印象。

第 12 章

《小行星》

　　从第 12 章到第 16 章，我们将会深入分析一些游戏案例，提供这些游戏中游戏感的"配方"。为了研究这些案例，我们将会应用第 6 章到第 11 章做过的分类，把我们熟知的一些已经存在的游戏分解成输入、响应、情境、润色、隐喻和规则。尽管利用这些分解的信息来克隆这些游戏是完全可能的，但这些分解背后的思路不仅仅是简单地克隆。这里的思路是：去更好地了解为了塑造这些游戏所具备的游戏感，幕后制作时做出的上百个微观决策。在许多案例中，这些决策看起来是反直觉的。比如，在跳跃的最高点人为地改变重力。让游戏感变得很棒的正是这些小小的决策及它们之间的关系。

　　这些游戏的设计师并没有拘泥于一个特定的方法论。他们发现了一些游戏感方面困扰他们的东西，然后尝试了不同的制作方法，直到游戏给人的感受变得更好。通过一个更有结构的方式，我们不仅能够看一看在特定的游戏里他们所做出的决策，还可以试着去概括为什么通过这种方式能实现这样的效果，以及如何将其应用到所有的游戏上。不管怎样，这就是接下来的思路。我们想去在这些特定的游戏情境之外去理解这些决策背后的原则。

　　有了这个思路以后，我们就对用特定的编程语言去完成特定的实现不感兴趣了，你可以通过使用 ActionScript、C++ 或者 Python 创造完全一样的感受，语言真的不重要。同时，接下来的几章我也会引用特殊的实例。我强烈推荐你们打开本书随书资源包中的这些实例，通过它们来体验不同的游戏感。在每一个实例中，制作思路都是暴露出最重要的参数，让你能够感受调试游戏过程中的不同，而不用去写任何代码。我建议你下载每一个程序，这样你就能照着做了。这些东西是最能帮助你感受思路的。

在每一个案例分析的开头，我都会提供一个原始版本的系统的链接，这个版本里的所有参数都被调到零了，把这些当成一个调试练习吧。所有的"拼图"都给你了，如果你想要试着挑战一下，我建议你从这些参数归零的版本去重新创造每一款游戏给人的感受。

《小行星》的游戏感

《小行星》重新定义了"电子游戏"的意义。它之于电子游戏的意义，相当于苹果的 iPod 之于数字音乐的意义。当 1979 年《小行星》发售的时候，它售出超过 7 万份，打破了之前任意一款游戏的销售纪录，包括前一年《太空侵略者》（Space Invaders）创下的纪录。《太空侵略者》这款游戏非常火爆，甚至给日本带来了全国范围内的硬币短缺，却被《小行星》甩在了后头。这是为什么呢？为什么《小行星》获得了统治地位？它是如何轻而易举地超越一个已经是压倒性流行的游戏的呢？答案藏在了这个游戏独特的体验中。

《小行星》本质上是一个对史蒂夫·罗素（Steve Russell）制作的《太空大战》（Spacewar）（所有游戏感良好的游戏的祖先）所设立的准则的重新平衡。就其本身而言，它的特点是用编程的方式模拟了飞船的惯性，以及离散地追踪速度、加速度和位置。按下推进按钮，会向这个模拟加入一个力，这个力会让飞船向其当前面朝的方向加速。旋转飞船是一个相对简单得多的事情，只需要重写飞船的朝向，让它向左或者向右旋转即可。

这样对位置细节的模拟和简单、直接的转向的组合，给予了《小行星》很干脆的精确度和平滑的表现性。尽管飞船总是会濒临失控，但从来不会失控，玩家的任务是驾驶并驯服它。这种感觉并不新奇，曾经有过很多人尝试着把《太空大战》给人的感觉带到街机上，其中包括 Cinematronic 的《太空战争》（Space Wars）和雅达利（Atari）的《计算机空间》（Computer Space）。莱尔·雷恩斯（Lyle Rains）和埃德·罗格（Ed Logg）在设计《小行星》时的想法是，找到正确的规则组合并调试飞船运动的空间情境。旋转的小行星提供了恰到好处的情境，通过一种困难但不至于难以忍受的方式占据了屏幕空间。它们的形状、尺寸和速度对于飞船的运动来说恰到好处，一次又一次地和飞船擦肩而过，带来了一轮又一轮流畅的、有表现力的兴奋感。规则很简单，它鼓励玩家通过不断地玩来练习一套清晰、特定的技巧。

相比之下,《太空侵略者》给人的感觉僵硬且死板,如图12.1所示。它的运动被限制在屏幕底部的一个小区域。它的向左转按钮、向右转按钮只能改变飞船的位置,而且改变的速度相对比较慢。它是一个令人很享受的游戏,但从游戏感的角度来说,它和《小行星》中飞船丰富、流畅的运动是没法比的。

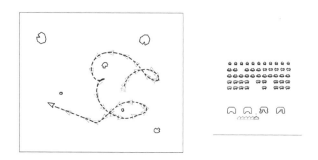

图12.1 《小行星》和《太空侵略者》中飞船的运动方式的对比

威廉·亨特(William Hunter)是一个很棒的电子游戏历史网站的站长,他写道:"我从来不是一个《太空侵略者》的粉丝……但是《小行星》出现了,想到它酷极了的飞船的惯性和从岩石之间勉强飞过去的恐惧感,我觉得它是设计和编程上的大师之作。虽然那些启发了《小行星》的游戏,比如《太空大战》和《计算机空间》,都是在电子游戏里带来惯性概念的先锋,但是由罗格创造的类似真实的物理系统的感觉才是游戏史上的另一个大事件。"

直到今天,还有游戏被做出来的时候是在模仿《小行星》给人的感觉,比如《撕裂星云》(Shred Nebula)和《几何战争》。但《太空侵略者》的游戏感,在最新的设计机制中已经完全消失了。

输入

《小行星》的输入由5个标准按钮组成,如图12.2所示。尽管5个按钮可以同时被按下,但这些按钮相隔甚远,使得操作必须通过双手来进行。虽然可以同时按多个按钮,但在《小行星》中没有这样和弦式的操作。

从物理角度来说,《小行星》的木制机柜庞大而笨重,镶嵌按钮的台面精致而光滑,是注塑成型的,手感很好。按钮本身又大又有弹力,按下的时候会发出令人满足的声响。按钮被按下的时候，它们和机柜的台面差不多是齐平的。

每个按钮都有两个状态，会发送常见的松开、按下和按住这样的布尔信号。

图 12.2 《小行星》的输入由 5 个标准按钮组成

响应

输入的布尔信号通过以下的方式调节游戏中的参数。

按下左转按钮或右转按钮会使飞船沿着它的轴进行顺时针或逆时针的旋转，如图 12.3 所示。

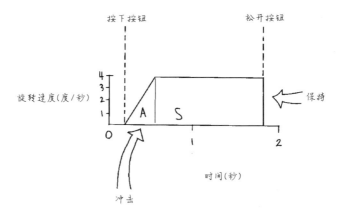

图 12.3 《小行星》里旋转的冲击、衰减、保持和释放

按推进按钮能沿着飞船面朝的方向给它施加一个力,这个力有最大值。力增加的过程是非常"飘"的,大概需要三秒钟来达到稳定值,松开按钮以后需要更长的时间来移除这个力,如图 12.4 所示。

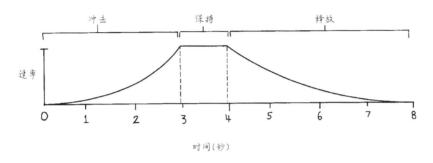

图 12.4 《小行星》中的飞船加速时的 ADSR 包络图

按射击按钮会让飞船沿着自己面朝的方向发射一颗子弹,子弹会继承飞船的速率,发射子弹有时间间隔的限制,屏幕上同时最多只能有四颗子弹。

按下空间转移按钮能把飞船的位置设置为一个新的、随机的值。

模拟

为了创造《小行星》给人的感觉,需要一艘飞船、两种不同的飞碟、屏幕传送和适当数量的小行星。由于小行星和外星人航天器主要是为了给飞船的运动提供空间情境,我们现在暂不讨论它们的行为和运动,而是把注意力放在飞船上。

《小行星》中飞船有两种基本的运动:加速和旋转,如图 12.5 所示。旋转很干脆、很精确,而加速相对来说比较松散并迟钝。在这两种情况下,运动的参考系都是飞船自己,飞船的运动是本地运动。

《小行星》给人的特殊感觉中最重要的是旋转和推进的去耦合。这是通过分开储存飞船的速度值和加速度值来实现的。如果这些值没有分开,加速度值直接覆盖了飞船的速度值,那么,飞船给人的感受就会更像是一辆古怪的遥控车,而不是一艘平滑、流畅的飞船。

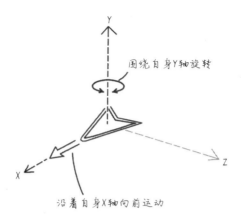

图 12.5 《小行星》中飞船的运动

让我们从头开始创造这样的感觉。首先，我们需要一艘会旋转的飞船。《小行星》中飞船的旋转是很简单的。当两个旋转按钮中的一个被按下的时候，游戏会在对应的顺时针或者逆时针方向给飞船朝向的角度添加一个很小的值。代码里没有任何模拟，没有加速度来加速，也没有阻力来减速。如果按钮被按下，飞船会旋转；如果按钮没有被按下，飞船就不会旋转。然而，在信号输入游戏时，会有一个非常短暂的冲击阶段，如图 12.6 所示。

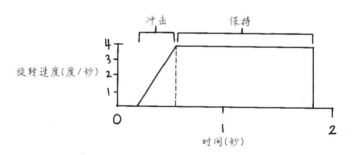

图 12.6 冲击阶段只占用了 1/3 秒，但可明显地感知到它的存在

飞船不会从零直接全速旋转。旋转速度有一个很短暂的上升时间，也就是前摇，差不多需要 1/3 秒。它是一个很小的值，但如果没有它，旋转会令人感觉僵硬且机械。这里需要注意的一个很有趣的事情是，在视觉上，你会觉得飞船好像需要去抵抗一个很小的惯性。站在玩家的视角看，这看起来像是飞船花了 1/3 秒达到最高的旋转速度。

接下来我们希望飞船响应推进按钮的动作而向前运动。这个运动和飞船当前的朝向有关，这使得你能够通过按下左、右旋转按钮来控制飞船的朝向。如果向前加速和摄像机或者世界里的其他物体有关，飞船会只在一个方向上运动，这让它变得完全不像《小行星》了。现在，如果我们通过直接依赖按钮被按下与否，像旋转一样覆写飞船的位置，那么游戏给人的感觉会变得僵硬且毫无生机。它会很干脆、精确和灵敏，但它的运动会和你在每天的生活中遇到的物体如此不同，让你觉得不和谐且不满足。

这很显然不是我们想要的。在缺少的东西里，最重要的是静态的惯性。在《小行星》中，飞船会逐渐加速到最大速度，并持续按这个速度运动，直到另一个力被施加于其上。为了获得这种惯性的感觉，我们要让位置值和速度值分开，让推进按钮改变加速度值，而不是直接改变位置值。在每一帧中，加速度值会被加到速度值上，然后基于飞船运动的距离来刷新位置的值，如图12.7所示。

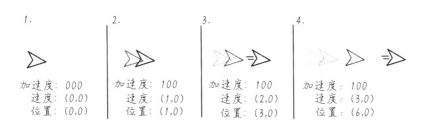

图12.7　不同的速度值使飞船的位置随着时间变化而变化

这是"一辆疯狂的赛车通过完美的侧向摩擦力来抓地"的感觉。它划出圆弧，不需要任何《小行星》中我们渴望的那种漂浮感。这个实例中的运动很有趣，甚至在美学上令人很愉悦，但它和《小行星》完全不同，因为现在旋转和推进关联在了一起。

旋转在每一帧都即刻改变飞船的朝向，但缺少阻力会使得飞船永远前进，没有任何停下来的希望。为了实现《小行星》给人的感觉，推进向量必须和飞船的速度分开。当推进按钮被按下的时候，就不再是直接改变飞船的速度了，而是对飞船施加了一个新的向量（以飞船的朝向为方向，以推进的速率为它的大小），这就是推进向量。当推进按钮被按下的时候，这个向量会被施加到飞船当前的速度上，如图12.8所示。

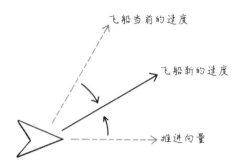

图12.8 《小行星》中最重要的感受关系为飞船当前的速度和推进向量之间的关系

最后,需要注意速度的限制、屏幕传送和非常低的阻力。

飞船当前的速度有一个任意的最大值。这个值如果被设置得非常高或者非常低,可能会轻微地改变游戏给人的感受,它主要是为了防止飞船失控。如果你有兴趣改变一下这个限制来看看有何不同,可以试着调节"Max Velocity"参数。

屏幕传送效果是通过检测飞船在屏幕外的位置并把它设置到屏幕的另一侧来实现的。为了简单起见,屏幕的 X 边缘和 Y 边缘在这里是分开处理的。屏幕传送就像速度参数的最大值一样,是一个务实的考虑。如果没有屏幕传送,飞船的运动会在数秒之内就把它带到屏幕以外的地方。

最后,飞船的运动只受到很少的阻力。飞船一旦被加速,它会持续地运动,在停下来之前会运动超过四秒钟。这种很低的摩擦力制造了一种"在太空中"的感觉。尽管我们这样只在地面上运动的人从来没有经历过无摩擦力的运动,但当我们在一款游戏里看到它的时候,会觉得它像是在太空中,因为我们已经看过了很多诸如《阿波罗十三号》(*Apollo 13*)和《2001 太空漫游》(*2001: A Space Odyssey*)这样的太空科幻电影里的关于宇航员的画面。

最后,我们要调整的变量有如下几项,它们之间的联系如图12.9所示。

- 飞船的旋转:每一帧中飞船沿 Y 轴被顺时针或逆时针改变得有多快。
- 飞船的位置:飞船在绝对空间中的位置,通过一个 X 坐标和一个 Y 坐标来表达。
- 飞船当前的速度:在绝对空间中飞船当前的朝向和速度。
- 推进的加速度:推进的值会随着推进按钮被按下的时间而提升的量。
- 推进的速率:推进当前的速率。

- 推进的速度:这是一个向量,代表了按下推进按钮时添加到飞船上的力。它通过飞船当前的朝向获得方向(这可以和飞船当前的速度的方向非常不同)并通过飞船当前推进的速率的值获得速率。
- 最大推进速率:通过一个硬编码的最大值来限制推进速率。推进速率的最大值不能大于这个值。

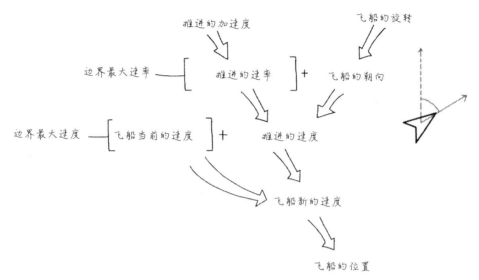

图 12.9　在《小行星》中可以被感受到的各元素间的关系

为了总结《小行星》中的模拟,当游戏收到"推进按钮被按下"的信号时,一个力会被施加到飞船当前朝向的轴上。按钮被按住时,力会根据加速度值持续增加,直到一个事先决定的最大值为止。无论飞船面向的是哪个方向,推进会作为一个加权向量被添加到这个方向上。它不会简单地覆盖飞船之前的速度向量,而是叠加在其上。这非常重要,游戏把飞船的旋转和它的推进去耦合了。这样的推进和旋转的分离是《小行星》给人的感觉里最重要的部分。游戏允许飞船自由旋转,而不用管它当前的速度。这给玩家带来了一种无摩擦力运动的印象,同时也创造了一种持续失控的、稍微有点狂躁的感觉。只有当推进按钮被按下的时候,飞船的朝向才会影响它的速度,即使那样,这样的影响也是叠加上去的。最后的结果是飞船具有了很强的漂浮感:当玩家通过按旋转按钮改变飞船的方向的时候,差不多需要三秒钟左右的时间让飞船速度的方向和它的朝向变为一致。在这个案例中，在《小行星》的情境和规则下，这种漂浮感是非常被渴求的，而且做得很精彩。

情境

  《小行星》中的小行星唯一需要真正提及的，是它们为飞船的运动提供了正确的空间情境。大型的小行星们占据的屏幕空间的总量很大，但它们运动得很慢，并且它们的运动很容易被预测。小型的小行星占据的空间相对更少，但更难躲避，因为它们运动得更快。在所有情况下，飞船都比小行星运动得快，但因为小行星的运动如此随机且古怪，而且因为屏幕传送对小行星和飞船同时有效，所以每一个在场上的小行星都让人觉得不安。对我来说，这感觉就像是一个有经验的滑冰选手身处一个拥挤的公共滑冰场一样。当我去一个公共滑冰场的时候，我能够比场上的任何一个人滑得都快，因为我从小就玩冰球。但是我不能预测人们何时会摔倒或者拐弯，或者他们什么时候会突然从我面前穿过去饮料机拿热可可。结果是，我限制了自己的速度，试着和每个人都保持安全距离。即使我能够快速停下或者转身，我也没办法在某人的妈妈强行插到我面前的时候不让自己撞到她。玩《小行星》像是身处一个挤满了孩子的当地滑冰场。当然，这里面不包括朝小行星射击和击碎小行星。

  从功能性的角度来说，小行星在游戏的开始会被赋予一个随机的速度。当被击中的时候，它们会分裂成中型的小行星，然后会有一个额外的力把它们推向一个随机的方向。它们继承了生成它们的那个较大的小行星的速度，但是，它们的速度增加的可能性要远超它们速度减少的可能性。同样的事情还会在它们被分裂成更小的小行星时发生。这里没有什么特别难理解的内容。随着小行星的分裂，它们会把场面变得更混乱，飞船更难在其中机动。飞船运动得很快、转向很迅速，但是转向看起来永远不足以让飞船躲开一个小行星，除非你提前计划好。

  飞碟会比小行星更难处理，但从本质上来说，它们提供的是同样的功能。它们通过无法被预测的方式运动，基本上是水平行进但是会随机上下运动。当然，它们还会朝玩家射击。飞船靠它们越近，就越容易被击中，因此处理它们就像是用一根长棍子去捅一个大黄蜂的巢。

  一般来说，《小行星》给人的感觉是被需要躲避的东西和飞船自己的运动所定义的。小行星带来的持续的、无法逃脱的危险和狡猾的飞碟混合在了一起,而屏幕传送意味着飞船永远无法逃脱。这些危险赋予了飞船快速、顺滑的运动以意义,定义了每一个微妙的调整和转向,使它给人的感受更多的是失控而不是在控制之中。

润色

当时没有很好的处理器性能,因此对于《小行星》来说,缺少何种类型的润色效果都是有充分的理由的,雅达利的工程师通过娴熟地结合视觉效果和声音效果解决了这一挑战。更详细地说,在物体的视觉尺寸和它们发出的声音之间,存在出色的、持续的关联。举个例子,当一个大型的小行星被射中的时候,它会发出沉重的隆隆声。一个中型的小行星爆炸发出的声音音调更高,而小型的小行星爆炸发出的声音音调还会再高。类似的,大型的飞碟比小型的飞碟发出的声音音调要更低。作为游戏中最小的物体,子弹发出的声音的音调高过所有其他的物体。在所有的声音效果中,推进器点火是音调最低、最隆隆作响的,这传达了一种这是一个相对强有力的设备的感觉。

其他很微妙但有效的润色效果包括当小行星被摧毁时喷射出的粒子、飞船被摧毁时分裂成自己的组件以及用来表明火箭火焰非常微小但有效的闪烁的向量线。因为处理器性能的限制,每种效果都非常简单。但它们如此和谐,最后的效果是玩家对飞船、飞碟和小行星的物理特性产生了强烈的感觉。这也是一个很好的例子,说明融为一体的、自洽的效果比华而不实的、乱糟糟的效果要更有效率。

隐喻

从隐喻的表现形式来说,《小行星》中的飞船非常简单。屏幕上有一艘飞船,但看起来相比于 NASA 的飞船,它更像《飞侠哥顿》(*Flash Gordon*)里面的飞船。小行星和飞碟强化了这个科幻的主题。这样的处理手法非常具有标志性。它没有试着去实现任何现实主义的东西,但它也没有冒险进入抽象主义的王国。每个物品(飞船、火箭的火焰、子弹、小行星)都是形象化的。它们都很清楚地代表了一个特定的概念。因为应用在这些物品上的处理手法简单且始终如一,这为玩家设立了一些期望值。主题是外太空，因此飞船无摩擦力的感觉和隐喻的表现形式显然没有冲突，但是也并不是难分难解地联系在了一起。我们之前体验过的那种像车一样的物理系统在《小行星》中可能并不会显得那么不和谐，因为视觉效果是如此简单。

规则

影响《小行星》给人的感觉的元素基本都和碰撞及飞船的毁坏有关。在游戏的开始，玩家被主观地给予三条命。撞到任何东西（子弹、小行星或者飞碟）都会立刻摧毁飞船，并减少一条命。这是为了令人感觉飞船非常脆弱，同时让额外的生命成为游戏里最有价值的东西。这种价值感会牵连到分数系统，因为每获得 10 000 分，玩家会获得一条额外的生命，这让摧毁小行星令人感觉更愉悦、更值得。一个大型的小行星价值 20 分，一个中型的小行星价值 50 分，而一个小型的小行星价值 100 分。这为摧毁小行星建立了很好的价值量表，并提供了持续摧毁它们的动力。

这里真正建立起来的是一个非常棒的和小飞碟有关的"风险—收益"关系。飞碟差不多是最危险的、最难摧毁的也是最有价值的物体。摧毁一个大飞碟可以获得 200 分，摧毁一个特别难击中的小飞碟价值 1 000 分。因此这里出现了一个优美的"风险—收益"曲线，玩家从摧毁小飞碟上可以获得如此多的分数，要远多于摧毁一堆普通的小行星。当玩家看到一个小飞碟飞过的时候，即使它朝飞船开火，同时这个目标又小又难以预测，但玩家还是会聚焦于它，并朝它运动，因为它代表着大量的分数，这让玩家更接近获得下一条额外的命。

当然，如果玩家在试着去射击小飞碟的过程中丢掉了一条命，之前的动机就没意义了。因此，玩家的大脑里就会开始进行关于风险和收益的仔细的、小小的计算。值得，还是不值得？我还有多少条命？我需要分数吗？我离额外一条命有多近？等等。这种价值、风险和收益给人的感觉，通过驱使玩家靠近小飞碟来影响。这样一来，玩家会学到一套全新的技能，即通过飞船相对小飞碟的快速、精确的运动和射击体验到飞船有多么失控。

小结

《小行星》获得了开创性的、巨大的成功,这在很大程度上是因为它给人的独特的感受。应用我们对游戏感的分类,很容易就能发现为什么。

输入设备让人很满足,即使仅仅使用了布尔式的"按下—松开"按钮,却很好地映射了物体在游戏中的运动。玩《小行星》需要双手和五根手指,确保玩家被挑战(但不会被过分挑战)并且投入。

响应的映射非常清晰、简单而且容易跟上。

在模拟中,《小行星》有许多的"秘密酱料"。推进和旋转的分离创造了《小行星》给人的感受中最重要的部分。它创造的松散的感觉对游戏给人的感受来说至关重要。

在情境方面,《小行星》中的小行星为飞船的运动提供了刚刚好的空间情境。持续的、无法逃脱的、危险的小行星和"狡猾"的飞碟混合在了一起,而屏幕传送意味着飞船绝无可能逃脱。这些危险给了飞船快速、顺滑的运动意义,定义了每一个微妙的调整和转向,让它给人的感觉更多的是失控而不是在控制之中。

作为对整体感受的补充,《小行星》采用了恰到好处的润色——没有过多,也没有过少。视觉效果和声音效果很简单,但是结合得很好并能够自洽,这充分利用了当时的处理器性能。

隐喻(外太空)很简单且很形象,让游戏超出玩家对太空的"真实性"的期望。

最后,《小行星》中的规则被做得非常好,能够激励玩家去提升他们的技巧,以期待更好的回报。

总体来说,这些元素之间达成了漂亮的平衡,共同创造了这个简单但广泛受欢迎的游戏。构思了《小行星》的莱尔·雷思斯和编程并设计了这个游戏的充满创造力的梦想家埃德·罗格,做对了每一个决策。难怪《小行星》在美国获得了巨大的成功,并成为雅达利有史以来卖得最好的游戏。

第 13 章

《超级马里奥兄弟》

《超级马里奥兄弟》让电子游戏取得了空前的成功。

在1983年，数字游戏的未来是昏暗的。"电子游戏"是一个让零售商厌恶的词语，街机游戏厅正以惊人的速度倒闭，雅达利用低劣的产品淹没了市场，遭到了玩家们的极力讽刺，讽刺最终在《外星人》（E.T）上达到了高潮。玩家失去了对电子游戏的兴趣，零售商赔钱，末日预言家们谴责说电子游戏昙花一现的火爆场景终于要结束了。不可思议的是，一位年轻的工业设计专业的毕业生加入了任天堂和它的"娱乐体系"，他即将永远地改变电子游戏。

一个安静、不张扬的男人，对他适中的薪水"非常满意"，似乎对自己的世界知名度感到相当困惑，宫本茂（Shigeru Miyamoto）看起来不太可能是"世界上最受好评的游戏设计师"的候选人。当他的脸上闪现出标志性的笑容，然后随意地和大家解释《森喜刚》（Donkey Kong）的最初草稿时，你会感觉到他对这个想法的兴奋在今天和在20多年前一模一样。由于当时根本没有其他人可用，所以任天堂的社长山内溥（Hiroshi Yamauchi）指派宫本茂制作这款游戏，这也是宫本茂制作的第一款游戏。不可否认的事实是，任天堂的未来全系在了这位才能未被证实的工业设计专业的毕业生和他"顽固的大猩猩"上。抛开运气的因素，这款游戏红极一时，挽救了境况不佳的任天堂，也建立了宫本茂的声誉。

虽然这是新兴的平台类游戏的第一次重大成功，但是《森喜刚》还是让人觉得非常僵硬。《森喜刚》中的角色（跳跳人）可以左右跑动，攀爬梯子，当然，还能跳跃。他的跳跃会伴随着一种特有的预设弧线，而且他只会以一个固定的速度奔跑。要么全速奔跑，要么完全静止。没有任何加速或减速过程，而且一旦角色在空中，玩家就会失去对角色的控制。这是一个进步，一个迷人、俏皮的游戏，具有吸引玩家的角色、鲜艳的色彩和精细的动画，但它仍然让人感觉十分僵硬。宫本茂知道他的游戏可以做得更好，给人的感觉更棒。在成功完成《森喜刚》的续作之后，他把注意力转移到了马里奥兄弟上，开始改进意大利水管工人这个角色的动作。

《超级马里奥兄弟》是与众不同的。这一次，马里奥跳得更高，尽管他离开地面后的轨迹仍然是不可改变的。强烈的游戏感首先源自马里奥的左右运动。当玩家推动摇杆时，马里奥不再是只有两种状态（全速运动或静止站立），现在他有三种状态：静止站立、行走和奔跑。这样导致的结果是，马里奥可以逐渐地加速，同时玩家可以快速地按方向按钮，从而对马里奥的位置进行微调。同样，一旦输入停止了，他会滑行一段距离然后逐渐停下。马里奥现在是有惯性的。这种顺滑的感觉被应用于诸如《小行星》和《太空战争》这样的游戏中。但是还没有被应用在一个基于角色的、需要跳过障碍和凹坑的游戏中。《超级马里奥兄弟》在街机时代结束的时候迎来了它低调的成功。

在1986年，所有元素汇集到了一起。《超级马里奥兄弟》结合了松散、流畅的感觉，强大的角色驱动的隐喻和迷人的超现实主义的处理手法。游戏在站立和奔跑之间插入了数百个状态，而不是一个。马里奥可以逐渐地加速到最大速度，没有明显的状态转换。当输入停止的时候，他会滑行一段距离然后逐渐停下。游戏给人的感觉直观且深刻：比《森喜刚》更随意、更不精确，但是却比它更好。不知何故，《超级马里奥兄弟》给人的感觉更"真实"。一时间，它风靡世界。作为第一款真正在全球范围内取得成功的电子游戏，《超级马里奥兄弟》在全球卖出了超过2500万份，远远超过了有史以来最畅销的游戏。在1987年的一项调查中，美国儿童对马里奥的认知度超过了米老鼠。

宫本茂对游戏感的理解在于简化而不是模拟。首先，他从艺术的角度把游戏感视作一种复合审美体验。在这个领域由工程师主导的时候，根据史蒂夫·罗素的传统，他们利用复杂的、字面意义上的隐喻，如黑洞的引力或在月球上着陆的宇宙飞船。宫本茂带来了一种清新、单纯的视角。他只是想制作有趣、色彩鲜艳的游戏，以及玩起来让人感觉很棒的异想天开的角色。其次，他考虑到软件和输入设备，从整体上设计游戏（直到今天，宫本茂还在设计控制器和游戏，这在设计师中很少见，特别是在街机消失的今天）。最后，宫本茂了解隐喻的力量以及它如何影响玩家学习和掌握复杂游戏系统的意愿，还对其有情感上的依恋。

宫本茂凭直觉知道，用户输入获得的即时响应所产生的触觉和美感是多么强大。《超级马里奥兄弟》给人的感觉很棒，是体现虚拟感觉的潜力的一个优秀的例子。

现在最大的问题是：这种游戏感是如何产生的？如何制作一个和《超级马里奥兄弟》的游戏感完全一样的游戏？就像许多围绕着游戏感的问题一样，这是一个回答起来异常困难的问题。只要翻阅本章，你就会看到：即使对于像《超级马里奥兄弟》这样简单的游戏，也有着大量微小但重要的决策必须加以考虑。单独来看，它们经常看起来琐碎而离奇；作为一个整体来看，它们带来的游戏感让《超级马里奥兄弟》卖出了超过 2500 万份。

输入

从输入设备上来说，我们有红白机手柄。它发送的信号非常简单，总体来说，它作为输入设备的灵敏度非常低。握持和使用这个由一系列标准双状态按钮组成的手柄的感觉非常好，它的一大优势是简单。握住手柄时，玩家几乎不可能按错按钮，因为每根手指需要处理的按钮很少，如图 13.1 所示。

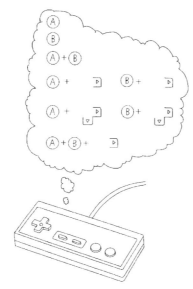

图 13.1 简单而经典的红白机手柄

按钮	状态	信号类型	组合
A	2	布尔	B，任意方向
B	2	布尔	A，任意方向
上	2	布尔	A，B 一次一个方向，除了向下
下	2	布尔	A，B 一次一个方向，除了向上
左	2	布尔	A，B 一次一个方向，除了向右
右	2	布尔	A，B 一次一个方向，除了向左

每个按钮会发送一个二进制信号。单独来看，这个信号数据可以被解释为"向上"或"向下"。如果从时间的维度来度量，这个信号可以被解释为"向上""按住""向下"或"松开"。

对红白机手柄的介绍就是这样："关于红白机手柄没有更多要说的了。作为一种输入设备，它是有史以来最简单、最有效的设备之一。手柄表面的塑料光滑而透气，按钮坚固而有弹性，整体给人的感觉很结实。"

请注意，本书中可玩的案例都是用键盘操作的。键盘允许玩家同时按下左方向键和右方向键，这会改变游戏的控制感，因为这样的输入采用了多根手指而不是一根手指。

响应

《超级马里奥兄弟》中有两个角色，马里奥和摄像机。马里奥可以在二维平面中沿 X 轴和 Y 轴自由运动，如图 13.2 所示。

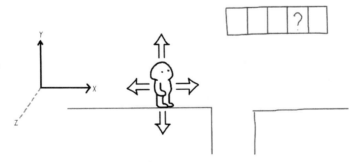

图 13.2　马里奥可以沿 X 轴和 Y 轴运动

由于马里奥本身不会旋转,因此局部运动和全局运动之间没有区别。

摄像机是根据马里奥的位置被玩家间接控制的,并且只会沿着 X 轴运动,如图 13.3 所示。有趣的是,它永远不会向左运动。

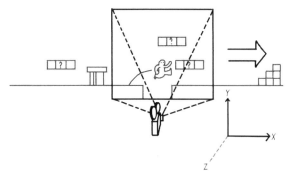

图 13.3 《超级马里奥兄弟》里的摄像机沿 X 轴运动

《超级马里奥兄弟》的游戏感主要存在于游戏的主角(马里奥)上。

如果你想要做一款和《超级马里奥兄弟》给人的感觉完全一样的游戏,你首先需要的是一个矩形。这是在游戏中看待被数百万玩家所熟知和喜爱的马里奥的方式。它只是一个矩形。更具体地说,它是一系列形成矩形的点,但是出于我们的目的,称它为矩形是合理的。所以,让我们从这个在屏幕中央一动不动的矩形开始吧,如图 13.4 所示。

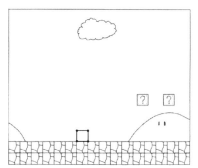

图 13.4 马里奥的形状:一系列的点组成了一个矩形

> **游戏实例**
>
> 打开 CH13-1,跟随下述步骤进行操作。刚开始的时候,没有任何动作,所有参数都被设置为零,并且角色是屏幕中间的空白矩形。

接下来的步骤显然是要让矩形运动。在马里奥的模拟功能中,有两个不同的子系统在工作,水平(沿 X 轴)运动和更为复杂的竖直(沿 Y 轴)运动。首先,让我们把注意力集中在水平运动上。正是这两个系统的相互作用赋予了马里奥丰富的表现力和流畅的感觉,但是就模拟而言,它们大多是分开的。

水平运动

《超级马里奥兄弟》中所有的水平运动都映射到左方向按钮或右方向按钮。输入的信号是简单的布尔值,由于受到输入设备本身的物理结构的限制,它们不能被同时按下。因此,在任何给定的时间内,只有一个(左或右)相关的信号从输入设备传入。将此输入信号映射到游戏中的响应,最为简单的方法是仅存储矩形的位置。当检测到左或右的信号时,矩形的位置将在相应的方向上运动一定的距离。只要按住方向按钮,矩形就会在相应的方向上每帧运动同样的距离。当摇杆朝某个方向运动时,游戏角色的位置会发生改变,这就是《森喜刚》的运作方式。然而,这却不是《超级马里奥兄弟》水平运动的运作方式。图 13.5 显示了随着时间的推移,马里奥的运动与跳跳人的运动的对比图。

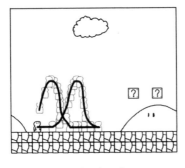 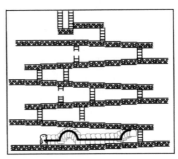

《超级马里奥兄弟》　　　　　《森喜刚》

图 13.5　马里奥和跳跳人的运动轨迹

我更喜欢《森喜刚》给人的感觉。我觉得它很有魅力。然而,很难说它比《超级马里奥兄弟》更具表现力。马里奥给人的感觉是流畅、反应灵敏,而跳跳人给人的感觉是僵硬,像是个机器人。再看一下随着时间的推移,两者的运动情况。你可以看到马里奥能到达多少额外的地方,这对于玩家来说代表游戏的表现力有多大的潜力。造成两者区别的主要原因在于模拟。《超级马里奥兄弟》有着符合物理学的模拟,这是一种大学一年级物理水平的模拟,它存储了加速度、速度和位置的值。因此,虽然以现代游戏的物理模拟的标准来看,它很简单,但它是基于牛顿物理学的一个模型。它可能不够准确(程序员只能使用 8 位数字),但它在某种意义上是对事物的建模,它并不全是虚构的。

《森喜刚》没有这样的模拟。角色有一个位置和两种状态,就这么多了。当你按下按按钮时,代码只需要获取当前位置并为其添加一个值。这个新的位置被绘制到屏幕中并成为角色当前的位置,然后运动继续。如果摇杆保持在某个方向上,那么角色会以恒定的速度运动。角色的静止站立和全速奔跑之间没有加速阶段。同样,当输入停止时,也不会有减速阶段。换句话说,跳跳人的速度只会是每秒五个单位或每秒零个单位,没有中间值。《森喜刚》并没有采用对摇杆敏感且富有表现力的输入,摇杆那些处于原点和被推到头之间的状态都没有被利用,而是被限制为简单地对开启或关闭进行响应。图 13.6 显示了跳跳人的短距离冲刺运动。收到输入信号之后的第一帧,运动开始,但是由于把摇杆从原点推到头需要一定的时间,所以会有一种轻微的冲击感。

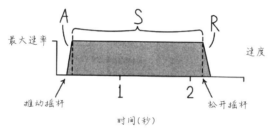

图 13.6　跳跳人的运动很僵硬

马里奥的水平运动包含加速度、速度和位置等若干个分开的值。当接收到向左的信号时,马里奥会逐帧加速而不是直接被送到相应的位置。对于按住方向按钮时的每一帧,其都会有一定量的加速度值添加到速度值上。速度值会反过来告诉马里奥应该如何改变它的位置。马里奥位置变化的包络图并不像图 13.6 所示的形状,而更接近图 13.7 所示的形状。

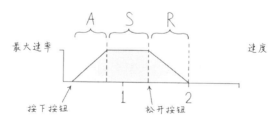

图 13.7　马里奥的运动速度逐步增大,非常具有表现力

> **游戏实例**
>
> 如果你跟随 CH13-1 的步骤，可以通过设置最大速率的数值（试试 2 000）并将所有跳跃数值和减速数值调成零来体验我们到目前为止所构建的内容。如果需要的话，你还可以将角色切换为矩形。
>
> 现在通过按 A 键和 D 键操作角色来回穿梭。注意到什么了吗？速率提升得很快，同时变得过大。我们需要把限制它，给它设定一个上限。这个上限是速率的最大值，并且单方面地作用于左右运动。

此时你会注意到的另一件事是：一旦运动开始，矩形就不会减速或停止。你可以通过反向加速来反转方向，在一个方向上抵消速度的作用直到运动从向右切换为向左，但是即便如此，你也不能让它完美地停下来。为此，我们需要一个单独的值来让矩形减速到静止状态，这就是减速度，或者说减速值。如果马里奥向前奔跑的时候我突然松开手柄，马里奥会缓缓滑行然后停下。马里奥停下的速度是它自己的变量，与加速的快慢没有关系。现在，当加入了减速值后，我们开始慢慢熟悉马里奥水平运动的特点了。

B 按钮是最后一块拼图。当按下 B 按钮时，马里奥"跑了起来"。这种变化是由 B 按钮映射到模拟中产生的变化引起的。在后台，当游戏检测到 B 按钮被按下时，它会改变马里奥的加速度和速率的最大值。当按住 B 按钮时，马里奥的加速度会增加，同时他的最大速率也会增加。这样看来，B 按钮是某种状态修改器，仅映射模拟的参数变化，而不是一个特定的作用力。

这种感觉和当时的游戏给人的感觉不同，因为马里奥有两种不同的加速度和两种不同的最大奔跑速度。这种看似简单的变化的表现力是速度间的相互作用产生的，对比产生了对速度增量的感知。只有与行走相比较的时候，奔跑才显得很快。把两者的数值同时调高或调低，奔跑似乎还是奔跑，因为重要的是两个数值之间的关系。只要保持这种关系，行走和奔跑之间对比产生的速度印象就不会改变。这非常有趣，重要的是速度之间的相对关系，而不是速度的数值本身——这似乎对给人的感觉至关重要。

这种变化的另一个有趣的结果是它赋予了水平运动多少表现力。当马里奥处于静止站立状态时按住 B 按钮让马里奥开始奔跑，描述加速度的曲线会大相径庭，因为它使用更大的数值。同样，因为你可以随时按下 B 按钮，所以能够通过轻按按钮非常精确地调整速度。现在，在 CH13-1 中试一试。让马里奥开始奔跑，然后尝试在加速的不同阶段轻按或按住 B 按钮，看看从静止站立到行走、从行走到奔跑之间有多少种不同的速度。有数量巨大的可能的不同速度，响应中的这种微小的变化为游戏增添了惊人的表现力。

最后，马里奥在空中的水平加速度与其地面上的不同。这带来了进一步的对比，在地面上、在空中和在奔跑时的加速度的对比。当马里奥在地面上时，马里奥会以一定的加速度值加速，这与其在空中的加速度不同。一旦马里奥进入空中，水平加速度就会发生改变。请注意，当马里奥在空中时按住 B 按钮不起作用，所有水平运动都以相同的速度发生。此外，因为是加速度，而不是速度，因此马里奥可以在跳跃时保持运动，并保持快速的水平运动。削弱的是马里奥通过不同方式改变速度的能力。

总而言之，影响马里奥水平运动给人的感觉的重要的指标有如下几个。
- 向左的加速度。
- 向右的加速度。
- 最大速率。
- 减速度。
- 奔跑时向左的速奔跑。
- 奔跑时向右的速奔跑。
- 奔跑的最大速率——减速度保持不变。
- 在空中时向左的加速度。
- 在空中时向右的加速度。

请注意，无论是否按住奔跑按钮，减速度都保持不变。此时此刻，我们有了一个矩形，它可以逐渐向左或向右加速到最大速率，再逐渐减速到静止状态。如果按住 B 按钮，那么它会更快地加速到最大速率，如图 13.8 所示。

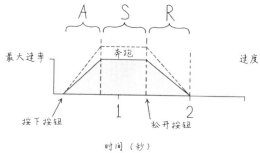

图 13.8 矩形的水平运动

竖直运动

矩形的竖直运动，即马里奥的跳跃，是比那些操控它在地面上运动更复杂的一系列关系。首先，重力是恒定不变的。当你让马里奥向左或向右运动的时候，重力总是会把马里奥往下拉。这很简单，向马里奥施加一个恒定向下的作用力即可。但是这种重力是可变的。在跳跃按钮被按下的那一刻，马里奥瞬间被赋予了一定的向上速度，这与不断下拉的重力互相抵消，使得马里奥在空中的运动轨迹如同一条高耸、优雅的弧线。随着重力再次"掌权"，这种向上的速度逐渐减小。在马里奥跳跃的最高点，即速度为零时，重力被人为地提高至原来的三倍，这个将马里奥拉回地面的力远大于他飞向空中所需克服的力。然而，这个人为加大的重力和作用于马里奥的其他所有的力一样，是有峰值的，有一个最终速度会限制马里奥的向下运动。除此之外，还有根据按按钮的时间长度产生的人为的灵敏度。轻按按钮会激发一个小跳跃，而按住按钮可以延长跳跃时间。这个时间灵敏度也有一个范围，系统通过限制跳跃接收输入的最短时间和最长时间来强制执行最小和最大的跳跃高度。

这看起来确实非常复杂。让我们一步一步了解每一个单独的规则和交互。

首先，马里奥需要一个恒定的向下的作用力，这就是重力，它会不断将马里奥拉回地面。即使马里奥在地面上，系统也会始终施加这个作用力。在游戏的每一帧中，碰撞代码会检查马里奥的位置和作用于它的力，由此推断出马里奥在下一帧中的位置。如果它在下一帧中的位置应该是在实心格子的内部，系统会将马里奥紧贴在格子上，如图 13.9 所示。虽然无论何时何地都有一个重力施加在马里奥上，但是碰撞代码会保证马里奥不会在这个世界里跌落。

接下来是向上的作用力。在按下跳跃按钮的那一刻，马里奥速度的 Y 轴分量被瞬间设置为一个峰值，这个速度分量抵消了重力，将马里奥发射到空中。如果按住跳跃按钮不放，这个作用力就会一直存在，马里奥将会永远地飞行，飞向天空。

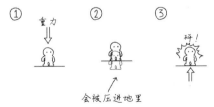

图 13.9　碰撞代码把马里奥重新放到实心格子的外部，但是重力在每一帧里都把它往下拉

> **游戏实例**
>
> 要体验这一点，请尝试在 CH13-1 中将"max jump force duration"（最大跳跃力持续时间）的值改为 10 秒左右。

为了模仿马里奥，矩形需要逐渐减速，随着重力的"掌权"慢慢失去向上的作用力。这不是一组硬编码的值，而是两种关系导致的结果。

第一种关系是向上的初始速度和重力之间的关系，这个初始速度的值会每帧减小一点。向上的初始速度具有有限的持续时间，因为重力总是在削弱它。在最初的爆发力消失以后，没有任何东西可以让矩形持续向上运动。最终，重力将占据主导地位并逐渐减小矩形向上的动量，直到它不再向上运动。结果，假设矩形在跳跃时是水平运动的，那么运动轨迹会是一条优美的弧线。这会让跳跃产生即时、反应灵敏和迅速的效果，因为输入信号被接收的同时，会有一个大幅度的明显的响应。

第二种关系是按住跳跃按钮的时长和向上的速度之间的关系。跳跃是对时间敏感的。轻按按钮会产生一个小跳跃，而按住按钮将延长跳跃的时间。这种时间灵敏度也有一定的限制范围，它会导致最小跳跃高度和最大跳跃高度，由跳跃接收输入的时长来强制执行。就实际可测量的响应而言，如果玩家在跳跃的整个持续时间内一直按住 A 按钮，马里奥将会跳跃大约 5 个格子的高度。如果玩家尽可能快地轻敲 A 按钮，跳跃的高度将会变低，和 1.5 个格子的高度一样。结果就是：如果按住按钮的时间在 60 毫秒和 500 毫秒之间，跳跃高度是介于 1.5 个格子和 5 个格子高度之间的任意高度，如图 13.10 所示。

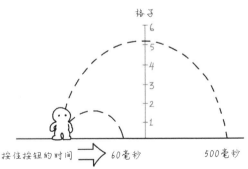

图 13.10 跳跃高度取决于按住跳跃按钮多久，但是跳跃存在一个最大高度

这是一种早期的跳跃效果。玩家可以提前释放按钮，这样就可以实现更小的

跳跃。

此时此刻，我们了解了跳跃的时间灵敏度。只要一直按住跳跃按钮，我们就可以施加最大的跳跃力，矩形的跳跃将会让人非常满意。唯一的问题是最小跳跃高度在这种操作下依然很高。毕竟，导致最大跳跃高度的作用力仍然在一定时间内作用于矩形。所以最小跳跃高度和最大跳跃高度之间的表现范围非常狭窄。

为了让跳跃给人的感觉正确，我们需要以一种看起来像黑盒的方式人为地约束跳跃力。不过请放心，这是让马里奥跳跃起来令人感觉良好的基石。这种行为是这样的：如果马里奥处于跳跃状态并且游戏检测到玩家没有按住跳跃按钮，那么游戏会检测马里奥 Y 轴的速度分量（跳跃力）是否高于某个最低值。如果是，游戏会人为地将 Y 轴的速度分量设置为特定的、不变的较低值，这个值接近于零，但实际上不为零。很奇怪，是吗？即使你只在一帧或两帧中按跳跃按钮，马里奥仍然会获得完全向上的速度。只是当按钮被提前释放时，游戏会将跳跃的作用力设置为较低的数值，然后才允许跳跃按照正常的程序进行。这样的效果是，马里奥会从松开跳跃按钮的点向上漂浮一点距离，然后总是处在那条优雅的弧线上，如图 13.11 所示。这比玩家能获得的其他各种弧线给人的感觉要好得多。

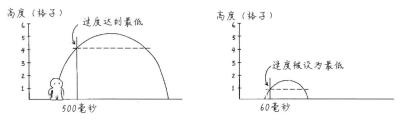

图 13.11　向上的速度被人为设置得更低，当玩家太早释放按钮的时候，会得到一个较小的跳跃

一个包含实际数字的示例将有助于更清晰地理解这个问题。当按下按钮的时间达到游戏允许的最大值（产生了最大跳跃高度）时，向上速度的变化可能类似图 13.12 所示。

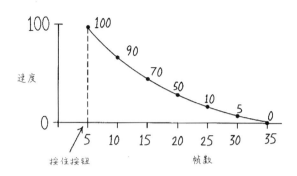

图 13.12　下落过程中马里奥的速度

因此,在按下按钮后的第一帧上,跳跃的作用力在 Y 轴方向上产生的速度值为 100。这个巨大的作用力将把马里奥迅速向上推动。在下一帧中,作用力将仅仅受到重力的轻微影响,从而让速度减小到 90 左右。在后续的每一帧中,Y 轴方向上的作用力都只会略微减小,直到最终达到跳跃高度的峰值。此时此刻,输入不再重要,跳跃的速度逐渐下降到 0,马里奥开始落回地面。

最短跳跃(通过最小的作用力实现)的速度比全速跳跃的速度下降快得多。在第一帧的时候,作用力会导致全速(100)的跳跃,但是到了第二帧或第三帧的时候,速度已经被设置成了一个较低的硬编码值(20)。系统将速度值设置成 20,而不是 90、80、70 这样递减的值,直到一个完整的跳跃完成,如图 13.13 所示。无论马里奥跳跃的时候玩家如何操作输入按钮,这个速度值都不会改变。类似的,如果玩家在整个跳跃过程中只有一半的时间按下了按钮,那么马里奥的速度值可能会从 90、80、70、60、50 变成预设的 20。结果就是跳跃总会呈现相同的弧线,特别是在结束的时候,按按钮的持续时间仅仅会改变跳跃的高度(以及相应的距离)。

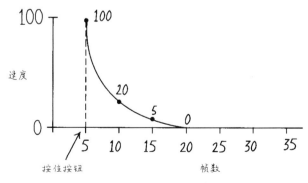

图 13.13　下落过程中玩家过早放开按钮的情况下马里奥的速度

现在回到我们讨论的跳跃过程上。希望你还记得，矩形只到达了跳跃的顶点，即速度的竖直分量减小到零（由于重力的持续作用）的点，然后它不得不落回地面。有趣的是，在这个顶点之后，重力会发生变化。如果你在矩形奔跑的时候按下跳跃按钮，那么重力就会是一直以来的正常值。矩形会被施加一个沿 Y 轴正方向的速度，这个速度会把矩形送到空中，让矩形暂时克服相对较弱的引力（重力）。然而，这个向上的力量只会在一定时间内增加，因为重力会逐渐占据主导地位，让马里奥不断减速直到向上的速度消失不见。一旦达到跳跃的最高点，重力会被人为地增加，将矩形吸回地面，而不再是自然地把矩形拉回地面。当矩形下落的时候，这种更强大的重力会一直存在，无论矩形是刚刚到达跳跃的最高点，还是走出平台的边缘，或是撞到一块头顶的砖块（这会让系统把矩形的竖直速度设置为零）。

试试将下落引力设置为负，看看会发生什么。跳跃似乎花了太长时间，你会觉得好像已经失去对矩形的控制太久了。重量给人的印象也受到了影响，使得矩形看起来比它应有的重量要轻得多。一言以蔽之，这种感觉很奇怪。

关于下落的最后一部分内容是对可能的下降速度进行限制。正如水平速度有一个最大值一样，竖直速度也是如此。当矩形下落时，有一个由代码定义的最终速度，这是硬编码的。如果不限制最终速度，你可以真正感受到不同。当矩形从某个高处跳下来时，矩形会飞速落下然后撞到地面，这种情况给人的感觉会很奇怪。如果你将最终速度的数值设置得非常低，那么感觉起来就会像是在卡通片里打开一把雨伞，你会真切地感受到这种人为限制的存在。你能感觉到矩形划出的轨迹不是物体自然下落时产生的弧线。试着把最终速度设置得非常高或非常低来了解下落速度的限制对其的影响。

此时此刻，我们有了一个作用了重力的矩形，当按住跳跃按钮的时长变长或变短时，它会跳到不同的高度。然而，这些时长受到最大值和最小值的影响，它们限定了矩形可能达到的跳跃高度的范围（展现出的某些范围）。然而，跳跃的弧线总是会让人感觉相同，因为如果当矩形被施加跳跃力的时候，游戏检测到跳跃按钮被松开，那么系统将调低数值。这个数值永远不会改变，因此每次跳跃结束的时候都具有几乎一致的弧线。当弧线结束的时候，人为设置的高重力值将矩形快速有效地拉回地面，从而缩短了玩家感觉对矩形失去控制的时间，同时提升了重量感，接近真实世界的重力创造的景象（即让矩形像跳蚤一样跳跃）。最后，可以锁定矩形可能的下落速度，防止速度变得过高而让人感觉不自然。

总而言之，决定马里奥竖直运动给人的感觉的关键因素如下。
- 重力。
- 初始跳跃力。
- 导致最小跳跃的按按钮时长。
- 导致最大跳跃的按按钮时长。
- 减小的跳跃速度。
- 下落引力（约为正常重力的三倍）。
- 最终速度（最大下落速度）。

最后，竖直运动和水平运动之间有一个小的交叉点。在《超级马里奥兄弟》中，如果玩家在马里奥的运动速度比正常行走的速度更快的情况下按下跳跃按钮，马里奥将获得一个额外的跳跃加成。初始跳跃力会略微提升，从而整体的跳跃高度也会随之略微提高。如果马里奥以一个介于全速（最大奔跑速度）和正常行走速度之间的速度运动，玩家按下跳跃按钮时马里奥会获得一点额外的跳跃速度。从静止状态跳起，马里奥可以达到不到 5 个砖块（和格子一样大）的高度。如果马里奥从奔跑状态跳起，马里奥可以越过 5 个砖块并落在其表面上。这种高度的提升与马里奥起飞时的运动速度是不相称的；马里奥能否获得跳跃高度的提升，具体取决于玩家按下跳跃按钮时马里奥的速度是否超过了正常的最大速度。

碰撞和交互

接下来是碰撞的问题，碰撞让马里奥的世界变得"有血有肉"。

马里奥是一个矩形，有一个格子那么高。格子是简化 2D 游戏中事物布局、位置和特性的好方法。我们可以创造一个格子网格，并使用简单的两个数字来引用它们的位置。通常，格子（0，0）位于屏幕的左上角。它下面的格子是（0，1），右边的格子是（1，0），照此类推。如果我们存储一个包含所有这些格子的列表，我们可以很容易地找到一个格子相对于其他任何格子的位置，如图 13.14 所示。如果你制作列表时指定了格子的类型（天空、砖块、管道或其他），然后你就可以查看马里奥是否可以通过这些格子。

0,0	1,0	2,0	3,0
0,1	1,1	2,1	3,1
0,2	1,2	2,2	3,2
0,3	1,3	2,3	3,3

图 13.14 《超级马里奥兄弟》中的格子

所以，为了让马里奥与游戏内的物体发生碰撞，我们会观察他的速度。通过了解他的运动方向和速度，我们可以知道他在下一帧会达到哪个格子。如果格子是一个马里奥无法穿过的砖块，就将他放在砖块上而非允许他穿过，如图 13.15 所示。

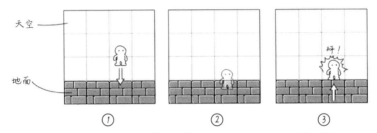

图 13.15 如果格子是马里奥无法穿过的砖块，就将马里奥放在砖块上

当在某一帧中马里奥下面是一块空气格子，而在下一帧中空气格子变成了地面格子时，这一点就很重要了。如果你了解了这一点，你就会知道马里奥应该在下落中，然后再次落回地面。这就是简单碰撞的完成方式，没有不必要的细节。像这样简单的基于格子的碰撞系统让人感觉非常流畅。因为没有模拟摩擦力（降低马里奥速度的阻力）根据他滑过的格子的材料被施加，所以给人的感觉就像是一块肥皂滑过湿滑的瓷砖。他不会被抓住或挂在任何东西上，整体给人的感觉非常松散、拖沓。就《超级马里奥兄弟》而言，这是游戏吸引力中重要的一部分。当然，情况并非总是这样，为了创造令人满意的汽车或自行车的转弯动作，我们会模拟轮胎和地面之间的摩擦力。但是马里奥基本没有摩擦力，被压在墙上不会减小他的跳跃力，他可以随意滑过所有东西。

所以，现在我们有一个可以在环境中来回滑动的矩形，永远不会被卡住而且总是让人感觉非常坚固，只有罕见的弹簧跳台让人感觉它们好像是异类，世界里的其他物体就像抛光过的大理石，同时矩形本身也同样坚硬、光滑。

矩形所需的下一个特殊要素是在每一帧中将其 Y 轴方向的速度设置为零。相比之下，即使马里奥与地面发生了碰撞，重力也会在每一帧中发挥作用。在游戏的每一帧里，马里奥的碰撞使他向上运动了一点，回到障碍物的顶部，并且 Y 轴方向的速度被设置为零。当矩形下落的时候，重力会将 Y 轴方向的速度设定为非常高的值，从而把矩形向下拉动。如果矩形与格子接触时系统没有将其 Y 轴方向的速度设置为零，那么会产生大量的作用力，这些力会以奇怪的方式"存储"起来。碰撞会让矩形离开地面，如果矩形从悬崖上走下去，矩形会直线下落，因为矩形已经有了巨大的负速度，这给人的感觉真的很奇怪。相反，当下落开始的时候，你会希望矩形 Y 轴方向的速度为零，从而重力可以逐渐且适当地将矩形拉回地面。

相反的情况（当矩形跳起来撞到上方的格子时）也需要将 Y 轴方向的速度设置为零。如果矩形撞到天花板但是 Y 轴方向速度不为零，矩形会粘在天花板上（像《超级魂斗罗》(*Super Contra*) 那样）。马里奥在每一帧里仍然会想要向上运动。但碰撞系统会阻止他穿过天花板，且对马里奥向上的速度没有任何影响。为了创造正确的感觉，当游戏检测到碰撞的时候会将马里奥 Y 轴方向的速度设置为零，无论碰撞是发生在上方还是下方。

在初代游戏中，马里奥特有的一个小小的举动就是当他从敌人的背部弹起后，他的高度不会提升。当马里奥撞到乌龟的背部时，游戏会将马里奥的状态设置成与跳跃按钮被按下最短时间后一样的状态。从乌龟或蘑菇怪身上弹起会产生一个非常小的跳跃，就和最小跳跃一样。这在后来的游戏中发生了变化，在按住跳跃按钮的同时从敌人身上弹起会给马里奥的高度带来巨大的提升，远高于常规跳跃所提供的高度。

游戏中唯一能让马里奥获得高度提升的物体是弹簧跳台，马里奥必须在合适的时机跳跃。不过，这很难，因为完成这个操作的时间窗口非常有限。在后来的游戏中，只需要在敌人身上弹起或在平台上跳起就会额外提升马里奥的高度，这种做法让我感觉更好。

要完全了解马里奥的运动，有个特别罕见的特殊情况值得一提。当马里奥吃了一个蘑菇之后身体会变大，他会因为太高而无法从一个格子高的空间中走过，不过他可以从下面滑过去。如果马里奥的身体很小，他可以直接跑过去。但是如果是一个巨型马里奥,那他必须蹲下然后滑过去。游戏必须处理的情况是:当马里奥停止滑行时玩家会怎么做?在一些游戏中,角色不能停止滑行,而是被迫保持在滑行状态。而《超级马里奥兄弟》会让角色能够站起来,这使角色处于一种奇怪、独特、单一的游戏状态中,在这个状态下,角色不能运动或做任何事情(即使是滑行),游戏会完全锁定玩家的输入,直到角色不再进行任何碰撞。这是一个权宜之计,但我想,它涵盖了马里奥游戏中发生的一个奇怪情况。

最后我们来看看摄像机的运动。摄像机作为一个被间接控制的游戏要素,起着作为游戏第二个角色的作用。显然,《超级马里奥兄弟》的游戏感包括摄像机的运动,除非摄像机可以随着角色合理地运动,否则游戏感不太正确。首先,摄像机仅仅向右运动,不能向左运动。对我来说,这给人的感觉有一点压抑,我不清楚这是技术驱动还是设计驱动产生的决策。无论是哪种,它都会产生限制屏幕、鼓励角色不断向前运动的效果。如果角色向左运动,摄像机不运动的事实会让人感觉突兀、停滞、不正常。角色向右运动时,屏幕和角色以相同的速度滚动。就游戏感而言,唯一重要的细节是屏幕中的一个小区域,这个小区域占据屏幕宽度的 25%,从屏幕的左边缘往屏幕中心的方向延伸。在这个区域内,屏幕的滚动速度降低。当角色从静止状态加速时,摄像机会逐渐加速,这种加速效果是渐进的,虽然很粗糙,如图 13.16 所示。

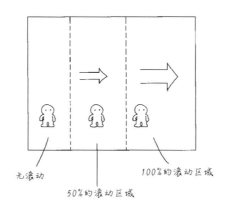

图 13.16 《超级马里奥兄弟》中摄像机的滚动区域

现在你应该明白了,这就是马里奥的模拟机制,它在经过无数打磨的、详尽的细节中创造出了《超级马里奥兄弟》的游戏感。让我震惊的是,许多决策和细节都是凭直觉和经验得来的。如果提前释放跳跃按钮并将正常重力值增加到三倍以上，手动将 Y 轴方向的速度设置为较低的值，游戏感似乎会与预期的结果相反。为什么这些特殊的变化会让游戏感更好？在第 17 章中，我将会试着从更广泛的层面来解决这些问题。不过，就目前而言，我建议稍微调试一下最后编写的小程序。真正地深入进去，然后改变其中的一些参数。

在本章的最后，我列出了《超级马里奥世界》和《超级马里奥 2》的调试方案。看看你们是否可以通过只调整数字自己完成这些调试。

状态

从试图构建完美游戏感的角度来说，状态是最后一块拼图。这里的状态指的是游戏如何响应输入的一系列特定的指令。当游戏有多个状态时，这意味着相同的输入可能在游戏中产生不同的响应，具体取决于角色在输入发生时所做的事情。马里奥中的一个简单例子，就是通过跳跃状态和奔跑状态不同的水平加速度来说明这个问题。在奔跑状态下，加速度是一个非常大的值。在跳跃状态中，这个值大幅减小。实际上，状态的变化将相同的输入映射成游戏中的多个响应。只要玩家有办法将状态的变化概念化，例如当马里奥跳到空中时，特定输入的变化并不会令玩家不快或分散玩家的注意力。事实上，它提供了更具潜力的表现力。

《超级马里奥兄弟》的状态有静止站立、行走、奔跑、跳跃、卡住和死亡，如图 13.17 所示。

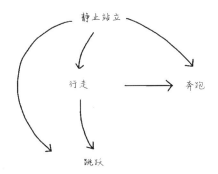

图 13.17 马里奥的状态，卡住和死亡是特殊状态

需要指出的是，这就是《超级马里奥兄弟》中事物的组织方式。只要这种关系继续保持，那么实现或多或少都无关紧要，但是这种构造事物的方式肯定会让我们获得更理想的游戏感。

情境

我们的矩形现在可以巧妙地滑动了。跳跃、奔跑和改变方向给人的感觉很棒。对吗？也许吧。回到CH13-1,让矩形四处"跑动"一下。注意到什么奇怪的事情了吗？是的，在这个关卡里什么都没有，这个关卡是一片无尽的空白，是时候添加情境了。

源自《超级马里奥兄弟》，或者说至少在其中大量使用的关卡设计技巧是"幸运之神眷顾勇者"（Fortune Favors the Bold）。马里奥向右全速奔跑并试着快速适应环境的变化，关卡设计本身使得游戏变得更容易玩。这些关卡的设定是为了鼓励（并且在后期的关卡中是必要的）这种"看涨"（对未来看好）的"预付费"的玩法。这就是关卡的设计方式：当马里奥以最大速度运动时，跳跃障碍会变得更容易。当这种机制完成以后，速度是可以预测的，因此可以设计与之匹配的关卡。

在我看来，这是游戏整体的预期体验。摄像机也会通过不断阻挡马里奥身后的路径来鼓励这种做法。游戏似乎在说："你不能回去,所以不妨尽可能快地前进。"

一般来说，《超级马里奥兄弟》中的平台大约相当于四个格子的高度。要准确地重现《超级马里奥兄弟》的游戏感，你需要一个以这种方式构建的关卡。这是因为虽然角色可以跳到接近五个格子高的平台上，但是跳到一个四个格子高的平台上更为容易，角色在划出一小段弧线后刚好落在平台上。跳到一个刚好低于角色最高跳跃高度的平台上给人的感觉更好。

> **游戏实例**
>
> 要进行实验，请尝试将平台放置在CH13-1中不同的高度上，有各种高度的平台可供跳跃。注意四个格子高的平台是如何最好地匹配跳跃的。就像《金发姑娘》（Goldilocks）里的麦片粥，这是目前为止最好的参照物。

《超级马里奥兄弟》的游戏机制中的相对不精确性使得必须给玩家足够的空间在水平和竖直方向进行容错。其中一部分是把大多数平台设计成四个格子高。另一部分是横向扩展游戏中的所有平台。现在试着删除CH13-1中的一部分地面，看看如果构建一个主要是单格子宽的供着陆的平台会发生什么情况。此外，这与整体设计目标（马里奥应该始终保持全速奔跑）相关。微小的单格子平台鼓励玩家采用更为单调的方法，在执行之前仔细考虑每一个跳跃。

在游戏情境中，对调整矩形运动起重要作用的另一项内容是游戏中敌人的运动。这是关卡设计中我们通常不会想到的事情，但敌人的运动实际上对游戏机制给人的体验有很大的影响。敌人的运动占据了屏幕的某些区域，改变了玩家对拓扑空间的看法。如果有两只乌龟在那里徘徊，那么一个两个格子大的区域会突然变成一个死亡陷阱。同样的，当顶部有一个锤哥时，跳上一排楼梯会是一种完全不同的交互体验。举一个典型的例子，看看第一个关卡，其中有 10 个云母（漂浮在云上的那些扔出红色多刺乌龟的家伙）。关卡中大部分区域是平坦的，不需要熟练的跳跃，但是整体让人感觉局促且有压迫感，因为游戏中有从高处落下的无休止的"敌人雨"。

敌人沿着地面运动的速度与马里奥最大的行走速度大致相同，这不是偶然的。如果停止奔跑，马里奥可以和敌人同步运动。结果是马里奥可以跳入一群敌人中间，在一段精确的时间里暂时和它们走在一起，然后再跳出来，在这个过程中玩家不会感到失控，也不用费力地超过敌人。

挑战也是由情境定义的，就像在大多数空间导向的游戏中一样。在后来的关卡中，玩家需要更为具体、精确地控制跳跃。为了进一步加大难度，游戏要求玩家快速、连续地进行大量精确的跳跃。与此同时，还有更多的敌人。有一个地方曾经有一个蘑菇怪，现在变成了三个蘑菇怪排成一排同时紧跟着两只乌龟。接着，像炸弹人和锤哥那样的怪物开始出现，然后即使是最简单的跳跃和运动的意义也改变了。这似乎是一个显然易见的观点，但通过在关卡中添加敌人来构建挑战的方式很有意思。如果角色全速奔跑，几乎总有一条最佳路径可以让他毫发无伤地通过。游戏让人感觉就像是一个可以运作和完善的课程，而不像是一个可以缓慢地、有条不紊地探索的空间。

为了获得《超级马里奥兄弟》的游戏感，需要四个格子高的砖块，并且水平间隔很远。地面上的凹坑的范围为 2 至 6 块砖块宽，6 块砖块宽的区域让人感觉很难跳过。通过增加更多这样宽而很难跳跃的区域，关卡的难度上升了。跳跃需要很高的精确度并迫使玩家快速、连续地操作。此外，后来的关卡中充斥着更多、更难以战胜且运动不可预测的敌人。这些敌人通过运动占据屏幕空间的主要区域，让玩家感觉更加不安全且有压迫感。在游戏之后的关卡中，没有一个区域是让人感觉安全的，要活着到达终点，似乎只有疯狂冲刺才行。

实际上，在《超级马里奥兄弟》中有许多单独的砖块，以及许多马里奥可以通过的一块砖块宽的凹坑。此外，许多凹坑的宽度达到 5 至 6 块砖块宽，这导致了玩家几乎不能出现差错。从技术层面讲，马里奥可以在全速状态下通过一个10块砖块宽的区域，但它从未在游戏中被使用过，因为这很难做到。

润色

到目前为止，我们所拥有的是一堆运动和四处滑行的矩形。为了检查各种润色效果，让我们从基于角色的处理手法开始。为了不侵犯马里奥的版权，我创造了"围巾侠"（Scarfman）作为马里奥的替身。

> **游戏实例**
> 打开 CH13-2 来看看在某些表现形式下用角色、不同的格子、敌人替代的矩形是怎样的。

动画效果

角色有一个循环的奔跑动作。当角色的运动被激活时，其在视觉表现上将回放若干帧的画面。这是一系列非常简短的画面，但它仍然是一段动画，它向玩家传达了一些关于他们所控制物体性质的、新的、不同的东西。

构成马里奥游戏感的一个关键部分是奔跑动画每一帧的回放都与它的模拟动作完美同步。对于游戏感而言，这是一个很重要的事情，即使是在今天，许多游戏也没有能够真实、准确表现角色的底层模拟对象。这通常被动画师称为"滑步"，这是电子游戏中的一个特殊问题，因为角色的运动具有不可预测性和参与性。

在这种原始的情景中，《超级马里奥兄弟》勉强在动画和角色运动之间建立的这种关系是非常重要的。这种关系传达的感觉是：这是一个沿着地面奔跑的小家伙，他的每一步都很扎实，因为动画的回放速度与角色的运动速度完全匹配。

如果底层模拟对象的运动速度比动画的回放速度更快或更慢，那么玩家很容易就能发现差异。这是一条非常微妙的线索，但它是人类擅长观察的东西。在这种触觉、交互的层面上，玩家有很多观察和应对自身周围物理环境的方法，所以，一旦某些东西不匹配，就会立刻变得很明显。最终的结果是，在玩家的心目中，动画角色和底层的运动物体成为独立的实体，这使得玩家更难融入并相信游戏世界的真实性。玩家会失去某些东西，因为可以看到幕后的情形和模拟。

一个重要的动画效果是马里奥在扭转方向的过程中的小滑行。如果玩家在马里奥奔跑时扭转方向，马里奥会举起手来做一个小的滑行动作。在《超级马里奥兄弟》中，这不是一个可以播放的独立动画。当玩家沿着与马里奥运动方向相反的方向施加一个作用力时，角色会减慢速度。这是马里奥的模拟方法造成的另一个结果，游戏没有用一连串动画回放来表现脚步和方向的改变，而是通过导致加速度的自然作用力与当前速度的相互作用让马里奥减速到静止，并扭转方向，然后慢慢加速向另一个方向运动。当且仅当玩家按住与角色当前运动方向相反的方向按钮时，才会出现这个动画效果。因此，底层模拟对象并没有改变，但是它的动画效果增强了模拟对象给人的物理感知。角色在一个方向上奔跑，玩家按下另一个方向按钮，角色开始滑行，直到完成方向的改变，然后角色恢复奔跑（在最低速的时候，会逐渐加速以匹配模拟对象的速度的增加）。换句话说，动画效果可用于强化底层模拟，而不是像《波斯王子》那样以动画的方式摇动狗。

另一个对马里奥游戏感至关重要的动画效果是摇摇欲坠的砖块。这看起来太愚蠢了，但是当角色是小马里奥并且从下方撞击砖块时，砖块就会有点摇摇欲坠。它以一种令人非常满意的、非常卡通的方式晃动，增加了很多交互感。这并没有影响模拟世界，也不会运动砖块、改变砖块的永久位置，它只是动画效果的分层，带给玩家对角色质量的印象。当小马里奥和大马里奥分别撞击砖块的时候，对比尤其明显。小马里奥的撞击会让砖块看起来松散和摇晃，这种相互作用告诉玩家小马里奥也有一定的质量。如果小马里奥可以把砖块撞得松散、摇晃，那么显然他在很用力地撞击。大马里奥可以撞碎砖块，这会显得大马里奥的质量要大得多。这让玩家明白，小马里奥只是撞松了砖块而大马里奥有力量撞碎它，让砖块的碎屑像雨一样落下。

> **游戏实例**
>
> 在 CH13-2 中关闭这两种动画效果，看看游戏给人的感觉如何变化，看看动画效果如何定义这个可塑的物理世界。

视觉效果

正如我们定义的那样，马里奥的视觉效果非常少。红白机的处理能力非常差，因此游戏设计了无处不在的喷射粒子以强调每一次交互。多年来的趋势是在马里奥系列游戏中出现越来越多的视觉效果，在《新超级马里奥兄弟》和《超级马里奥银河》中，视觉效果的例子几乎无处不在。在初代马里奥游戏中，一切都显得干净利落，甚至当马里奥进入滑行状态以改变方向的时候，连适度的灰尘和烟雾都没有。似乎每个表面都是原始、光滑的，没有一丝尘埃和砾石。值得注意的是，唯一的视觉效果是破碎的砖块颗粒，砖块被撞碎时会产生这样的颗粒且会向下飞行。然后，再看一下如果没有这个效果游戏会失去多少东西。当砖块被撞碎的时候，简单的消失并不能让人满意。移除这种效果就等于移除了一个玩家了解这个世界物理特性所必须获取的、为数不多的重要线索之一。

声音效果

马里奥的声音效果至关重要。我已经在我的演示中替换了它们以避免侵犯任天堂的知识产权，请注意它们的本质。跳跃产生的升调声效大致与马里奥向上飞行的高度变化相匹配，进而与运动和按按钮的感觉相协调，对应更高的跳跃高度。

游戏中有一个碰撞噪声（当马里奥的头撞到砖块或当一个火球击中一堵墙时会产生这个噪声），这个声音听起来就像是一块大橡皮被掰断。它的音高略有不同，以保持声音的新鲜感，但它传达的印象是一个愚蠢的橡胶世界。当砖块被小马里奥撞击时，噪声与砖块的晃动非常匹配，并且通常传达出了一种摇晃的、有弹性的运动感。这似乎与光滑、无摩擦的碰撞模拟产生了不同的印象，但由于它很好地匹配了砖块的晃动，游戏世界看起来更加生动，物理系统比相对更静态的碰撞交互更加夸张。

撞碎砖块的声音特别令人满意，它确实传达了打碎摇摇欲坠的石头物体的感觉，即使受到红白机声卡的限制。

隐喻

即便是《超级马里奥兄弟》这样形象的游戏，只用眼睛去观察它所呈现的隐喻表现如何影响玩家对事物在世界中的行为期望也是有点奇怪的。让我们深究一下，看看可以看到什么。

首先，让我们在写实、形象化和抽象的图形中给予马里奥的处理手法一席之地。显然，马里奥不太写实。《超级马里奥兄弟》的处理手法远远超出了形象化的一侧，并且朝着纯粹抽象的方向发展，这非常超现实。例如，蘑菇怪是什么？它代表着什么？马里奥中的乌龟看起来像是一只乌龟，但显然没有尝试有意义地传达乌龟的特征。这些乌龟的运动速度很快，有着危险的特征。一般而言，游戏所展现的特征和事物很少基于它们的意义和真实情况。它们的意义通过自己在游戏中的功能（呈现危险并占据空间区域）来传达。但它们也不是抽象的形状和线条，它们确实代表着某种生物，遵从着自己奇怪的物理准则和行为方式，除了它们在游戏中所提供的功能，这些事物本身的意义微乎其微。

这对于我们所期望的关于这个世界的事物的表现方式而言，意味着什么？我们没有基于事物应该如何表现的期望。我们并不希望这样，因为马里奥有一点肥胖，当他走到一个管道或者一堵比他高的墙时，他不得不从上面爬过来，汗流浃背。因为处理手法是如此超现实主义，所以我们不受这种期望的束缚。他不是水管工人的像素级还原，看起来并不像那个清理你浴缸的管道工，因此我们可以接受他像跳蚤一样跳跃。

在其抽象性和超现实性方面，马里奥很好地发挥了他所建立的物理交互和运动的类型。马里奥像一只跳蚤一样飞过空中，获得了巨大的、自发的、向上的力量，但却不需要风，没有预期，也不需要撑竿跳的支点。它有机且极具表现力，但它与物理现实中的事物的行为方式几乎没有关系。

但这没关系，因为隐喻和处理手法都是超现实的。物体的抽象和超现实的运动、物体给人的感觉和物体的功能似乎并不奇怪。物体之间的相互作用通常看起来像是一块冰滑过体育馆的地板，这种梦幻般的隐喻和低保真的处理手法给人的预期非常低，因此什么事情都有可能发生。

马里奥设立的真正期望是使用一个形象的人来代表所有的状态。因为马里奥看起来很明显是人类，我们可以看着他说，是的，他正在地面上奔跑，或者正在空中跳跃。当他在地面且一直处于奔跑状态时，对于玩家而言，他处于一种不同的状态，这种状态与他在空中或是游泳时的状态截然不同。让人很容易接受的是，他在空中的时候受到的控制力较弱，因为对于玩家而言，已经输入的不同的状态是显然易见的。奇怪的是在空中竟然有控制力，这不是现实世界中的运作方式，但视觉提示有效地传递了这个变化并保持了一定的逻辑内聚，即使他是相当超现实的。你可以肯定地说，马里奥作为一个形象化的人类，当他在空中时处于和在地面上完全不同的状态。这是关于状态变化的一个很好的视觉隐喻。游戏运用了这样一个事实：马里奥似乎是人类，以配合各种状态的逻辑及运作方式。

规则

从最低级层面来看，有很多关于与敌人交互的非常有趣的规则，这些规则为玩家提供了关于马里奥的物理本质和它所存在的世界的线索，最终改变了玩家与这个游戏世界交互的感觉。例如，蘑菇怪比乌龟更脆弱，蘑菇怪通过一次踩踏就可以被杀死并淘汰出局。一只乌龟可以在一次踩踏中被击杀但是会留下一个龟壳。龟壳存在的事实似乎表明乌龟比蘑菇怪的身体更大，一个乌龟不能像蘑菇怪那么容易被杀死。出于同样的原因，有翅膀的乌龟看起来比那些没有翅膀的乌龟更加强大。马里奥必须踩它们两次：第一次是将它们的翅膀踩断（它们的翅膀显然没有很好地附着在身上）；第二次是将它们从龟壳中敲出来。从蘑菇怪到乌龟，再到有翅膀的乌龟，这些生物之间存在着强大的层级结构。酷霸王是所有生物中最强大的，它不能被踩死，马里奥必须让它陷入岩浆。

所有这些交互告诉我们的另一件事是马里奥相当强大。这些生物的大小与他大致相同，但是他可以相对轻松地将游戏中的任何东西踩死。有人说马里奥的公寓里肯定没有蟑螂。

从中级层面来说，有三种力量提升可以立即影响拓扑空间。当你看到物体的时候，你会希望它们可以给你带来直接的好处，所以你专注于让马里奥收集星星、吃蘑菇和火焰花，你会想方设法得到它们。当然，当你的马里奥已经拥有了顶配的火焰花时，火焰花和蘑菇变得毫无意义，可以被忽略不计。这些都是临时效果，但每一个都会显著改变游戏感。由小变大之后，你的马里奥可以撞碎砖块，可以减少对敌人的恐惧，因为如果敌人击中了你的马里奥，你的马里奥仅仅是再次变小而已。火焰花让你的马里奥能够向前奔跑而不受损伤，直接杀死左右的敌人而不必踩死它们。整个游戏给人的感觉和流程都会改变，因为你不再需要担心大多数普通的敌人。它们不再支配某些空间，因此游戏突然让人感觉更为开放。星星是终极的临时提升道具，让你的马里奥可以随意穿越敌人。有了星星以后，挑战暂时减少到只有跳跃了。这让人感觉更开放，更自由。

最后，在长期规则的最高级层面有加命和星星。游戏中的得分大多无关紧要，这是一种对早期街机游戏的回归。我从不关注或试图在《超级马里奥兄弟》中突破自己的分数纪录。然而，对额外的命，我非常感兴趣。《超级马里奥兄弟》是一个困难的游戏，一开始你只有三条命，这导致你几乎不能犯错。当我看到加命蘑菇时，我会非常兴奋，并立即集中所有注意力去获取它。但是，如果我的马里奥在尝试中死亡了，那么这种努力就会被浪费掉。奖励几乎与风险成正比。感觉就像是走在蛋壳上。根据规则，命是最稀有的物品，而且它们很少，它似乎是最高的奖励，所以我愿意承担巨大的风险来获得它。

金币给予一种最低级别的即时奖励。因为收集100枚金币会给你带来巨大的回报——一条额外的命，所以当你收集它们时，你总会觉得你在做一些有用的事情，有用，却单调，这不像快速运动的加命蘑菇。你可能会花一些工夫去收集金币，但是你不会冒着失去生命的危险。

所以为了做出类似《超级马里奥兄弟》给人的感觉的游戏，故事设计是要超现实的。这不是说你一定要把游戏设计成在大水管上跑来跑去的意大利水管工对付各种抽象的超现实的怪物（通常是会发射子弹的乌龟），但是如果你把马里奥放在纽约闹市区的街角就显得不太对劲了。同样的道理，超写实主义的处理也会损坏交互和运动中的超现实感。为了获得马里奥给人的感觉，处理手法必须把形象和抽象相结合。再次声明，角色不仅仅局限在马里奥上，像案例展示的那样，"围巾侠"也可以做得很棒。

小结

我打赌你永远不会以同样的方式看马里奥，是吗？如果我事先知道需要经过这样深入的分析，我肯定不会这么做。这里的另一项重要内容是：即使在像马里奥这样看似简单的游戏中，游戏感也非常复杂。所有微小的决定融合在一起构成了马里奥不可思议的游戏感。特别是在模拟和对输入的响应方面，有不可思议的一些小而重要的决定。这次的分析让我们深入了解了诸如游戏是否追踪加速度值和速度值，是否只是追踪和更新位置及它们如何改变游戏感这些问题。

此时此刻，你应该清楚地了解了创造一个拥有好的游戏感的游戏的细节。如果你从头开始创作游戏，那么你必须做好准备。保持开放的态度，随时改变系统的任何部分来提升玩家的感觉和感知。正如《超级马里奥兄弟》所证明的那样，即使是看起来古怪的东西，例如，在跳跃过程中人为设定跳跃速度，也可能比一种更传统（学究气太浓）的模拟方法给人的感觉更好。

第14章

《生化尖兵》

　　《生化尖兵》(*Bionic Commando*)于1988年12月在红白机平台上发售。当时,平台游戏的概念已经被《超级马里奥兄弟》很好地建立起来了,因此,很难想象一个类似的、具有同样制作水平的游戏如何不做成《超级马里奥兄弟》的克隆。

　　许多公司争先恐后地去追逐热潮。他们去做微创新而不是差异化,他们创造自己的角色和世界,试图让自己的产品和类似的东西区别开来,但总是模仿马里奥的功能和给人的感觉。红白机平台的游戏的基础已经由《超级马里奥兄弟》奠定了,看起来是如此清晰而不可改变,对于任何想改进太多的人来说都是一场灾难,其中一个看起来没有任何改变空间的动作是跳跃。

　　然后,《生化尖兵》出现了。它不仅仅是为红白机平台制作的游戏中游戏感最好的游戏之一,同时也问出了一个精彩至极的"如果":如果我们制作一个角色不会跳跃的游戏如何?这个游戏会是什么样的?

　　《生化尖兵》给这个问题的答案是著名的仿生学钩爪。在这个游戏里没有跳跃,取而代之的是角色可以在任何东西上制造一个连接点并连接它,然后从游戏中的绝大多数物体上荡出去。仿生学钩爪的结构以及它是怎么在游戏中的指挥官拉德(Ladd)身上安装的,游戏并没有讲清楚,但是它允许角色用钩爪从容不迫地荡着前进,这一点和角色在地面上僵硬地运动的对比尤为明显。在地面上的时候,角色感觉像一个肿块,一个运动的块状物体,运动缓慢,没有惯性,也没有吸引力。但当角色被悬挂起来并摆动的时候,角色仿佛苏醒过来了。在摆动的时候,控制让人觉得有表现力、即兴且得到了释放。游戏让玩家觉得像是在不停地欺骗重力系统,一次又一次地把角色从坠落前的那个紧要关头拯救回来。从这个角度来说,玩这个游戏很像耍杂技、骑独轮车或是骑自行车。

这让角色特别像太阳马戏团里的演员。当世界上的其他东西似乎都被现实、简单、无聊的规则所束缚时，拉德能用意想不到的技巧去突破这一点，用一种似乎不可能但却是情理之中的方式在世界中翱翔。就我个人来说，当我玩这个游戏的时候，我觉得自己在学一项很复杂的技能，但这项技能又扎根于平凡的现实中，比如耍杂技。

现在，通过应用我们的游戏感分类方法，来看看这种效果是怎么实现的。

输入

在《生化尖兵》中，红白机手柄的使用方式和其在《超级马里奥兄弟》中的使用方式非常相似。对同时按多个按钮的需求不多，更多的是强调状态，但用法很相似，很容易掌握。回忆一下红白机手柄，上面有方向按钮和A、B两个按钮，这是个很简单的输入设备，如图14.1所示。在游戏状态下，一共会使用6个按钮，每个按钮的灵敏度都很低。总体来说，这是一个低灵敏度的输入设备。

手柄的形状便于人们握持，重量令人满意，光滑的材质摸起来让人感觉愉快。

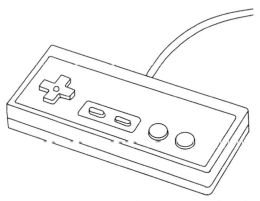

图 14.1 红白机手柄上的每个输入按钮只有两种状态

响应

正如《超级马里奥兄弟》一样，如果你想创造一个和《生化尖兵》给人的感觉一样的游戏，那么你需要处理的主要内容就是响应。然而，不像《超级马里奥兄弟》，《生化尖兵》更依赖动画而不是模拟来展现它的表现力。这一点在《生化尖兵》中非常明显，你几乎看不到《超级马里奥兄弟》里面的那种模拟。

第 14 章 《生化尖兵》

和往常一样，第一个要查看的东西是角色响应玩家输入的运动。角色是什么，它们如何运动？像在《超级马里奥兄弟》中一样，在《生化尖兵》中有两个角色：被直接控制的拉德和被间接控制的摄像机。

拉德这个角色和马里奥一样，在 X 轴方向和 Y 轴方向上可以自由运动，如图 14.2 所示。他可以左右运动，也可以荡上去或者跳下来。运动和视野是相对的，按左方向按钮可以让角色运动到屏幕的左侧，反之亦然，这里没有任何旋转。

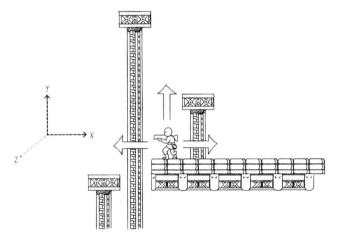

图 14.2 拉德可以在 X 轴方向、Y 轴方向上运动

水平运动

关于在 X 轴方向上的运动，游戏只会追踪角色的位置。不同于《超级马里奥兄弟》使用的对牛顿物理学的模拟，在《生化尖兵》中没有加速度或是速度。当你按下左方向按钮，角色会立刻从静止加速到他的最大速度，没有任何加速过程。按下或者抬起，全速或是静止，就像在《森喜刚》中一样，因此，这里的模拟非常少。输入立刻就被转化成角色的运动。按住某个方向按钮，他会以自己的最大速度朝这个方向运动。按住另一个方向按钮，他不会减速或者加速，而是直接朝着这个方向全速运动。这是僵硬、类似机器人的感觉的来源。你松开按钮，他立刻停住，没有任何流畅、有机的运动，如图 14.3 所示。

我们的世界里没有任何东西会这样运动，因此，拉德会让人觉得像是一个机器人。在这里，角色的运动可以精确到像素，对应的结果是角色的运动没有任何感染力，这样的运动本身并不足以支撑起游戏。

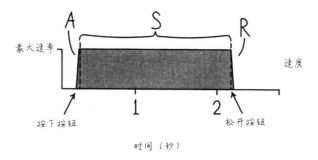

图 14.3 在《生化尖兵》的水平运动里几乎没有冲击阶段

竖直运动

就竖直方向的运动来说,角色可以在 Y 轴方向上通过落下或是使用钩爪来运动。游戏里没有跳跃,所有的竖直运动都是通过钩爪来实现的,钩爪可以向相对于角色的三个方向(竖直方向、水平方向或者对角方向)发射,如图 14.4 所示。

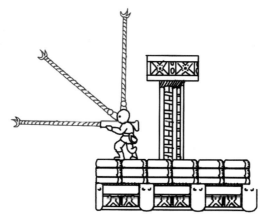

图 14.4 钩爪可以向相对于拉德的三个方向发射

在竖直方向上,运动相当固定。如果钩爪抓住了什么东西,角色可以把自己直接拉起来。如果角色抓住的是特定类型的格子,角色会拖动自己穿过平台,最后站在它上面。除了开始这一下,这是一个事先决定的、动画做出的运动,没有任何玩家的控制。在水平方向上,角色可以用钩爪抓住桶或特定的墙壁,把自己快速拉过去。不管是在竖直方向上还是水平方向上,当角色抓住什么东西的时候,结果通常不是非常有活力的。在钩爪和敌人之间有感受上的非常有趣的交互,我们在讨论润色和碰撞的时候会谈到,但在默认情况下,抓住某件东西的交互给人的感觉很平淡、僵硬且迟钝。《生化尖兵》的真正的表现力来自向对角方向发射钩爪。

当向对角方向发射钩爪并且抓住什么东西的时候,角色进入摆动状态。摆动状态是《生化尖兵》的游戏感的全部。有趣的是,这里的摆动完全不是模拟的。没有任何参数会被追踪来决定加速度和速度。它只是线性地播放事先决定的一组序列帧,来展现《生化尖兵》中角色像钟摆一样的来回摆动,如图 14.5 所示。

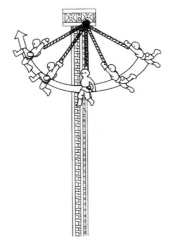

图 14.5　摇摆的感觉更多来自于播放动画

在摆动的顶点,动画的帧靠得更紧,用来展现角色到达弧线顶端时、改变方向时以及朝另一边摆动时速度的变化。同样,角色在摆过这段弧的过程中逐渐加速。这里没有任何特别新的东西,同样的效果常被用来表达一个小球弹跳时的加速和减速过程,如图 14.6 所示。

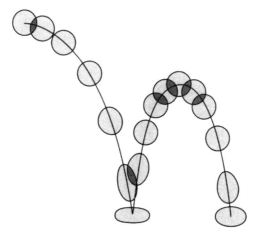

图 14.6　小球弹跳这一动作是通过播放一系列序列帧来表现的

这就是动画的工作原理。动画师通过把物体在每两帧之间移动的距离拉得更近或者推得更远来加快或者减慢物体的运动速度。如果物体在每两帧之间移动的距离被逐渐拉近，给人的印象是物体的运动会慢下来。如果帧与帧之间物体移动的距离变大，物体的运动看起来就像是加速了。这里的运动看起来很棒，因为动画制作精良。给人的感觉就是流畅、有弧线的运动。让《生化尖兵》中的摆动变得不同的地方在于预先制作好的动画里包含了关于位置的信息。展示摆动的帧开始播放的时候，游戏保存了角色摆动时在每一帧中的位置信息，这些信息会被用来检测碰撞或者伤害。最后给人的感受就是一个流畅的、催人入眠的钟摆运动。

在角色处于弧的顶点时，如果顶点对应方向的方向按钮被按住了，那么角色就会退出摆动状态。例如当角色从左往右摆时，如果玩家按下右方向按钮，角色会松开钩爪，向右飞去。注意，这里的水平速度并不是可变的。角色不会因为摆动幅度的大小而获得不同的速度，但角色确实会向其运动的方向飞出去，因为松开钩爪往往发生在摆动动画的某一帧，飞行的轨道会水平偏上一些。从玩家的视角来看，玩家按住想要松开钩爪的方向的方向按钮一小段时间，这段时间里真正的松开并没有发生。这种预先按下按钮得到的结果是产生一种朝玩家想要角色荡去的方向推角色的感觉，同时预测松开钩爪即将发生。这非常有趣，按住按钮并不会改变摆动动画的播放，除非按的时候正在播放角色处于顶点的那一两帧，同时，按的还是正确的方向。但是这种玩家在往自己想要的方向推角色的感觉，把钟摆运动推向了正确的方向。这有一种安慰剂的作用，类似于你把保龄球丢入球道以后的摆手。再次强调，这里说的是玩家的感知。在感觉上，好像是按下方向按钮影响了角色的运动，但游戏根本不在乎玩家的输入是什么（除非玩家的输入发生在角色处于顶点的帧），玩家的输入和摆动是没有关系的。就在角色从摆动轨迹上飞出的那一刻，重力开始起作用了。

《生化尖兵》中对重力的应用的有趣之处在于，这是整个游戏中唯一一个真正被模拟的参数。不像当角色在地面上跑的时候（他的位置被逐帧显示，或者是由预制的帧动画让他跑来跑去），当角色被重力影响的时候，他有速度、向下的加速度和位置。这是唯一一个使用了牛顿物理学的运动。即使角色从一个平台上走下来，掉落的过程也是经过人为加工的。当角色从一个平台的边缘走下来的时候，他会加速向下，然后会达到末端速度，但游戏把加速度值人为加高，当角色跨出平台的时候就立刻达到了末端速度。因此，当走出平台的时候，角色立刻就会以这个人为的末端速度跌落。角色并不是从零开始并慢慢加速的，这让人感觉相当奇怪。

当角色松开一个钩爪,并飞过空中的时候,重力以一种渐进、自然并让人觉得有机的方式起作用。最后,正如马里奥一样,下落到达末端速度,以避免出现从不同高度落下时产生一种古怪、不均匀的感觉。在摆动的时候,角色用一种和马里奥的重力导致的运动差不多是反过来的方式在空中划出美丽的弧线,以不同的链条长度飞上飞下。一旦角色松开了钩爪,他可以立刻去抓下一个点。任何其他可以抓的物体,屏幕上任何可以抓的像素点,他都可以用钩爪去抓。因此,在角色飞来飞去、连接几乎所有物体的过程中,这样的摆动、松开、摆动、松开具有绝妙的表现力。这里的感觉是出色的即兴创作,是利用环境中任何一个玩家觉得可以用的地方自由运动的感觉。如果你玩100遍第一关,然后画出每一次你玩的时候的运动路线,结果是每一次都会出现不同的曲线和运动,就像玩《超级马里奥兄弟》一样。

再次强调,这完全来自对竖直方向的运动的模拟。对重力这个参数的模拟创造了优雅的、平滑的感觉。水平运动的速度是硬编码的,这和其他的实例完全一样。

另一个加入这种表现力的东西是钟摆,钟摆的弧线基于链条的长度。钩爪射出的速度是恒定的,它一旦接触到一个表面,不是抓住这个表面,就是缩回来。所以当角色在空中飞或是站在地面上发射钩爪的时候,基于角色到目标的距离,链条的长度可长可短。如果目标很远,那么就会有一个很大范围的摆动,划出一条很大的弧线。如果是短一点的距离,角色产生的弧线会小得多。它播放的还是完全一样的帧动画,但游戏会按比例降低帧之间的水平距离,来适应链条的长度。结果是,一个比较短的摆动花费的时间和最大长度的摆动花费的时间、播放的帧是一样的,角色只是在水平方向上飞过更短的距离。在松开后,角色在竖直方向和水平方向上获得的运动的总量都是一样的。这会更有表现力,因为在角色来回摆动的时候,他飞过的弧线可以基于的长度变得更短或者更长。你有非常多的选择来决定何时发射钩爪,在用钩爪运动的时候你可以利用这个能力来选择摆动的长度。

碰撞

《生化尖兵》的碰撞模型和《超级马里奥兄弟》的从根本上看是相同的,具体的实施方案差不多,但是给人的感受完全不同。马里奥给人的感觉像是冰块在光滑的木地板上滑动,而《生化尖兵》中角色站在地面上交互给人的感觉有点"黏",

并有几分不自然。碰撞的代码会进行检测，看角色下一帧会处于什么位置，并把他放在他无法穿过的格子上面，但是因为基本的水平运动一点也不松散，这里的感觉很难和玩家的日常经验保持一致。《生化尖兵》中的碰撞更像是尝试着把一个装着武器和锤子的盒子滑过一块地毯，而不是把一块冰滑过一个光滑的表面。《生化尖兵》中的物理感受甚至比盒子滑过地毯还要少：游戏里连一丁点儿摩擦力都没有。我们日常生活中的运动没有一种和拉德水平跑过它所处的环境时的运动一样。

《超级马里奥》和《生化尖兵》的碰撞的主要区别是：有一些格子是拉德在特定条件下可以穿过的。能做到这样是因为有两类可以发生碰撞的方块：可以连接的和无法穿过的。一个方块可以被标记为其中一种，或者同时被标记成两种。

一个可以连接的方块能让钩爪连接，角色不能穿过它（当角色在地面上跑的时候，角色被认为是固体），但一个可以连接的方块上的任何一个像素点都是钩爪可以连接的点。从这个意义上说，当角色在地面上的时候，所有的方块都是固体。但当角色在空中的时候，一切都不同了。如果角色在地面上左右跑，然后撞上一只桶或者一堵墙，碰撞代码会让角色停下。如果角色连接上了标记为可以连接的方块，开始摆动，然后松开钩爪，角色向上撞进了一个方块，可以部分地穿过它。如果平台比较厚，角色可以摆动，然后松开钩爪，撞进它，并在更高的位置用钩爪连接，即使角色叠在方块上，身处于这个方块之中。一旦角色到达了一个物体内部的特定高度，如果角色再次离开摆动状态，碰撞会认为角色的双脚正在和身处其中的平台发生碰撞，角色就会被对齐到这个方块上方最近的固态的地面方块，落在地面方块的上面，就像角色是从上方落下的一样。角色可以利用这个机制爬上平台。

无法穿过的方块不能用钩爪连接，且在任何情况下都不能穿过。即使上面那个摆动的小诡计也不能让拉德穿过。这会让洞穴和隧道的顶部让人觉得极其厚重且坚固。当然，还要假设方块被同时标记为可以连接的和无法穿过的。如果一个方块只是被标记为无法穿过的，钩爪碰到它以后会缩回来，不会产生连接。如果系统把一个方块同时标记为可以连接的和无法穿过的，结果是角色可以和它产生连接，可以进行摆动，但是如果角色试着通过摆动钻入这个方块，角色的头会撞到这个方块，然后掉下去。

从碰撞系统方面来说的另一个事实是，因为当摆动的时候碰撞被关闭了，如果角色在一个水平方向的弧线上摆动，运动的弧线会把角色带到一个标记为无法穿过的方块的内部，角色会弹回来，进入一种特殊的状态，这时候角色完全无法发射钩爪。在角色接触到固态的地面之前，玩家都无法控制他。

摄像机

《生化尖兵》中的摄像机和《超级马里奥兄弟》中的一样，都是被间接控制的。摄像机会跟随玩家所控制的角色的位置运动。相比于在《超级马里奥兄弟》中，《生化尖兵》中的摄像机在竖直方向和水平方向的运动要远得多，不受限制的运动带来了更高等级的自由。这对于《生化尖兵》给人的感觉来说非常重要。没有这样的自由，摆动就会变得拥挤和幽闭，这样的情境对角色的调试来说是错误的。游戏《Wik 的森林奇遇》（*Wik and the Fable of Souls*）的游戏感就有这样的问题。它的表现手法、隐喻、润色精良的动画和视觉效果、鼠标主导的操作都比《生化尖兵》在这些方面要更有表现力、更美。但是《Wik 的森林奇遇》的屏幕不会滚动，所有的运动都被限制在单独的不会滚动的画面里。

一个这样的摆动机制需要空间来存在和活动。这是出于情境的考虑，完全是关于空间布局如何影响机制给人的感受的，我在这里提它是因为《生化尖兵》的摄像机在大部分时间里都是自由运动的，很难想象不是这样的情况。摄像机会自由地向上、下、左、右平移，除非它碰到了屏幕的边缘，这时候，屏幕会停止滚动，角色可以跑到屏幕的边缘并推动它，就像它是一大堆坚固的方块一样——实际上它也是。

摄像机除在不同的屏幕边缘（竖直的或者水平的）停止以外，唯一一个特殊的行为就是在屏幕中心的位置会形成"静区"。当拉德在这个区域中的时候，摄像机完全不会跟随他的运动。当他穿过临界点并走出这个区域的时候，摄像机再次开始跟踪他的位置。在奔跑状态下，这个摄像机不运动的静区会扩大，范围差不多是屏幕宽度的三分之一，如图 14.7 所示。

如果角色站在屏幕的静区中心，在摄像机开始随着拉德平移之前，拉德差不多可以往左或者往右跑屏幕宽度六分之一的距离。因此，从屏幕的中心开始，在一个相对大的区域里，摄像机完全不会追踪角色，但一旦角色跨域了临界点，摄像机会按照他的运动速度来追踪他，以保持他始终在屏幕中同样的相对位置上。

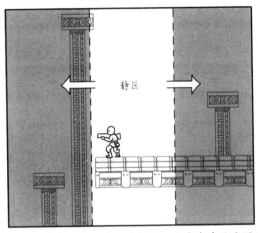

图 14.7 摄像机的运动在屏幕中心会形成一个静区。当角色在这个区域内时，摄像机是不会运动的

这个水平的静区只影响摄像机的水平运动。另一个不同的静区会影响摄像机的竖直运动。竖直的静区不会影响水平方向上的向左、向右的运动。它只会在角色开始下落或者摆动（这是仅有的角色竖直运动的情况，无论是往上还是往下）的时候开始起作用。当角色往上摆动时，他可以在摄像机开始追踪他之前往上飞一段距离，下落的时候也是这样。如果角色走下一个平台或者从摆动状态开始下落时，摄像机会过一小段时间才开始追踪他，因为角色首先要穿过摄像机不会运动的静区，当他碰到静区边缘的时候，摄像机才会以他的运动速度开始追踪他。和水平的静区相比，竖直方向上的静区很狭窄，如图 14.8 所示。

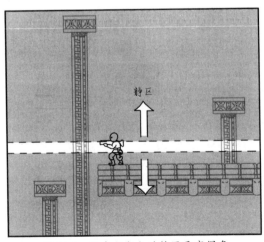

图 14.8 竖直方向上的静区要窄得多

最后一个会影响摄像机行为的细节是静区大小的改变。一旦角色的钩爪连接到了一个点并开始摆动，水平方向的静区就变得大多了，这样角色差不多可以摆动到屏幕的边缘。这是一个比屏幕宽度三分之一大得多的静区。这些静区最后给人的感受和它们的变化、状态的关系是双重的。首先，因为摆动时的静区要大得多，摄像机常常在钩爪附着的那一刻从运动变为静止，这能提升角色通过钩爪锚定在一个特定点的感觉。其次，这个活跃的角色让人头晕的可能性特别高。如果摄像机一直追踪角色（尤其是在角色进行了钟摆式运动时），游戏可能几乎无法玩了。

> **游戏实例**
> 为了体验这一点，想象静区的大小为零。

情境

《生化尖兵》的关卡中高阶的布局传达了一种开放感和自由感。摄像机是从侧视角固定的，这意味着玩家无法看到屏幕边缘之外是什么，但是摄像机的运动是自由的，因此让人感觉游戏场景是开放的、没有约束的。摄像机随着拉德的运动上下或是左右持续运动，给人一种世界没有尽头的印象（至少在一定距离内是这样的）。

这提供了一种自由探索和发现的感觉。独立游戏开发者 Nifflas[1] 制作的横板滚轴游戏《尼特的故事》（*Knytt*），通过创造一个屏幕与屏幕接连不断、无穷无尽的世界，把这种类型的自由感做到了极致。然而，这和《汪达与巨像》或者《上古卷轴 4：湮灭》这样的游戏所传达的感觉是不同的，这些游戏让玩家盯住远处的一个点，这样角色就可以骑马去寻找那个点。《生化尖兵》的视野是狭窄、聚焦的。世界庞大、延展的感觉是存在的，但玩家必须戴着眼罩去欣赏它，一次只能看一块屏幕大的区域。

像之前提过的那样，这种感觉受到屏幕边缘的限制，但仅仅是在特定的地方受到限制。在游戏中，是有可能了解到一个局促的、幽闭的空间布局如何影响游戏给人的整体感觉的，在每一个中立区中都有一个单屏的空间（房间）。角色可

---

[1] 译者注：根据维基百科的信息，这位网名"Nifflas"的游戏开发者是瑞典人尼克拉斯·尼格伦（Nicklas Nygren）。

以试着在这个房间内自由地摆动,但这是根本不可能实现的,即使角色连接到了一个表面上,但无论角色摆向何处,都会立刻撞到墙壁。如果每个关卡都像这样被限制在一块屏幕内,这简直太让人恐惧了。谢天谢地,大部分的关卡在水平方向上都伸展得很长,没有很多束缚去限制角色的运动。给人的整体感受就是具有开放感和自由感。采用这类布局的关卡,比如第一关,都是给人的感受最好的关卡。那些偏离这个方式的关卡都带走了即兴发挥和随处摆动的自由,失去了让这个游戏产生良好感受的来源。

在躲避物体和寻找路径的关卡中,《生化尖兵》通常让人感觉更像是一个门可罗雀的商场而不是一条拥挤的人行道。有一些要躲避的偶然的东西,但并不需要真的一直担心什么朝角色运动及如何躲避它。因为摆动机制需要如此多的注意力,添加其他需要躲避和处理的物体并不是必要的。因此,尽管经常会出现凌乱的障碍物,但大部分的关卡还是开放的,因为在摆动时,角色可以穿过许多竖直平台。除非某个东西被标记为无法穿过,否则它更像是一个可以被利用的资源而不是一个需要躲避的障碍。这意味着,唯一真正提供了关卡中空间环境、改变了躲避物体和寻找路径给人的感受的东西,是不可穿过的方块、敌人和敌人的投射物。

随着关卡级别的提升,游戏的趋势是提供越来越少的连接点,敌人则会占据越来越大的空间。举个例子,后期的一个关卡的特色是让角色单纯地在一个高塔里爬升。角色爬得越高,游戏提供的连接点越少。更少的连接点意味着角色有很大的可能会掉下去,然后不得不从头爬。同时,会出现飞行的敌人,它们的攻击方式是发出扫过屏幕顶端的闪电光束,使得玩家想利用的大部分可能的连接点都不能用了,这可能是设计师犯的一个小错误。最好的关卡会提供大量的结构、大量的地方供玩家连接。在早期的关卡里,尤其是在第一关中,在角色想去的地方会有大量可能的连接点。这样做的好处是提供了大量的表现力和即兴表演的空间。从功能上来说,如果有这么个地方,整个区域里的全部平台都被标记为可以连接的,并且没有无法穿过的,那么角色可以摆荡到任何地方,这感觉太棒、太美妙了。这是整个游戏给人的感受最好的部分,角色可以通过非常多不同的方式去接近一个躲在桶后面射击敌人。玩家可以做100次同样的事情,每次都会有些许的不同。

在后期的关卡中,角色会陷入这么一种状况:不得不进行一系列的摆荡,却只能连接到喧闹的扩音器、灯或者别的在柱子顶端的很高的东西,这意味着角色可能的连接区域相比于屏幕区域的整体来说非常小。这些东西让玩家从早期关卡展示的那种纯粹的、即兴表演的感觉中分心了。玩家不得不去思考要做什么，这样才能做出准确的判断，以至于失去了这种表演的感觉。一旦游戏开始拿走连接点和屏幕空间，角色就失去了即兴表演的能力，以及其他所有有趣的、有表现力的事情。

玩家在游戏中对速度的感觉来自静态的背景物品，它们有大量的材质和种类。环境中的物体相对于角色快速运动，创造了一种运动的错觉。除水平方向和竖直方向的运动的不同之外，没有什么可说的。当摆荡、连续使用钩爪的时候，角色的钩爪达到了最大长度，他的水平方向的运动会比竖直方向的运动快得多。角色可以通过一个竖直发射的钩爪把自己快速拉上去，但是通常来说，在感觉上角色的水平速度要远大于竖直速度。当然，除了落下，这个运动比游戏里的任何运动看起来都快。

此前，我们讨论了最低阶的情境、物理碰撞和物体之间的交互。在这里再次强调，角色在地面上运动就像是把装着武器和锤子的盒子放在粗糙的地毯上。在空中，角色只会和无法穿过的方块碰撞，所以在给人的感觉上，这个运动是在世界之上的，并能飞跃一切。当角色在空中和一个无法穿过的方块碰撞的时候，玩家会感觉角色的翅膀被撕掉了。当角色掉下去的时候，我总会觉得角色有点像神话里的伊卡洛斯。

润色

谈到润色效果，《生化尖兵》真正的卖点在于角色的动画和被钩爪触发的音效。角色的动画包含了微妙的线索，比如用脚尖站立，以及当钩爪朝上发射的时候合适而又令人满意的反应。这些动画展现了这个角色非常结实且非常真实、是由血肉和钢铁铸成的印象。你真的可以感觉到他用双足让自己运动，即使在视觉上只不过是三个像素的变化。微妙的重量偏移让玩家能够看到发射钩爪的结果，让钩爪看起来像是一个重的、结实的金属物体。

另一个特别棒的动画是发射钩爪。当发射钩爪的时候，角色提高了支撑脚以抵消后坐力。一旦钩爪抓住什么东西，他马上把脚放下，看起来像是把重心又移回来了。这是很微妙的视觉线索，但是它被制作得很好，并完美地表达了角色的物理感。我总是基于动画假设,认为拉德不能跳跃的原因是他的巨大的金属手臂。仅仅花费了 10 帧动画,就让玩家清楚地知道这家伙身上的金属太多了,所以无法跳跃,非常"物超所值"。

另一个帮助很好地塑造了游戏世界和其中的物品的真实感和物理感的动画是钟摆动画。拉德来回摆荡,在每次从顶点落下之前都会做一个痛快的表情,然后荡向另一个方向,这棒极了。这只不过是由一系列的位置定义的空间,但角色穿过时的形状真的传达了摆荡和运动的感觉,这些都是在这一些帧动画里完成的。Kudos 找到了动画师,通过很少的像素获得了尽可能好的效果,传达了角色来回摆荡、在弧线的顶端减速、转换方向及荡回去的感觉。

另一个精彩的动画效果是当角色摧毁特定的敌人时,掉落的绿色和白色的可收集物品的令人满意的弹跳。它们通过产生与我们之前看过的弹跳球动画类似的弧线,展现出令人满足的弹跳。它们在弧线的顶端运动得很慢,随着失去势能,它们逐渐弹向地面。角色可以通过钩爪在空中抓住它们,这感觉很好,即使它本质上只是一个靠近检测,然后把物体吸向钩爪。玩家获得了这种精彩的触感,发射钩爪、抓住物体然后拖到自己身边,小钩爪变成了角色的手的代替品,这感觉就像伸手去抓掉在水泥地上的弹球一样。

音效也能帮助强化世界的物理特性。由于处理器性能的不足,游戏里并没有视觉效果可谈,因此传达所有信息都要通过动画效果和声音效果。

最重要的声音由钩爪自己发出。声音序列由钩爪的伸展声开始,就像《超级马里奥兄弟》中的跳起声一样,它是一个升调。这个音效和钩爪向外展开的动画是匹配的,和《超级马里奥兄弟》中的逐渐升高的哨声匹配跳跃时的向上运动的方式类似。如果钩爪没有抓住任何东西,那么就没有更多的声音了。如果它连接到了什么东西,结果是发出一种令人非常满足的"咔""锵"声。即使非常简单,游戏还是能够通过两个快速的声音传达某种反馈,大部分玩家把它解读为钩爪合起并钉入表面的声音。它令人佩服地高效,它让钩爪让人感觉像是金属的,而表面让人感觉像是易碎的石头。最后,如果钩爪撞到了一个它无法连接的表面,结果是发出一声很钝的、好像是撞到橡胶的"砰"声。这三种声音在整个游戏过程中会被听到数百次。每次当角色运动的时候,声音表明了钩爪的伸展、连接或者回弹。在《生化尖兵》中,这些声音非常高效地带来了一套沉重、金属感的交互。任天堂的音效并不是什么绝妙的东西,但是它们真的通过上面的三种声音搞定了一切。

总的来说,《生化尖兵》中一些润色元素传达了需要传达的信息：角色有一些重量感,他是由血肉和钢铁组成的,他的钩爪和环境的交互有着很强的触感。显著缺少的东西包括当角色被击中时合理的嘟哝声（他像一只猫一样喵喵叫）,一个摧毁墙壁或者起重机时的声音（游戏里什么声音都没有）,以及角色和敌人的脚步声。

隐喻

从概念上来说,游戏里的角色仿佛是一名小小的军人。他恰好有一只金属的、仿生学的手臂,因此有人假设他并没有刻意被设计成写实的角色。在游戏里,这个印象会被角色遇到的骑着起重机的士兵、奇怪的昆虫及背着《捉鬼敢死队》(Ghost Busters)风格的喷气背包飞行的士兵所强化。每个东西都有点荒诞。

和概念化地传达的东西所协调的是,处理手法通过一种彩色的、块状的、形象化的美学和基于这种现实的超现实的隐喻所匹配。角色和敌人都是歪曲的图标,没有任何现实主义的尝试。大部分东西都是可以分辨的（如怪物蛾、穿着红色衣服的士兵、丢手雷的士兵）,但是他们都离"有意义"差得远。这就是说,角色的表现不如马里奥那么超现实,因此,玩家会对他们接下来的行为有一定的期望值。

谈到期望值,有人期待一个卡通化的军人能够在到处跑的时候有一定的分量和仪态,但是他的物理特性可能也会相当卡通。换句话说,因为处理手法如此多样,并没有对基本的运动、重力的效应等之外的东西有任何的设定,所以他无法翻越一个小桶,这有点难以解释,游戏设计师的解决方式是让拉德看起来巨大且沉重,并且不仅仅装有一只巨大、沉重的钩爪手臂,他的身体的一部分可能也是金属的、仿生学的。可能因为他太笨重了,所以才需要一只钩爪来让自己能四处运动。空中似乎才是它应该在的自然环境。这是让《生化尖兵》如此令人满足的隐喻的元素——拉德像猴子、人猿泰山或者蜘蛛侠一样在空中摆荡而过,这和童年的反重力的幻想不谋而合。

规则

《生化尖兵》中的角色和马里奥一样在能力上有层次之分,这是建立在各种敌人具有不同的生命值的基础上的。像蘑菇头一样，这些左右跑或是跳伞进来的军人非常脆弱，用任何武器都能一枪打穿他们，用最基础的武器开三枪就可以杀死藏在桶后的敌人，通过更多生命值这样的低阶规则，角色看起来更强有力了。以此类推，用最基本的武器打更大的 Boss 需要开许多枪才可以杀死它。随着角色在游戏里前进，会发现这些不同等级的敌人。一开始角色会遇到开一枪就能杀死的敌人（最基础和最简单的敌人），然后角色会遇到开几枪才能杀死的敌人，敌人在被杀死之前，被打中的时候会发出不同的声音，因此这些敌人看起来强大得多。通过低阶的生命值规则，对于这些角色要射击并最终摧毁的东西，玩家能发现许多有趣的关于质量、坚固程度和物理属性的标志。特定的敌人会在游戏里出现，每个类型的敌人往往需要同样的击中次数才能被杀死，敌人提供了检验武器有多强的基准。如果角色的武器更强，同样的敌人只需要更少的击中次数就可以被杀死。

在低阶的交互中，玩家也有"生命"。这是一个任意的规则，向玩家提供了有韧性的感觉，或者说脆弱的感觉。有趣的是，在游戏的开始，角色会被一枪杀死，在象征意义上，他都是"绿色"的。随着角色杀死敌人，敌人掉落了小包，收集足够多的小包后，角色的生命会增加，生命盒是一个绿色的小图标，显示在屏幕的左上方。从角色获得第一条生命开始，如果角色被敌人或者敌人的子弹击中了，角色会损失一条生命而不是更重要的续关（或者生命，如果你喜欢这么说的话）。如果在受到伤害的时候，角色没有额外的生命，玩家就不能再续关了。角色最多可以拥有 10 条生命，它们成为角色对抗伤害的坚实的屏障。有趣的是，一个敌人通过特定的交互对玩家造成的伤害的总量为这个交互提供了力量感。撞到敌人或者被敌人的子弹击中只会扣去一条生命，但撞上尖刺则会扣去三条生命。这很奇怪，但子弹造成的伤害和撞上敌人是一样的。陷坑则让角色丢失大量的生命。它们比起被射中或者撞到敌人要危险得多。

这个生命系统向上扩展成了一个关于续关的高阶规则。如果角色没有生命了，游戏结束。这让玩家在角色的生命盒变为零的时候会非常仔细地思考当前的环境，因为在游戏里，生命是最稀缺的物品。玩家可以找到它们，但是它们非常稀有、非常重要，因为如果玩家失去了所有的生命就会失败，并不得不从头开始。《生化尖兵》里并没有存档。为了通关，玩家必须一次性地从头到尾打通全流程。因此，当角色的生命很少的时候，它真真切切地改变了玩家的感觉，让玩家对当下正在和敌人的生命值有关的规则是武器和它们的相对强度。角色的某些武器能造成更多伤害，让人感觉更强有力。举个例子，火箭发射器发射一次可以摧毁普通步枪开两到三枪才能摧毁的东西。两相对比，火箭发射器给人一种更强有力的感觉。

最后一个需要看一下的规则方面的东西是射击给人的感觉。B 按钮被映射到了基础的射击机制上，每次 B 按钮被按下时，都会创造一个新的物体。这个新物体是一发子弹，它朝着角色面对的方向发射，并以一个恒定的、事先确定的速度朝这个方向飞出。"改变"感觉的规则和《洛克人》中相应的规则一样：在同一个给定的时间里，只有任意的、有限数量的子弹能显示在屏幕上。举个例子，如果角色开了两枪，然后它们能够在消失前横穿整个屏幕，那么角色在第一组子弹飞出屏幕之前便无法开下一枪，等待可能会花费大量的时间。然而，如果角色站在距离要射击的目标一到二格之外，这些子弹都会被摧毁并很快被清理掉，对子弹总数的限制就被移除了，这样角色就可以马上再次射击。这样做导致的实际结果是，如果角色离要射击的目标足够近，可以用更高的频率射击。这里的有趣感受在于，如果你的角色离目标很远，你需要很精确的射击；但如果你的角色离目标很近，你可以猛按射击按钮，以获得快速的响应，你甚至能获得和你按按钮的频率一样快的响应。

小结

《生化尖兵》开辟了新天地，展现了平台游戏并不只是马里奥的克隆才能获得很好的游戏感。它通过拉德这个不能跳跃的、在地面上很僵硬且笨拙的、可以通过他的钩爪在空中非常轻松地运动的角色做到了这一点。当摆荡的时候，拉德"活了过来"。操控让人觉得充满表现力、即兴和自由，欺骗重力的持续过程一次又一次地在最后一刻从坠落的边缘拯救角色。就像一只信天翁一样，在地面这样不属于他的"自然"环境中，他很笨拙，但是在空中，他给人的体验绝对是快乐的。

《生化尖兵》的设计师藤原得郎（Tokuro Fujiwara）成功找到了打造最优游戏感的元素的组合。特别要提的是，《生化尖兵》的表现力来自向对角方向发射钩爪，以及角色的竖直运动。这种流畅的、弧形的运动非常强有力。藤原得郎通过摆荡和松开钩爪跃出打造出了美妙的自由感。由于角色能连接几乎所有东西，游戏会给玩家一种利用环境里的一切东西进行即兴表演的感觉。

《生化尖兵》证明了通过低灵敏度的红白机手柄完全可以实现流畅、有机的控制，而且完全不需要直接克隆马里奥。它给人的感觉如此之好，以至于玩游戏的感觉被长久地留在了玩家的脑海里。10帧动画和能够连接屏幕中任何点的能力创造了这个游戏伟大的感觉。

第15章

《超级马里奥64》

当我刚拿到驾照时,我做的第一件事就是开车到镇上买了一台任天堂64(Nintendo 64,后文简称N64)主机。N64主机在北美的发售日期正好在我的16岁生日以后,一盘《超级马里奥64》的卡带是我当时唯一比驾照更想要的东西。在我看来,汽车仅仅是用来缩短我从一家商店到另一家商店的时间的工具,一种"狩猎"限定版主机的便捷方式。我告诉当时的女朋友,我们恐怕得下次才能去看电影了,因为我今天"与一名意大利水管工有个约会"。

当我坐下来开始玩这款游戏时,我仿佛回到了旧时光。那时我盘腿坐在我朋友的家里,玩得满头大汗,那是我第一次接触《超级马里奥兄弟》。尽管我花费了很多工夫才开始学会在这个生动的新世界中周游的技巧,我仍然觉得十分有趣,仅仅是到处乱跳乱撞已经足够有意思了。《超级马里奥兄弟》的世界对于当时仅9岁的我来说还是太复杂和混乱了,但毫无疑问的是,花费时间去学习游戏技巧能带来极大的乐趣。这个世界拥有自洽的物理规则,让人触手可及。学习如何控制马里奥感觉就像学习如何开车,而我正好刚刚学会了开车。游戏的复杂度让新手手足无措,但也因此充满了新的可能性,在学习过程中碰到的大量的挫折都是值得的,我玩得根本停不下来。在游戏中的每一个角落都有新的、独特的接触和交互,而它们之间又是兼容的,这让我更加确信这个世界有它自己的物理规则。这是一个完备、自洽的世界,但具有与现实世界完全不同的物理规则。通过很灵敏的马里奥这个工具,我能够在触觉和身体层面与这个世界进行交互,正如我和现实世界进行交互一样。但马里奥的世界要有趣得多,因为在这个世界中我能跳跃、翻筋斗、翻滚和踢腿,甚至能飞。我学到的每一个技巧都让这个世界看起来更大、更牢固。

即便到了今天，这款游戏仍然对我有极大的吸引力。我仔细尝试跳跃的时机，研究角色怎么加速，尝试多取得一颗星星来解锁游戏中的飞行帽子。

将《超级马里奥 64》世界中的机制拆开来看能让我们更好地看清它让人沉迷的原因。物理规则只是一种幻象，变量、力和物体的行为之间建立起来的是怪异的、不太可能存在的关系。举例来说，当角色跳跃到顶点时，他受到的重力会加倍，而当他在跑到一定速度后蹲下时就会开始滑行。正是这些关系决定了我们对《超级马里奥 64》的感觉，这些奇怪的、看上去是随意设定的、相互独立的关系改善了我们对操控和交互的感受。正如贾尔斯·戈达德（Giles Goddard）所说："马里奥的运动都是基于真实世界的物理规则的，但你需要在这个基础上进行一些改进来让角色做到很多玩家在现实中做不到的事情。"[1]

什么是最重要的

到底是什么让《超级马里奥 64》具有独特的游戏感呢？是什么效果和关系决定了这种游戏感？

这其中最重要的是摄像机与角色的关系。在《超级马里奥 64》中，最基础的运动都是与摄像机相关的。施加在摇杆上的力在让角色跑动和转向的同时，也会让摄像机的位置和朝向发生变化。不像《古墓丽影》《生化危机》和其他首先让角色在三维空间中自由运动的游戏，马里奥的动作总是由摄像机的位置和朝向决定的。当你在 N64 手柄上面一直按下方向按钮时就能实际观察到这一点。当马里奥到达摄像机正下方的一个点时，他开始"害怕"，并不断绕圈。这是因为向下的运动总会让马里奥朝着摄像机跑来。当他跑到摄像机的正下方时，就开始原地绕圈了。

另一组重要的关系是摇杆的位置与马里奥的运动速度之间的关系。《超级马里奥 64》是首款把摇杆的位置对应到角色的运动速度的游戏。将摇杆往某个方向推得更远能让马里奥运动得更快。值得注意的是马里奥并不是加速运动的，他的运动速度与摇杆的位置有一个直接的对应关系，有趣的是因为推动摇杆到特定位置总是需要一定的时间，因此马里奥看起来就像是在加速一样。

---

[1] 译者注：原始链接已经无法打开，原文请参考随书资源包中的 P246.1。贾尔斯·戈达德是开发《超级马里奥 64》的程序员之一。

动画是构成《超级马里奥64》的游戏感的另一个巨大的组成部分。当马里奥奔跑的时候,他从来不会发生滑步。他的动画永远都会完美匹配他的运动速度,让他看起来脚踏实地,这让他和脚下的每一寸土地都更真实、更生动。当马里奥改变方向时,他会走出一小段弧形的轨迹。当摇杆频繁地改变位置时,游戏中的角色并不会完全对应摇杆位置的变化,而是会沿弧形的轨迹在周围运动。当这种情况发生时,马里奥会微微地向拐弯的方向倾斜,好像他正在用体重去平衡转向需要的向心力。当摇杆从一个方向往另一个大致相反的方向(例如从左到右)运动时,游戏角色看起来像是在用脚刹车一般向前滑动一段距离后才开始往反方向运动。游戏底层的模拟机制只是在正常运作,但这种用脚刹车的动画让马里奥看起来更像是一个物理实体在现实世界中运动。这些动画几乎出现在了马里奥世界中的每一类交互中,不断加强其中的操控感与交互感。

另一个和《超级马里奥64》的游戏感关系密切的组成部分是角色的运动和世界中物体间距之间的关系。在《超级马里奥64》中,物体间距和跳跃的距离、高度之间的关系被调整得非常完美。显然,游戏在开发时确定了一套物体与空间之间的基础关系,然后整个游戏都严格遵循这一关系。物体的间距和尺寸完美匹配马里奥跳跃的高度和距离。当利用踩墙跳机制时尤其能看出这点,踩墙跳需要让角色在两堵墙之间来回跳跃。这些关系在整个游戏中都被调整得非常完美。

《超级马里奥64》中的关卡也倾向于通过构造高大、圆滑的组成部分来组成一个巨大且自我包容的世界,从而避免由于空间原因导致摄像机出现问题。摄像机总是朝向内部,并且不会被障碍物遮挡。这样做的另一个好处是可以让玩家聚焦于重要的物体和区域,提前展示出他们的目标,允许角色爬上巨型结构的高处并往下看,进而获得一种很强的、身处高层空间的感觉,就像是从山顶或者高层建筑顶部往下看一样。布局完美的关卡配合了游戏的机制、摄像机及能够自由漫游的3D视角。当角色进入封闭的洞穴环境中时,游戏的摄像机会切换到一个固定的位置,就像监控摄像头一样,这些关卡相较来说就显得比较无力了。

在游戏的关卡设计中,物体的间隔和在它们之间运动凸显了《超级马里奥64》的游戏感中最棒的一部分。我注意到游戏中不存在很多需要玩家准确踩上去的东西,尤其是运动的物体,踩蘑菇怪的操作正是因为超级马里奥3D化的原因而被取消了,相对于让马里奥运动,要精准地踩在一个运动的蘑菇上太难了。在第一关(炸弹王国)中,玩家需要让马里奥跳到一个木杆上才能释放出锁链怪,这个操作给人的感觉非常奇怪，因此这种设计在游戏中并没有被频繁地使用。为了在一定程度上解决这个问题，游戏一直在马里奥的脚下显示着阴影，但游戏还是很少会让玩家操控马里奥跳上一个宽度比马里奥身体宽度的 5 倍还要窄的地方。如果需要跳上的位置的宽度小于这个限度，游戏就会变得太难以至于玩家很难体会到乐趣。

《超级马里奥 64》的游戏感是《超级马里奥兄弟》的游戏感在一个全新的 3D 环境中的实现。相对于其复杂的物理交互系统，游戏仍然保持着比较简单的交互方式。尽管游戏的输入空间比《超级马里奥兄弟》要复杂得多，但它仍然保持一种较为轻松的体验和复杂且具有深度的物理系统。

我们还是像从前一样，先看看 N64 主机的输入设备，即 N64 手柄上的输入方式与通过操作手柄输入到设备中的信号的种类。基于此，我们会看到游戏中的各种调节机制及它们会在何时、何地起作用。然后我们会详细分析这些调节机制的关系，以及游戏机制是怎样让它们生效的，并看到模拟操作和赋予这种操作意义的游戏情境的关系。然后，我们会看一看润色效果如何强化身体的、触觉的、交互的感受。我们还会从隐喻的表现上去分析《超级马里奥 64》，看看隐喻怎么影响玩家对马里奥与环境交互的期望。最后，我们会看看规则是如何深刻影响玩家的价值感知和世界中的多种物体和敌人的物理特性的，以及如何通过强调特定的交互和机制来改变游戏感。

输入

《超级马里奥 64》的输入设备是 N64 手柄，它具有 10 个独立的按钮、一个方向按钮与一个摇杆，如图 15.1 所示。

尽管 N64 手柄的形状比较奇怪，但用手握它的感觉非常好。它的塑料材质非常光滑，标准按钮的质量也很棒，弹性很好。它们虽然不如如今的手柄上的按钮的反应那么干脆，但功能也正常。手柄的 L 按钮、R 按钮与背面的 Z 按钮比手柄的正面按钮要更受玩家欢迎，它们的键程更短。手柄上的模拟摇杆是首次被应用到产量如此高、如此成功的游戏主机上的，操作它的感觉以今天的标准来看比较僵硬，就像它底下垫了一层砂纸一般。摇杆的长度比如今的摇杆更长，弹簧也更有力。相较于我的 PS2 与 Xbox 360 手柄，我几乎要用两倍的力来推动它。摇杆回推的力道更容易让玩家感觉到。因此,玩家能够收到更精准地反馈(见第1章),能够更准确地操作。这种特性被《超级马里奥64》完美地应用了,尤其是在一些马里奥需要潜行通过正在睡觉的敌人的时候。操作它没有操作如今的手柄那样圆滑的感觉,当它没有被推动时显得有些松动,但在操作它时玩家能产生更强的空间感。最后,摇杆的凹槽并不是圆滑的,而是一个八边形,如图15.2所示。

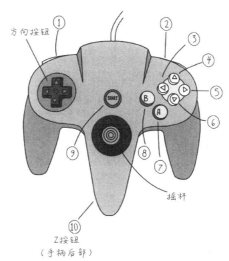

图 15.1　N64 手柄上的多种输入方式

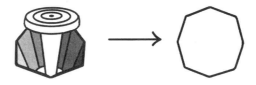

图 15.2　N64 手柄上的八边形的摇杆槽提供了一种与圆形摇杆槽完全不同的使用感受

　　这种手柄的设计原则是任天堂一直秉持的,在如今的 Wii 主机的手柄中仍能看到,这使得摇杆在推动时总是会落到八个方向中的一个上。总是将玩家准确地导向八个方向中的一个上是有好处的,但作为代价也牺牲了玩家的一些体验。当玩家推动摇杆转圈时总是会有奇怪的卡滞感,摇杆槽的棱角也让玩家损失了一些操作的空间。摇杆划过摇杆槽的棱角时的磕碰声让我觉得很享受,但我还是更喜欢圆形摇杆槽给人的触感。 应用我们对输入设备的分析,我们能看到 N64 手柄上的 14 个独立的按钮,具体如下。

- A 按钮。

- B按钮。
- C按钮（上、下、左、右）。
- 方向按钮（上、下、左、右）。
- Z按钮。
- 肩键L。
- 肩键R。
- 开始按钮。

这其中唯一的连续输入设备是摇杆。摇杆的运动是线性的，而不是旋转的，它在X轴和Z轴上运动。X轴与Z轴上的运动是整合在一起的，它会同时记录在两个轴上的运动。因为摇杆是通过弹簧来测量的，因此它测量的是推动摇杆的力，而不是摇杆的位置，它是一种间接的输入方式。你不能像使用一块触摸屏一样直接去触摸你想要的地方。按钮发送的是最常见的两态信号："上""松开""下""按住"。而摇杆则会基于它被推离中央的距离，以两个轴上的坐标值的方式发送连续的信号流，这些信号会以-1到1之间的浮点数的形式被发送，如图15.3所示。

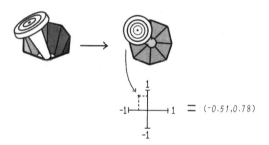

图 15.3 N64摇杆所传递的信号

响应

《超级马里奥64》中有两个角色，一个是马里奥，另一个是朱盖木（在游戏中扮演摄像机的角色）。这两个角色都能被玩家直接操控，但当玩家没有主动去操控朱盖木时，他默认是被间接操控的。

在《超级马里奥64》中，马里奥这个角色的行为对输入信号的映射方式和前作是类似的，它利用按基础按钮、组合按多个按钮、时间敏感性操作和状态敏感性操作来向简单的模拟加入力。不过游戏中没有让某个按钮直接对应于某些模拟参数的改变。玩家不能像在《超级马里奥兄弟》中一样按着 B 按钮来让马里奥加速。除长按跳跃按钮会加大跳跃的力量以外，《超级马里奥64》中的基础跳跃与前作几乎是一样的。就像在前作中一样，角色在空中时是处于另一种状态中的，这时操作的推力还在，但是被削弱了。在《超级马里奥64》中，跳跃的动作也会让角色的朝向从离开地面的一瞬间就被锁定，此后的操作只能对它的运动做微调了。当左方向按钮或右方向按钮被按下时，马里奥不会在空中旋转并沿弧线运动，转向的力会直接施加在侧面，如图 15.4 所示。

图 15.4　在《超级马里奥64》中，当马里奥处于空中时，操作的推力会使马里奥向左或向右运动，而不是使马里奥旋转

设计方案与模拟

　　除基础跳跃以外，游戏中还有好几种通过使用不同的按钮组合触发的组合跳跃，玩家能通过按顺序按组合按钮或在特定的环境下按下特定的按钮来做出各种不同轨迹的跳跃动作。举例来说，玩家在马里奥冲向一堵墙时按下跳跃按钮就能让马里奥做出踩墙跳的动作，而当角色的速度达到一定程度或刚刚落地时按跳跃按钮就能触发三级跳的动作。此时，跳跃在空中以相同的减速度在角色初次跳跃所朝向的方向上进行。接下来让我们看看在其表象之下驱动这些运动的模拟，以

及各种输入信号是如何调整模拟中的各个参数的。

《超级马里奥64》中促成各种运动的模拟是基于俯视图构成的。由输入所调节的每一个参数都被非常简单地模拟出来，定义清晰且写死在程序中。除碰撞代码以外，游戏里没有任何通用的代码。各种输入、动作和时间都有具体而复杂的关系。因为这些关系被定义得如此具体，且只在必要的地方才存在，所以就能对运动和驱使运动的模拟一起进行分析。

要重建《超级马里奥64》的游戏感，首先需要准备的材料是一个胶囊和一个平面，如图15.5所示。

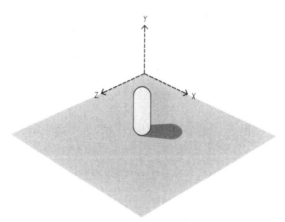

图15.5　重建《超级马里奥64》的游戏感的起点——一个胶囊和一个平面

游戏实例

要跟上后面的内容，请打开《超级马里奥64》。

整个模拟的基础是重力和碰撞。我们的胶囊应该逐帧地落向地面，直到碰到地面并停留在它上面。一旦胶囊与地面接触，它会表现出受到极大的摩擦力一般，保持静止，停留在原点，不会四处滑动。在运动中，结果也是类似的，除非地面与水平面的夹角大于45°。如果往一个倾斜角度大于45°的斜坡上跑，胶囊就会不断减速，相当于受到一个与奔跑方向相反的作用力。如果在受到反向的作用力后胶囊的速度仍然是向前的，胶囊会继续沿着斜坡向上跑，尽管会跑得越来越慢。举例来说，在约60°的斜坡上，胶囊仍然能爬到斜坡的顶点。但当坡度到了一个特定的值（大约是75°）时，推动胶囊向前的力就不足以抵消斜坡加给它的反向作用力。此时胶囊就会进入一个新的状态——滑行。在滑行状态中，胶囊受到的摩擦力会小得多，它会沿着斜坡以一个与坡度相关的速度滑行。斜坡的坡度越大，胶囊滑行的速度就会越快。在滑行的过程中，我们可以做出让胶囊向左或者向右的操作，这相当于我们前面说过的正常操控的"力的削减"版。当马里奥踏上一个陡峭的斜坡时，他就会进入这种滑行的状态，并逐渐往下坡的方向运动。

所有这些滑行的过程都会加强玩家对于地面材质的印象。胶囊与地面的交互是很细微的，它能表现出马里奥的鞋底对滑行而言是有一定阻力的，虽然整个过程的动画都很卡通化（马里奥会先失去平衡，然后企图稳住自己，最后控制不住向下滑去），但他的脚与地面的交互产生了很细致的真实感。马里奥也会从他爬得上的斜坡上滑下，正如你在徒步旅行时试图爬上一座布满碎石的陡峭山坡并失败时一样。除此之外，地形的相对坡度对空间环境也是非常重要的，这个坡度为关卡的边缘提供了一个软性的边界，让攀登高山和建筑有了更多的乐趣。由于马里奥不能直接跑上陡坡，所以登上陡峭的山顶给了玩家更多的成就感。游戏中的许多地方都加入了这种需要下滑操作的环境，例如，在高高雪山这关里企鹅赛跑的部分。

在胶囊沿着物体表面滑行时几乎是不受到摩擦力的。这和在赛车游戏或我们讨论过的一些其他游戏中一样，胶囊此时的碰撞就像是在滑水道中滑行。胶囊能顺畅地向下滑行，而不会被卡在一些地方，这与现实世界的物理模型不一样，因为在下滑中经常被卡住对于玩家来说是一种很糟糕的体验。

基础碰撞的最终结果是，物体的动力和摩擦力给人的感觉会不断改变。游戏中的斜坡和滑行在这方面是一个令人非常喜欢的低成本的小花招，每一次地面坡度的变化都强化了触觉，也强化了马里奥和地面之间的物理关系。这使得这些交互充满了微妙且细微的差别，游戏中的关卡设计也充分利用了地形的变化和布局来进一步强化这种感受。

当胶囊在场景中四处运动时，它几乎不会受到任何物体的阻挡。除非它正面撞上了一个物体，否则由于侧向摩擦力的缺失，它能够滑过任何物体。这使得玩家的操作具有一定的容错性，玩家不需要让马里奥非常准确地进行运动。游戏给玩家造成的印象就是简单的"你想让角色去哪，他就会去哪"。模拟机制需要体现的真实感以现实的眼光来看是非常奇怪的：当胶囊与物体碰撞后只是把角色重定向，让胶囊沿着被碰撞物体的边缘继续前进。在这点上，关卡设计再次很好地解决了这个问题,它提供了更多连续、平滑、少棱角、像滑水道一样的场景,而很少会有零碎的、边缘生硬的、可能会阻挡胶囊前进的场景。

作为碰撞部分的结尾,我们想要告诉各位读者:除上文所说的方式以外,还有许多种不同的方法来实现一样的效果,我们在此就不展开了。有许多优秀的书籍详细介绍了应用碰撞系统的技术细节,比如克里斯特·埃里克松(Christer Ericson)写的《实时碰撞检测算法技术》(*Real-Time Collision Detection*)。

奔跑的速度与方向

在摇杆被推动产生 X 轴和 Y 轴的数据以后,就会在游戏中产生马里奥相对于摄像机的速度,这给了马里奥运动的方向。一旦他确定了运动的方向,他就会基于摇杆被推动的程度以一定的速度向那个方向运动,如图 15.6 所示。

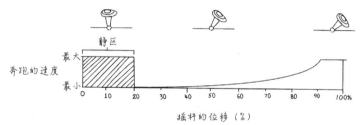

图 15.6　摇杆的空间位置对应着马里奥运动的速度

当马里奥运动的速度为 0 时,他能够瞬间根据操作变换方向。而当他运动的速度大于 0 时,转向就需要花费一定的时间,如图 15.7 所示。这种关系并不是基于时间的,而是在游戏的每一帧中都会将角色现在运动的方向与操作指向的方向混合,直到二者一致为止。这就是马里奥在转向时会产生比较圆润的甩尾动作的原因。如果没有这种处理,马里奥的动作就会显得僵硬和机械。

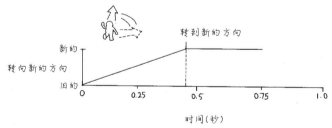

图 15.7　在每一帧中把期望的运动方向与原始方向进行混合,马里奥会在短时间内转到新的方向,并划出一道弧形的运动轨迹

如果操作指令要求的方向与马里奥当前运动的方向之间的夹角大于一定的数

值，马里奥就会进入一种不同的状态，他会滑行了一小段距离，在几帧内停止，然后才转向新的方向，如图15.8所示。

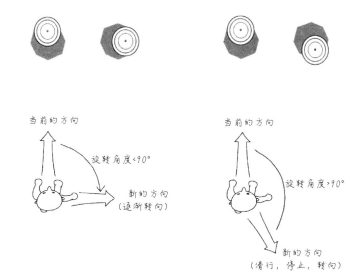

图15.8　如果单帧内改变的方向大于90°，那马里奥就会用脚刹车，滑行一小段距离，停止以后再转向，否则他会逐渐转向

假如你在这时按下A按钮，就会触发特殊的跳跃方式——侧空翻，它会产生向上的推力（这个操作不是时间敏感的）。图15.9表现出了这种侧空翻的弧线。

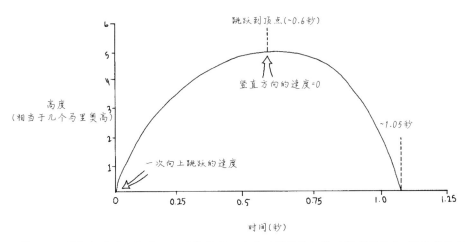

图15.9　侧空翻跳跃。注意，力只作用了一次（不管按按钮的时间有多长），速度在跳跃达到顶点时变为0

> **测量单位**
>
> 正如我们前面所说的，电子游戏中是没有标准的测量单位的。对于竖直方向的测量，我使用马里奥的身高作为一个测量单位。因为马里奥几乎总是在屏幕上，所以他是一个很好的参照物，且他的身高和我们想要测量的距离的相对量与摄像机的角度无关。我们也能用砖块、树木或其他任何东西作为测量单位去测量跳跃的高度，但用马里奥是最合适的。

游戏中有四种特殊的跳跃动作：长跳、三级跳、后空翻、侧空翻。这些特殊跳跃动作的横向力和纵向力的模态与基础跳都不同。在基础跳中，角色在玩家按住跳跃按钮的时候会受到一个向上的初始力，玩家可以选择在角色跳到最高点前松开跳跃按钮。但是特殊跳会产生一个特定的、稳定的跳跃轨迹。这对于《超级马里奥64》的手感具有重大意义，玩家在让马里奥做一些精准跳跃或者长距离跳跃时可以更准确地预测跳跃轨迹。特殊跳跃永远会达到同样的高度，玩家只需要担心试图抵达的障碍物与马里奥的距离。这种机制配合特殊设计的关卡（障碍物都是恰好在跳跃轨迹上），让玩家可以在一个很复杂的地图上行走自如。侧空翻就是个例子，它能够让一个玩家在空中停留超过一秒的时间，达到超过角色五个身高的高度。

控制向上的速度

《超级马里奥64》中的跳跃和前作几乎一样，都是由 A 按钮控制，然后通过按住按钮的时间来控制向上的速度。来自 A 按钮的数字信号最终让角色抵抗重力，向上加速。

下面这个包络图中的起跳是受按住按钮的时间影响的，初速度是一定的，玩家一旦松手，向上的速度会立刻变得很低，但依旧会影响角色的跳跃曲线。当系统检测到向上速度归于零时，一个更大的重力会把角色"拽"到地面上，如图 15.10 所示。

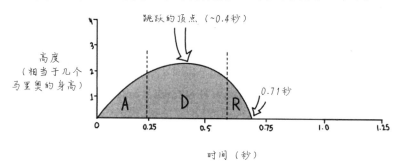

图 15.10 马里奥的基本跳跃

这些精细的控制导致早期的马里奥游戏中跳跃情形是由"按住 A 按钮的时间长短"决定的。除此之外,这些跳跃都展示出了相同的弧线,干脆利索。这给玩家一种被重视的满足感。长按则长跳,短按则灵活跳。虽然不管玩家按了多久按钮,最终这个跳跃动作都会抵达最大跳跃高度。但是玩家依旧会在想跳到极限高度的时候死死按住跳跃按钮,而且玩家在想跳得更高的时候也会狠狠按下跳跃按钮,虽然按的力度对跳跃没有影响,但是由于向上加速的时间窗口很短暂,玩家会觉得自己按按钮的力度得到了角色跳跃高度的完美响应。

当角色完成了一个跳跃,刚刚触地的时候,玩家可以在一个很短暂的时间内再次按跳跃按钮来触发另一个不同的跳跃。在游戏的说明书里,这被称为连跳。虽然连跳的时候角色会变形,但是连跳和基础跳的作用一样,只是角色的初速度更快了。更快的初速度让角色可以抵达更高的高度。连跳依旧是时间敏感的,玩家也可以通过松开按钮来终止连跳。而且即使是在连跳中,玩家要是想让角色抵达更高的高度,还是需要长时间按住跳跃按钮,如图 15.11 所示。

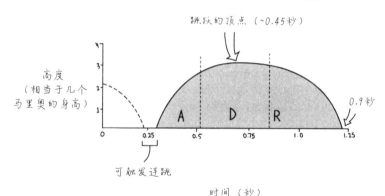

图 15.11 连跳的 ADSR 包络图

连跳也会在最高点及终止的时候受到同样重力的控制,但是由于连跳的初速度更大,所以它拥有更高、更远的运动轨迹。

能否连跳与角色的速度无关,在连跳的时候还可以触发三级跳。三级跳需要角色至少达到半速(也就是从走转到跑的那个时刻的速度)才能触发。三级跳和连跳遵循了同样的原则(在落地后短暂的时间窗口里按按钮),但是实现它需要角色到达足够的速度,如果速度不够,那第三次跳跃只会是一个基础跳。

和连跳不一样,三级跳(如图 15.12 所示)不是时间敏感的,就像长跳和侧空翻一样,避免了玩家突然松手导致跳跃结束,这样能让玩家更容易预测跳跃轨迹。三级跳是仅次于后空翻的第二高的跳跃，也是仅次于长跳的第二远的跳跃。

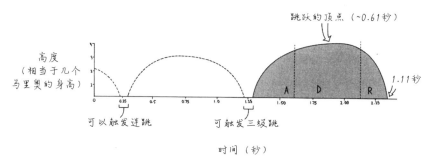

图 15.12 三连跳的 ADSR 包络图

在空中的时候，手柄的每个按钮映射不同的动作，按 B 按钮和 Z 按钮有不同的意义。按这两个按钮时，角色都会进行提前规定好的"特殊行为"，这些特殊行为的好处和那些特殊跳一样，都是为了减少复杂度，让按按钮带来的结果更容易预测。

当角色处于空中时，按下 Z 按钮会让角色做出猛击招式，马里奥会在空中突然停住，然后在比正常的引力要大的巨大重力的作用下猛然砸向地面。伴随着屏幕振动、金星乱窜及灰尘粒子冲击波，这种招式的效果被加重了。有趣的是，从操控的角度来看，它让一个不那么准确的跳跃变得更加精准了，仿佛角色会在空中完全停止所有的水平运动，精准地落在自己的正下方。结果并不是完全的干净利落，锁链怪这种小生物还是难以被命中。但是猛击能让角色比在空中调整姿势更加精准地落地。

如果角色在非全速奔跑时开始跳跃，玩家在角色处于空中的时候按下 B 按钮会让马里奥使出跳踢招式，虽然跳踢招式的用处不多，但用于对付稍微离地的敌人很有用，比如对付大博狩猎中的布布鬼，除此之外，跳踢便用处寥寥了。在这个招式的动画中，马里奥的脚会突然变得很大，以强调踢的力度。

如果角色在奔跑的最高速度进行跳跃，会触发潜击，潜击在水平方向上有很长的轨迹，这一点和长跳很像，只不过潜击是在空中触发的。而且潜击算作攻击，所以接下来碰到怪物时就是敌人受伤，而不是自己受伤了。在潜击结束时，会进入和基础滑击一样的滑行状态。潜击几乎可以从除了三级跳和长跳的任何跳跃动作中被触发。这样设计大概是为了避免角色在空中一次性跳得太远，从而躲过很多挑战。从模拟的角度来讲，潜击时角色会停止一切向上的运动，一个横向的力会施加在角色面对的方向上,当角色再次接触地面时,它的状态会被设置为滑行,而不是默认的奔跑,这给了操作一种"装饰"。使用潜击可以让角色拥有需要的水平方向的动量,或者可以随时在空中改变成滑行攻击状态以应付面前出现的敌人,这看起来就像是迫降。玩家需要等相当一会儿才会看到角色重新站立起来。这也印证了玩家对于这种高风险操作的预期。玩家可以选择在此时按下 A 按钮或者 B 按钮来脱离滑行动作,这个小且不和谐的跳跃动作就是为了让玩家在这种看似漫长且无响应的滑行状态中重新找回操控感。

马里奥中还有一种跳跃——踩墙跳。踩墙跳是到目前(2019 年)为止《超级马里奥 64》中最复杂的操作。它需要满足以下几个条件。

- 角色在水平方向上有一定的速度。
- 角色处于空中。
- 角色在 200 毫秒内接触过墙。
- 摇杆迅速让角色从进入墙的角度切换到其他角度(类似于触发侧空翻的操作)。
- 按下 A 按钮。

这需要玩家操作角色很快跑到一个墙的面前,并在五分之一秒内以足够大的力量踩到墙上,然后将摇杆推往反方向,迅速按下 A 按钮。这才是操作!这是一种很自然的映射关系。因为玩家已经熟悉了按 A 按钮就是跳跃,所以在推动摇杆时按 A 按钮也非常合理。同时按按钮的时间窗口也较宽裕,允许一定失误。如果角色接触到墙的时候有很大的力量,那么将摇杆稍微偏离方向,在动作结束前按下 A 按钮,踩墙跳依旧会被触发。即使是在粒子效果已经开始播放、下落动画已经开始时,踩墙跳依旧享有最高的优先级。

蹲行与滑行的切换

当 Z 按钮被按下的时候,就意味着状态改变了。虽然角色从站立到蹲下要十分之一秒,但是在按钮被按下去的时候,转换就发生了。

当角色处于零速度的时候,会进入普通的蹲下状态。如果此时推动摇杆,角色将进入蹲行状态。蹲行和奔跑类似,但是前进的速度更加缓慢,而且实际前往的方向和玩家想要的方向之间允许有更大的误差,蹲行没有脚步蹬地或者方向改变的概念。虽然这种操作给人的感觉非常笨拙,但是更加精准,提供了更多的空间准确性。这对于角色在游戏关卡中的细长板块陡然下降地区的运动很有帮助。

蹲行让玩家有了缓慢但稳定的前进方式，蹲行什么都好，但就是不能保证能带你通关。对我来说，这是一个关于风险、回报的抉择。如果我没有耐心，我会选择冒险快速前进，而非辛苦地蹲行。

玩家在角色蹲行时按跳跃按钮后发生的事情也值得注意。首先角色会直接切换到跳跃状态，当落地后，角色会回到奔跑状态并且保持奔跑（这个时候 Z 按钮还是被按着的），直到摇杆完全停止输入，这时角色会重新由站立状态变为蹲下状态。这其实表明了玩家很少用蹲行。设计师猜测如果玩家选择了跳跃，那会倾向于保持角色处于奔跑状态，蹲行会让其他动作难以施展，所以当玩家选择蹲行的时候，他一定是刻意的。

在普通蹲下状态时按下 B 按钮会触发挥拳，它会静止地攻击角色面前距离最近的敌人。这招基本从来不会被用到。

最后，在蹲下状态时按下 A 按钮会触发后空翻，后空翻是马里奥跳跃高度最高的跳跃动作。它可以让马里奥在竖直方向上运动得很多，而在水平方向上少有运动。当玩家想要跳起来抓住一个架子或者是跳到更高的地方时，这个招式非常有用，但是这样的跳跃也是有缺陷的，因为它在水平方向上是跟玩家所面对的方向相反的，所以玩家不能用它来让角色抓住栏杆，如果想这么做，角色必须面朝栏杆。

如果玩家在角色运动的时候按下 Z 按钮，角色就会进入滑行状态，我们之前在谈论滑行状态的时候，讨论了角色跟碰撞的关系，现在我们来研究一下，如何在滑行状态下操纵方向，以及它们带来的不同的感觉。

一共有三种方式可以让角色进入滑行状态，玩家可以在角色行进的时候主动按下蹲下按钮，也可以让角色跑上一个比较陡峭的斜坡然后滑下来，或者是直接跑到非常陡的下坡上。

当滑行状态被主动触发的时候，系统会播放蹲下的动画，如图 15.13 所示。

图 15.13　从跑动到滑行

如果玩家在角色速度大于零的时候按下 Z 按钮，角色会进入滑行状态，在滑行状态里，系统在每一帧都会施加额外的摩擦力，这会让角色在地面上更快地减速。在非常慢的速度下，角色会首先进入滑行状态，然后很快地停止，最后切换至蹲行状态。在最高速度奔跑时，滑行会持续超过一秒的时间。

在滑行状态下，再次按下 A 按钮会触发长跳。长跳强调水平方向的速度，而非高度。这和后空翻正好相反，它只是为了穿越较长的水平距离，从一个平台上飞跃到另一个平台上。和后空翻一样，长跳和玩家按住按钮的时间没有关系（并非时间敏感的）。玩家虽然可以在角色处于空中时调整其方向，但是初始的跳跃力度和玩家按按钮的时长没有关系，长跳只有一个确切的高度或者距离。这样，关卡中的几何布置结合这种跳跃让玩家更能预测角色进行跳跃后得到的结果。长跳和其他跳跃主要的区别在于它施加的是水平方向的力，而不是竖直方向的力。

在滑行状态下按下 B 按钮会触发滑铲动作，这个动作很少被用到。它让角色拥有了一个水平方向的力，并且让角色跳跃两次后停止。这是一个攻击动作，所以会给敌人造成伤害。这和潜击造成的滑行状态一样，你只需按一下 A 按钮或者 B 按钮就可以很快地通过一个小跳跃结束这种滑行。

触发攻击动作

按下 B 按钮会触发一个简单的拳击动作，拳击的时候马里奥会有一个微弱的向前动作。这个动作是为了强调，有点像跳踢时脚会变大，拳击的时候拳头也会变大，以强调这个动作的力度。和跳踢一样，在自己观察的时候，你会发现马里奥的拳头似乎只是变大了，而非正常地挤压和拉伸。

即使拳击在打击敌人的时候没有太多用处，但是因为它在 Boss 战里是不可或缺的，所以还是要比挥拳或者跳踢更常用。在靠近一个物体的时候，玩家可以按下 B 按钮将其抬起，在抬东西的时候，马里奥的动作会变慢并且身体会下沉，让人感觉他正抬着一个千斤重的东西。

快速地连按三次 B 按钮会触发一个额外的拳击动作和一个跳踢动作。这些都不常用，对游戏感的影响也不大。

如果玩家在角色往一个方向高速奔跑的时候按下 B 按钮，会触发滑铲动作，就是那个接在潜击之后的最基本的滑铲动作。这个时候，角色会获得一个小的水平方向的力进行滑行，并且会因为受到摩擦力而停下来。这个动作是一个攻击行为，所以会对触碰到的敌人造成伤害。就像潜击一样，玩家也可以通过一个小跳跃切出这种状态。

　　从整体上来看，这完全是一种自上而下的模拟，只有当一种参数的细节被需要的时候才会进行模拟。一些特例会以一种被定义的关系捆绑在一起。玩家几乎可以感觉到设计师试图在挖更多的"坑"，并且说，"嗯，如果只是让角色爬上这些没有摩擦力的山的话，似乎太容易了，让他能够滑下来吧。这种动作挺酷的，如果我们让玩家可以操纵方向，这种滑行会怎样呢？好的。现在我们把奔跑时的操控模型拿过来，给它设定一个较小的数值，不错，这种感觉很好。"

　　很多时候玩家能感觉到设计师只是在问"假如这样会怎样"的问题，比如"假如马里奥可以抓住酷霸王的尾巴进行摇晃会怎样""假如马里奥能够骑着乌龟的壳就像踩滑板一样会怎样"，并通过一些机制来回答。我没过多地提这些支持机制的相关内容，包括飞行、游泳以及在水下进行行走。这是因为篇幅有限，我想先讨论基础内容。但是，这些支持机制不应该被低估，它们为这个游戏增加了很多不一样的感觉，如果它们被移除的话，这个游戏给人的感觉会被削弱很多。尤其是这种不一样的感觉是由很多机制混合产生的。游泳之所以让人感觉角色受到了浮力，是因为它和跑步给人的感觉不一样。关于《超级马里奥64》这个游戏有一点非常重要：所有的这些机制都是遵循物理规则的。对飞行的控制和对跑步或者游泳的控制相互之间没有关系，但是在游戏中会感觉它们是有关系的。飞行更像是在抵抗重力，并且仿佛是克服了重力后完成的一个长跳。游戏感中有一点会经常被忽视，那就是这种互相混杂的机制同时起作用，它们会增强玩家对这种物理规则的感受，因为这样，玩家会感觉它们都是来自同一个世界的组成部分。

　　总而言之，摇杆是实时提供输入的，游戏将摇杆的实际物理位移关联到角色的速度和方向上。这种关系是以摄像机为基准的，所以是非常直观的（虽然马里奥的动作轨迹充满了弧线，而且显得松弛）。此外，地形坡度、摩擦力和摇杆运动之间的相互作用使得角色和地面产生极强的交互感，通过斜坡和地形的改变持续改变玩家头脑里的印象。其余的输入让马里奥能够进入不同的状态（如蹲下或者跳跃），但其中最重要的是角色的运动速度、Y轴方向上向上的力和最终产生的轨迹之间的关系。所有这些都让大量招式成为可能，让角色在一个简单的物理系统里有很多可预测的行动。摇杆可以操纵每一个被触发的招式及其组合。玩家对招式有选择和使用的自由，在各个关卡布局的帮助下，玩家获得了恰到好处的自由感。

"摄像师朱盖木"

《超级马里奥64》中另一个众所周知的角色是"摄像师朱盖木"（Lakitu the Cameraman），就是那个骑在云上的小家伙。摄像机在多数情况下是被间接操控的，在被直接操控时，游戏中有两个至关重要的关系：摄像机位置与马里奥位置的关系，摄像机朝向与马里奥的关系，如图15.14所示。

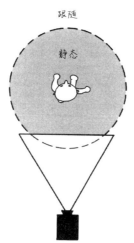

图15.14　在《超级马里奥64》中有两个摄像区域：静态和跟随

马里奥和摄像机之间有一个圆形的影响范围，以摄像机为圆心向外扩散一定的距离。当马里奥抵达这个圆形范围的边缘时，摄像机会紧紧跟随。

如果马里奥一直向前奔跑，摄像机会以同样的速度跟随，并保持同等的距离。

如果使用摇杆操纵马里奥朝着摄像机跑，摄像机会往后退，远离冲来的马里奥，如图15.15所示。这种后退的速度很慢，如果角色全速跑向摄像机，他会很快接近摄像机。当他离摄像机足够近的时候，摄像机会停止运动，静止地观看角色。因为所有的角色运动都是相对于摄像机的，所以一旦角色抵达了摄像机下方，他会以一种奇怪的、不停循环的方式绕着摄像机转。

图 15.15 摄像机的小小的后退空间

如果马里奥不是朝向或者背着摄像机运动,而是横着平行于摄像机运动的话,摄像机会仅仅依靠旋转来观察马里奥,就像是监控摄像头一样,朝向改变,但是位置不变。刚开始,摄像机会瞄准马里奥的准确位置,然后会逐渐朝着他奔跑的方向偏移。

角色与摄像机保持距离导致的摄像机位移和角色左右奔跑导致的摄像机朝向的改变,这两者使得沿对角线运动的马里奥可以很好地观测到面前的物体。如果玩家按下左边或者右边的 C 按钮,摄像机会按指示的方向被推动约 20°,然后缓慢地重置位置,这样可以让玩家获得额外的视野。

当马里奥跳跃的时候,摄像机会尽量保持静止。《超级马里奥 64》的首席设计师小泉欢晃在 2007 年的蒙特利尔国际游戏峰会的演讲中指出了这个问题,Gamasutra 也报道了这段演讲:"在马里奥系列游戏里,玩家按下跳跃按钮会让摄像机跟随。小泉欢晃注意到这种摄像机动态让一些人感觉不舒服。他用各种理论来说明出现这种情况的原因,比如内耳对于运动感受的缺失。在《超级马里奥 64》里,快速、重复的运动会引发这种不适感,任天堂为了减轻这种不适感,为游戏加入了纵向的'缓冲垫'——当马里奥在屏幕中央的时候,摄像机不会平移,只有他要离开画面的时候，摄像机才会动"。[1]

当马里奥静止时，摄像机会把马里奥当成轴心进行缓慢调整，逐渐让摄像机对准角色正在面对的方向。

除了上述默认行为，摄像机还有一些额外的运动方案。首先，当马里奥撞到墙或者其他障碍物的时候，他在该方向的运动会停止，这种效果在本质上和角色在正常情况下从一边运动到另一边是相同的。在某些区域里，摄像机会转变成固定视角，切换到一个预设好的最佳位置，例如城堡的门厅。

这种直接和间接操控摄像机的混合可能会让人感到蹩手蹩脚，在现在的标准下可能显得糟糕。但是巧妙的关卡设计和提前设置好的摄像机位置，加上强调开放地带和中央高塔的地形在很大程度上缓解了蹩手蹩脚的问题。

总的来说，《超级马里奥64》里的摄像机在尽量避免不必要的运动，而且试图展示给玩家更广阔的视野。虽然在当时看，它非常复杂、精细，但是现在来看，它可能显得不协调、混乱和不合适了。

操控模糊性

《超级马里奥64》给人的感觉是非常棒的，但并不是完美无瑕的，比如《超级马里奥64》里有非常明显的操控模糊性。这些模糊性本来都是可以被解决的。正如米克·韦斯特在他出色的《按下按钮》（*Pushing Buttons*）一文里所说的那样[2]，《超级马里奥64》中的落地重击、后空翻及长跳之间有着一些恼人的交叉操作。

在任天堂的《超级马里奥64》里，当玩家操控马里奥时，按下A按钮使角色跳跃后按下R1按钮会触发落地重击，先按R1按钮再按A按钮会触发后空翻，同时按下两个按钮可能会触发落地重击、后空翻、基础跳跃中的一个动作，响应让人看起来非常随机。玩家会感到自己控制不了角色，因为每次尝试都会产生不一样的结果。

在马里奥中长跳也存在相同的问题，当玩家按A按钮和R1按钮这对组合按钮的时候，可以触发长跳，或者意外地触发落地重击。这不是玩家的错误，玩家做出了他们认为对的动作，但是结果却无法预料。

---

1 可以查阅随书资源包中的P265.1一文。文章标题为（*MIGS 2007: Nintendo's Koizumi On The Path From Garden To Galaxy*）。
2 请查阅随书资源包中的P265.2一文。

情境

经常被忽视的是《超级马里奥64》中物体的摆放给这个游戏的游戏感加分很多。相对于角色的运动，关卡由三个参数来设计：竖直高度、水平距离、平台的大小。

你完全可以说，《超级马里奥64》里的空间情境和它的机制是完美匹配的，但是这究竟意味着什么呢？在一个务实的关卡设计师的眼里，这和放置几何体又有什么关系呢？这个机制是如何相对于角色进行调节的呢？机制设计师的作用又是什么呢？首先，我相信在《超级马里奥64》和任天堂其他高口碑的游戏里，关卡的设计和机制的调整是有着密切关系的，至少在最初这两者是等同的。这里不得不说一件趣事，《超级马里奥64》的最初原型是一个"玩法花园"，是一个测试关卡，里面包含了一个近乎成品的《超级马里奥64》，有着各种动画和招式，同时还有一大堆可以用来交互的物体。当调整跳跃高度和轨迹之后，物体之间的距离也会受到调整。踩墙跳和墙与墙之间的距离是同时建立的。这意味着当机制改变时，各种空间摆放的规则也要相对应地改变。例如，物体之间应间隔多远放置，它们的大小如何，以及围绕它们做出什么样的环境。简单来说，物体的大小、特征和间距与马里奥的跳跃高度和奔跑速度是同一个系统中的不同部分。这些指导方针由四个主要的空间关系组成：竖直高度上的关系、水平距离上的关系、每个可踩踏的平台在 X 方向或 Z 方向上的关系，以及每个地形倾斜角度上的关系。

关于竖直高度，我是在说角色当下的位置和他可以到达的更高的位置之间的距离。物体在竖直方向上接三种预设好的方式排布。首先，很多物体是根据基础跳跃的高度按比例制作的，很多砖块的放置高度都是刚好匹配基础跳跃的高度的，它们比基础跳跃的最高点要低，以便让范围较远的跳跃也能落在上面，这跟《超级马里奥兄弟》里砖块的放置方式相同。另一种高度是明显为后空翻、侧空翻和三级跳制作的。在流沙大陆关里有一个在上面放着飞行帽子的跳台，它完全是为三级跳设置的。在《超级马里奥64》的众多关卡里，这种关系一直都在保持。当你玩的时候，你不仅会很快适应这种可预知的跳跃高度，而且环境好像是为你的跳跃高度量身定做的。你在游戏里可以很简单地认出哪些高度是基础跳跃能达到的，哪些高度是三级跳或者是后空翻能达到的，哪些高度是怎么也达不到的。我还注意到，在游戏中有许多你能用上的跳得更高的技巧，并且不是强制的。尤其是在更早期的关卡中，比如在堡垒（Whomp's Fortress）、高高雪山和炸弹王国这三关中，总有办法能绕过强调基础跳跃的正常路径，你可以使用侧空翻或者后空翻来跳得更高。

当我提到水平距离时，我指的是在同一个平面上从一点到另一点的距离。跳跃的水平距离不是让玩家跳到更高平台上的宽度，而是要玩家跳越峡谷的宽度。我能用长跳或者三级跳跳过这个峡谷或者岩浆地带吗？要落到一个很小的、还没有被岩浆覆盖的小平台上，我需要在进行一个基础跳跃以后稍微用摇杆往回调整一点角色吗？类似于各种物体在竖直方向上的关系，《超级马里奥64》在所有关卡里也为物体在水平方向上维持着特殊的关系。有一些平台用基础跳跃就恰好能跳到，有些需要长跳。在所有的情况下，玩家在游戏中用眼睛就能认出自己需要用哪种跳跃，如果一个距离看起来是需要长跳的距离，那它往往就是用长跳通过的。就像前作一样，更难的关卡会对应更远、更精准的横向跳跃。

当然，每一次跳跃（包括纵向的和横向的跳跃）都代表着一种轨迹，不论是跳上高处的石头架子，还是跳过一条宽的沟谷，如果想要跳到一个平台上，你需要竖直方向和水平方向上的运动。《超级马里奥64》做得很好的地方在于在整个游戏中都向玩家展现了一致的竖直方向的和水平方向的关系，无论关卡中的内容是什么。这最终会导致马里奥那复杂、不精准的运动通过3D空间而变得可控制、可预测、可学习和可精通，这种感觉棒极了，玩家总会得到想要的结果。他们只需要做好计划，然后更精确、更有技巧地执行就可以了。

平台的尺寸是指它提供了多少落地面积和可操作空间。

相对于角色在地面上奔跑的速度，关卡显得很开阔，障碍很少。奔跑很精确、很快速地响应行动，完全没有漂浮感或者延迟感，因此大部分关卡在设计上不怎么强调精确的奔跑路线。松开摇杆可以让角色立刻停止，没有任何无意中撞到什么东西或者掉下去的风险。游戏表达出的意思是：一直等到你准备好为止，在世界里到处跑应该让人觉得安全和容易，事实上也确实是这样。相比之下，在熔岩关和三个打酷霸王的Boss关里角色都是不安全的，玩家需要非同寻常的注意力将角色精确地放在想要的位置上。这些关卡让玩家先举步维艰一段时间，让他们感到游戏变得不一样。安全感和不安全感同时存在于游戏中，表现出游戏设计师对于关卡构建的深刻理解。不仅如此，不同的感受也会带来出色和丰富的对比，进一步加强了感受。

正如我们前面谈论的碰撞和反应。《超级马里奥64》有摩擦力模型，尤其是考虑了角色下方地形的角度。角色有一定的摩擦系数，滑行时可以抵消这种摩擦力。斜坡在使角色滑行的角度就是一个温柔的边界警告，如果要禁止角色去哪里，就会出现一个极其陡的斜坡来让角色回头。这是一个非常温柔的负面信息，同时它又是非常清晰的、有逻辑的物理关系。角色不能爬上炸弹王国里的墙是因为一旦爬上去就会往回滑。只要试一次就明白这样做是无用的，玩家很快就能认识到这一点，而不是通过各种明显令人不快的限制来让玩家了解，如透明的墙体或者其他不自然的边界。这样玩家的抱怨就转移了，同时感受到了关卡很好的设计感。玩家不会觉得自己受到了设计师的直接干预，比如突然出现在空中的禁止手势告诉你哪里能去，哪里不能去。斜坡和滑行的物理关系在游戏里是一致的，所以这种界限会被认为是理所当然的，而非强加的。

最后，值得注意的是《超级马里奥 64》中大部分关卡的整体空间布局和穿越这些关卡时高阶的空间感受。游戏里大多数关卡的布局就像是主题公园里的一个区域，最重要的卖点总是被高调地放在高高的地方，从任何一个地方都能看到它，如要塞关里的高塔，炸弹王国关里中间的塔顶，以及高高雪山关里巨大雪人的中部。这些关卡在设计上都提供了一个直接的参考点，角色在这个地方可以看到所有能拿到星星的地方。这种以地标作为中心的设计方法有两个优点，一是能提升摄像机的表现，二是能感受到空阔感和探索感。《超级马里奥 64》的摄像机运动饱受诟病，但是在一个方面起的作用很好，就是在马里奥旋转爬上一根柱子的时候能够一直跟随着角色。当摄像机抵达建筑物的顶端时，它能够随意地四处观看，或者向下进行鸟瞰。这种感觉棒极了，就像在迷信山、美国加州优胜美地国家公园的酋长岩（El Capitan in Yosemite）或者是美国西雅图太空针塔（Space Needle）那样俯瞰你曾经到过的所有地方，这没有影响玩游戏时玩家的感觉，但确实让玩家感到了空间感。

润色

在《超级马里奥 64》里最重点的润色效果是马里奥和他下面的地面之间的交互，大体来说，最贴合的润色效果就是动画，它基本上和角色移动、跳跃，以及环境中的其他交互行为的速度同步，表现出的角色倾斜地转向、脚步刹车等行为让角色的存在更加可信。伴随这种精美动画的是声音效果和视觉效果，它们依据覆盖全感官的三个级别（轻、中、重）带来冲击。每一个交互种类都会有独特的动画效果和视觉效果，再结合无处不在的脚步声和滑动噪声，这些效果让玩家相信马里奥是存在于一个属于他的可信的真实世界，并且和这个世界进行有逻辑、有规律的交互。

由于润色对于这个游戏是有特别意义的，所以我在前面讨论模拟的时候已经把很多重要的润色手段都说过了。

动画效果

开始讨论动画的时候，你可以在《超级马里奥64》的范例中取消勾选动画选项，然后看看给人的感受发生了什么变化。没有动画效果时，重量感和大部分的表现力都没有了。灰色的胶囊看起来不太会走弧线或者转向，也不会有那种令人满足的跳跃。此外，像落地重击或者用脚刹车这样的动作在没有动画赋予其意义的时候，看起来会很奇怪。

视觉效果

最主要的视觉特效是溅起的灰尘和喷射的黄色星星。在马里奥下滑或者脚步改变方向的时候会播放白色的尘土粒子的动画；当出现落地重击时，从撞击点上会产生震荡波；当在地表上滑行时，扬起的尘土及马里奥的脚划过沙砾和土让玩家觉得马里奥克服了摩擦力；在落地重击后，粒子会快速飞散，进一步强调碰撞的力量。

当马里奥飞速撞到一个物体时，他会眼冒金星。撞击越强烈，金色星星喷得越猛烈。这种效果在实际生活中无迹可寻，但因为粒子的运动如此强烈，给了玩家足够的强调感。不管出现了什么特效，它们迅速出现和消失，体现了撞击的力量。

声音效果

试着去关闭《超级马里奥64》的声音，然后观察有多少物理感缺失了。我感到即使我关闭了声音，我依旧会在脑海里补出声音效果。《超级马里奥64》中最重要的声音特效是撞击声、马里奥的脚步声，以及下滑时愉快的叫声。

声音效果类似于视觉效果，它们是伴随着三种不同的撞击（轻度撞击、中度撞击和重度撞击）播放的。轻度撞击的声音调子是很高的，就像咔嚓声那样；中度撞击的声音调子低一些，听起来像鼓声；重度撞击会发出撞在橡胶上的声音，非常卡通。虽然声音不大真实，但它们的强度和力量逐渐提升。这和动画以及视觉效果对应得很好，表现出交互给人的细致、微妙的感受。当角色出拳的时候，你能感受到多普勒效应，也就是能听到在空气中快速挥动拳头的声音。当马里奥用身体撞到墙或者地面时，你能听到一个有回荡的巨响。所以大体上马里奥的声音效果是很多的，但它们并没有被做得太真实，一方面考虑硬件的性能，另一方面可能是设计师的意图。这些声音效果能让玩家相信自己是在和一个真实的世界交互。

马里奥的脚步声会跟着走路动画同步播放，强调了每一个脚步和地面的交互。当马里奥走在不同材料的地板上的时候会发出不同的声音，让玩家知道自己走在什么材料上。地板的材料看起来像金属时，走路发出的声音听起来也像金属。

最后，马里奥还有奇怪的呼叫声。马里奥会在跳起来的时候发出声调很高的叫喊声，这种声音类似早期的马里奥在跳跃时发出的声调上扬的滑笛声。声调上扬时，马里奥也在上升。这种感觉和潜意识匹配，让运动和声音进一步协调起来。

在后来的三个续作里，尤其是在《超级马里奥银河》中，游戏开始拥有大量细致的视觉效果，这时声音效果和动画效果的结合真正地表现出角色与世界交互的真实性。

镜头效果

唯一值得一提的镜头效果是屏幕振动，它在游戏里的很多处都被用到。这是一种非常轻微的振动，用来防止玩家眩晕，它很好地表现了酷霸王、加农炮弹，以及被困住的锁链怪的重量感。

隐喻

《超级马里奥64》在隐喻上的表现基本上是类似于马里奥系列游戏的前几代的。一个意大利水管工在一个卡通的、超现实的、物理细节丰富的世界里奔跑。在《超级马里奥64》里，所有的事物都比之前的《超级马里奥兄弟》要真实得多。有了墙，有了像砖块的方块，有些地方还有明显的大理石地板和木门。所有的东西都有更加高的拟真度，这种拟真度也让游戏缺失了超现实感。

从处理手法上来说，转变成三维空间引入了更多的现实主义元素，无论是水管、斜坡、城堡还是其他在现实世界中能找到的物体如今都更加有代表性，而非抽象。这是转变成三维的一种必要的妥协,值得注意的一点是,为了配合这种新的处理手法,声音也需要表现得更真实,不能像初代《超级马里奥兄弟》那样只有奇怪的、高频率的声音。马里奥的物理交互也需要合情合理且符合逻辑,不过处理手法还是很平滑,更形象化而非纯粹写实。马里奥更加形象化,且大多数物体上的纹路都有很高的辨识度。树就是树,水就是水,但都是最普通的、概念化的形象。

隐喻的呈现没有给玩家设立很多行为预期,因为游戏明显是荒诞的、超现实的。水管工和奇形怪状的生物同时出现,这在脱离了这个游戏的情境后会变得毫无意义。这其实对马里奥是有好处的,这让他精准的物理反应在玩家眼里显得特别有吸引力。不过处理手法也变得更加写实了。为了匹配这一点,游戏需要有一定的操控感、完美的模拟机制,以及相应的特效,这些让这代作品比起之前任何一代作品都更精细。

规则

《超级马里奥64》里的游戏规则非常杰出,其中有三个规则尤其影响了游戏整体给人的感觉:金币和生命值的关系,金币、星星和星门与Boss级别的关系,三者与Boss伤害值的关系。

金币和生命值是直接对应的,捡起一个金币能恢复一格失去的血。这让金币在延长生命方面很重要,促使玩家在生命值低的情况下四处寻找金币。但由于生命值耗完而死亡的概率很小,因为金币四处都有,血量很难会达到0。不过这种效果鼓励了玩家在生命值较低时去收集金币,这让准确地调整方向以及精准地跳跃以采集金币产生了更大的价值。除此之外,不同物体对马里奥造成的伤害不同,让玩家感到危险是可测量的。岩浆除了让马里奥尖叫以及捂着屁股弹起来,还会让他失去两格血,而被蘑菇怪击中会损失一格血。对比这两者可以发现岩浆更危险,对身体更有害。

100枚金币等同于一颗星星,拥有一颗星星可以开启第一扇星门,让玩家进入下一关,拥有三颗星星可以多开启两扇星门。拥有八颗星星能让马里奥攻击酷霸王的第一个据点,开启星门以进入城堡里的全新区域。这种连锁反应会让金币和游戏中最高级的奖励和成就关联在一起。这同时也鼓励玩家使用较低层次的技能，更准确地操作角色跑动和跳跃，让玩家有效地体验关卡，收集每一枚金币。

敌人的伤害值系统主要是为了突出 Boss 和小怪物的区别。Boss 要用三下强力攻击才能被杀死，或者是在炸弹王国这关里踩到 Boss 的屁股上，抑或是把酷霸王丢进爆炸的地雷里。小怪物能被一两下攻击杀死，因此，类似于蘑菇怪这种常规敌人比起大型 Boss 来就显得小巫见大巫了。

最后不得不提《超级马里奥 64》的高阶规则。它最大的特点是没有时间限制，在本质上玩家可以自由地探索，甚至连目标和关卡的顺序都是被松散地执行的。玩家可以选择对每一个世界都进行最大限度的探索，也可以挑选当前能到达的目标，然后出发。即使是关卡中通过目标的路线在很多情况下也是可以回避、走捷径的。整体给人的感觉就是只要你有足够的技巧，抵达任何一个角落后都有可能"柳暗花明又一村"。

小结

在《超级马里奥 64》里，如果你从设计的角度仔细研究这些相互关系，它们仿佛没有任何意义。就像拉伸动画强调了用户对动作的认知，忽略了真实感。但是马里奥的确做出了很好的感觉。如何做到的呢？秘诀是润色效果、相互关系和操作，所有的东西都根据玩家的感觉进行了微调。玩家能从细微的线索推断出游戏世界中的普适法则。这些概念在额外的交互中相互印证，整个世界变得越来越真实。润色也恰到好处，它通过细小的线索去表现出现实交互中丰富而又细微的感受。马里奥世界里的各种物体的尺寸、间隔和特性都是基于角色的运动完美地平衡过的。事实上，《超级马里奥 64》内所有元素都具有一个统一的、和谐的物理规则。这个世界虽然是幻想的，但是是自洽的，而且是经得住推敲的。

第16章

《越野狩猎迅猛龙》

玩赛车游戏的时候，玩家会产生在其他游戏里都感受不到的血冲上头的疯狂的感受。但这可能不会让你觉得吃惊，因为人们喜爱车，每天都开车，有时候甚至以无法理解的方式迷恋车。相比于驾驶一辆虚拟的车，社会中的每个人都有足够多的关于驾驶真正的车的经验。简单地说，人们积累了大量驾驶车或者乘坐车的经验，这会严重影响他们对游戏中驾驶机制的感知。人们对于驾驶一辆看起来像车的游戏会非常挑剔和敏感，胜过其他所有类型的游戏。出于这个原因，过去许多年，有很多开发者将精力花在了如何让不同风格的驾驶机制变得更完美。对外行来说，《GT 赛车》《世界街头赛车》和《山脊赛车》看起来区别可能不是特别大。但是对于驾驶游戏的狂热爱好者来说，它们的风格、质感和给人的感受都有细微的差别，这使得这些游戏各不相同。在这个世界上，确实有人像品酒一样对待驾驶模拟游戏。

《越野狩猎迅猛龙》是闪光弹工作室制作的一款游戏，如图 16.1 所示。它提供了一扇窗户，让你可以看到创造一个给人的感受良好的驾驶机制是多么困难、复杂，并且耗费时间。需要注意的是，在有驾驶机制的流行游戏中，《越野狩猎迅猛龙》的车辆调试和《侠盗猎车手3》(*Grand Theft Auto 3*) 是最相似的。除了一些这个游戏中的特例，游戏中的大部分想法和结构都可以被应用到所有的驾驶游戏中。请记住，在驾驶游戏给人的感受和玩家对细微改变的敏感性上，能够挖掘到非常深的层面。无论游戏的处理手法是写实的还是形象化的，如果你想创作一款角色是车辆的游戏，那么，在这款游戏给人的感受符合玩家的预期前，你需要面对大量的修改和调试。

图 16.1 闪光弹工作室制作的《越野狩猎迅猛龙》

游戏概览

《越野狩猎迅猛龙》是一款基于浏览器的 3D 游戏，制作团队有六个人，开发周期大约是两个月。在我写这段文字的时候，有超过 90 000 名用户玩了超过 550 000 局游戏，屠杀了超过 350 万头迅猛龙。许多用户写评论赞扬了游戏产生了特别令人享受的感受，并认为这是这款游戏令人沉迷的原因之一。这个游戏的界面很简单，只需要六个按键来操作一套先进的物理模拟系统，包括独立的减震器、每个车轮受到的正向摩擦力和侧向摩擦力、发动机的转速，以及车辆的速度、质量、阻力和角阻尼。把这些模拟和《生化尖兵》或是《小行星》的简单模拟进行对比，你会发现只需要加入不多的几个变量，复杂度很快就变高了。你会发现自己被 Excel 表格包围，需要一些数据可视化手段才能够跟踪所有的相关性。

幸运的是，《越野狩猎迅猛龙》的设计文档并不复杂，它向我们提供了一个持续的愿景，带领我们走过整个开发过程。这个愿景就是下面这句潦草地写在白板上的话。

基于物理规则的吉普车 + 带有布娃娃系统的迅猛龙 = 帅爆了

最终的游戏几乎完全符合设计文档。开着吉普车到处跑的感觉非常棒，玩家能感觉到沉重而庞大的车身对每个车轮上的每个减震器的挤压和回弹。吉普车不会轻易翻车，但是很清楚的是，玩家不但可以翻滚和撞毁吉普车，这种行为还是伤害系统及特技系统所鼓励的。吉普车给玩家的感觉是一辆庞大且沉重的载具，操控它的响应很灵敏，可以驾驶它在各种环境中轻松地穿梭。挤压轮胎的声音、发动机转动的声音，以及各种东西碎裂的声音给物理感带来了可信度。尤其是当车轮进入泥土的时候，车轮的响声因为摩擦力的变化而改变了声调。撞击或者是飞车时的慢镜头进一步加强了在这个游戏交互的物理本质。撞到树或者石头会制造巨大的金属撞击声，导致吉普车的部件脱落，或者挂在车上晃荡。高速撞到什么东西会发出更大的响声，造成更严重的撞击破坏和玻璃的碎裂。图 16.2 是 Derek Yu 穿着带有游戏主题的 T 恤。

图 16.2　Derek Yu 穿着带有游戏主题的 T 恤

有时候，玩家会撞到一头迅猛龙。飞散的羽毛、刺耳的叫声、令人满足的重击，与进入布娃娃模式的迅猛龙一起，给玩家提供了积极的反馈。这里的交互有一种看到极限运动里的运动员失误时的吸引力，但使用的是带有布娃娃系统的迅猛龙，而不是一些可怜的摩托车手落在了干草堆外面或者一个牛仔被牛顶伤了。这是一种无害的快乐。撞击迅猛龙的体验令人觉得满足、有趣，乐意去尝试。带有布娃娃系统的迅猛龙的外表是荒谬的。人们路过看到有人玩这个游戏的时候，往往会停下来，想去更多地了解这款游戏，因为在这款游戏里，玩家开着越野车去撞翻看起来像鹦鹉一样长着羽毛的迅猛龙。游戏中的交互（翻车、车辆被摧毁、撞到迅猛龙、用拖链捕捉迅猛龙）都是系统规则所支持的。我们的目标是让游戏能够支持游戏世界中各种交互的排列组合，并通过玩家能进行的每一个可能的交互来奖励他们。系统所支持的一些特殊的交互包括如下内容。

- 迅猛龙撞迅猛龙：通过一头迅猛龙撞击另一头迅猛龙。

- "活标本"：在不杀死迅猛龙的情况下，把它赶进一个捕捉点。
- "晒衣绳"：只通过拖链来攻击迅猛龙。
- "顺手牵龙"：用拖链捉住一头失去知觉的迅猛龙。
- "桶滚"：使用吉普车做出前滚翻的动作。

另外，类似 Xbox Live 的成就系统之类的东西给玩家带来了更高阶的目标，鼓励玩家多玩几遍。举个例子，游戏中有如下成就：完全摧毁吉普车；让吉普车用两个轮子立起来保持平衡 10 秒；或是在超过 50 米外把迅猛龙扔进捕捉点里。通过这些让人感受良好的、低阶的交互，撞击布娃娃迅猛龙的乐趣，以及一些有趣、多变的高阶规则，我们创造了一个令许多人享受的游戏。

让我们来更深入地看看《越野狩猎迅猛龙》如何带来这种感受。

输入

作为一款休闲的、可以下载的游戏，我们选择使用标准的计算机键盘上的 W 键、A 键、S 键、D 键、B 键和空格键，如图 16.3 所示。

游戏中只有离散的输入，没有鼠标和摇杆提供连续的输入。六个按键发送的都是二元的信号。单独接收时，这个输入数据可以被解读成"上"或者"下"。加入时间的维度的话，信号可以被解读成"上""按住""下"和"松开"。

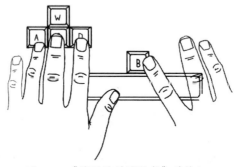

图 16.3 《越野狩猎迅猛龙》的输入

响应

每个按键产生的简单的二元信号会被传输到 Unity 引擎的输入管理器中。在这里，这些信号会被解析和加工，映射到游戏中特定的参数上。输入管理器会把所有输入（包括按键输入）都当成轴输入。它通过这样做来给下面的属性赋值。

- 重力：这是一个单位为单位/秒的速率值，表示当没有按键被按下时，轴恢复到中间态的快慢。
- 灵敏度：这是一个单位为单位/秒的速率值，表示轴向目标值运动的快慢。
- 突变：如果这个属性被开启，那么当按下反方向的按键时，轴的值会被重置为零。

这意味着，每一个输入在转化成模拟之前，就已经被柔化和过滤了。这种过滤的结果是每一个按键都像图16.4、图16.5、图16.6、图16.7那样被包络了起来。

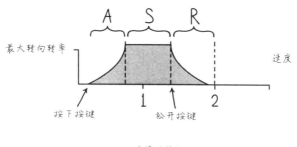

图 16.4　左转/右转（重力=2，零阈值=0.001，灵敏度=2）

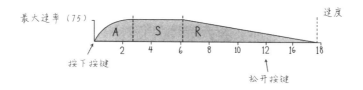

图 16.5　前进（重力=3，零阈值=0.001，灵敏度=3）

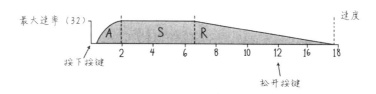

图 16.6　后退（重力=3，零阈值=0.001，灵敏度=3）

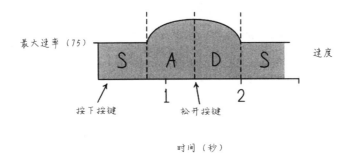

图 16.7 后退（重力 =3，零阈值 =0.001，灵敏度 =3）

运用关于响应的分类法，我们能看到吉普车在 Z 轴方向上的运动是线性的，并沿着 Y 轴旋转（左、右转向）。它可以自由地在 X 轴、Y 轴、Z 轴三个轴上旋转和运动，并且可以从任何方向侧翻、翻滚或者飞起，如图 16.8 所示。

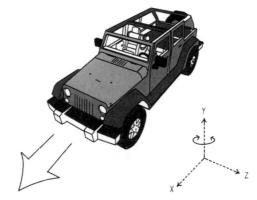

图 16.8 《越野吉普车迅猛龙》中吉普车的运动

吉普车的运动是相对于自身的，力会被作用到它面朝的方向上，并使用它自己的坐标空间作为参考系。此外，旋转和线性的运动是由单独的按键所控制的，而不是被整合到一个操作里。

模拟

吉普车的车身是一个巨大的盒子，我们定义它为"刚体"，这样它就可以在 Ageia PhysX™ 物理引擎中被表示为物理对象。这意味着它的运动和交互的模拟已经包含了大量的细节，并且很健壮。举个例子，物理引擎已经在跟踪以下参数了。

- 质量。
- 阻力。

- 速度。
- 角速度。
- 位置。
- 旋转。

到目前为止，一切都如此简单。系统依然可以被理解，并且相对容易被记忆。然而，回忆一下驱动马里奥运动的模拟，我们追踪的参数的数量已经远远超过了追踪的马里奥的参数的数量。

每个车轮都是被单独追踪的。有趣的是，车轮并没有物理的模拟。至少，它们不像是车身那样具备物理模拟的物体。它们没有质量，也不和环境中的其他物体发生碰撞。它们的位置和功能是由四条射线决定的，它们从吉普车的四个轮舱开始向下延伸。一条射线基本上是一个箭头，从一个特定的点出发，朝着特定的方向延伸出特定的距离。将其视觉化的话，效果如图 16.9 所示。

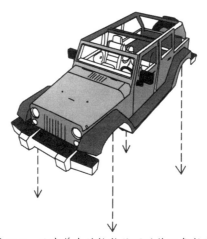

图 16.9　从吉普车的轮舱往下延伸四条射线

车轮的视觉化（也就是构建三维的模型）位置在射线和下面的地面接触的点上。也就是说，射线会从轮舱框开始向下延伸一段距离。如果射线没有接触到任何东西，那么车轮的位置就会处于吉普下方预先设定好的最大距离处，这个最大距离是一个预先设置的值。在这种情况下，车轮被设置在轮舱下的合理位置，所呈现出的效果已经足够让人觉得这是辆普通的吉普车了。如果射线在达到最大距离前碰到了什么东西（如地面），程序会给出一个响应。响应的具体内容取决于碰触点和轮舱的距离，有一个向上的力会被施加在吉普车的车体上，向上推它。对悬挂的"挤压"越大，这个力就会越强。

结果是，这个力会从车轮下、车轮所处的位置一直作用在吉普车的四个角上，像一套减震器一样不停地往上推吉普车。唯一奇怪的地方是，当吉普车开过突然出现的地形落差（如一个马路牙子）时，你会看到车轮上下弹跳。如果你靠近看，在《侠盗猎车手4》里你也能看到一样的情况。为了对抗这个很小但是可能会很恼人的问题，《越野狩猎迅猛龙》总是会在车轮当前的位置和下一个位置之间进行插补，以保证运动是相对平滑的。在一些情况下车轮的行为看起来有些奇怪，但整体的效果是吉普车很稳固。

现在，如果你制作了类似的系统，然后把吉普车放到某种地形上，车身开始来回抖动，这个向上的力会不断增加，最后，这个向上的力会把吉普车弹向空中，如图16.10所示。

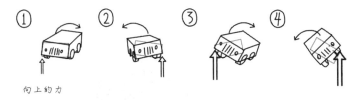

图 16.10　在没有抑制的情况下，这股力量会快速让吉普车旋转着飞向空中

为了解决这个问题，每个悬挂向上的力都必须被施加一个抑制力，当悬挂被压缩到最大、开始向上推车的时候，这个抑制力会让向上的力快速衰减。换句话说，越靠近均衡，这个力越小，如图16.11所示。

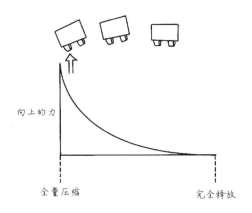

图 16.11　向上的力随着射线回到正常长度而逐渐减小

到目前为止，我们用一个大方块代表吉普车。如果它被放到某个地形上，它会漂浮在上面，因为通过射线模拟的四个车轮提供了向上的力。目前，我们有下

面这些可以调整的参数。

1. 全局参数。
   - 重力。
2. 吉普车。
   - 质量。
   - 吉普车受到的特殊重力（有一些额外的重力会被施加在吉普车上，让它看起来不那么像一艘气垫船）。
3. 车轮。
   - 射线的最大距离。
   - 射线的最小距离。
   - 悬挂的力。
   - 悬挂的抑制力。

现在你能看到这些东西很快就变得复杂起来。我们还没让吉普车开动，就已经有了这么多复杂的模拟，这已经超过我们讨论过的所有案例了。

现在轮到吉普车的运动了。有两个被追踪的值决定了吉普车的速度：(1) 物理引擎中物理对象当前的实际速度；(2) 一个独立的"期望速度"值，这个值可以被认为是发动机转速。举个例子，当吉普车从高处飞到了空中时，假设它基于物理引擎的实际水平速度是 30 千米 / 小时。那么，当它在空中飞（直到它落地并受到其他力影响之前）时，它的实际速度会保持不变。在空中还是可以踩油门的，引擎会咆哮，车轮会飞快地旋转，期望速度会超过吉普车的实际速度一些，比如，它可能会达到 50 千米 / 小时。吉普车还在空中飞，所以实际的水平速度不会变化，但期望速度要高多了。当吉普车着陆的时候，会发生什么呢？

当吉普车落到地面时，你不会想立刻把它的速度设置为 50 千米 / 小时的。这会让人觉得非常奇怪和刻意。你会想制造一些摩擦力，让吉普车在落到地面的一瞬间仿佛被"抓住"了。但如果引擎的转速太快，车轮转动的速度对应的车速比车子的实际速度快太多（超过一个特定的阈值）时，车轮会打滑，这和现实中的车在真实的路面上加速太快的时候会打滑是一样的。因此，把实际速度和期望速度分开，将会给我们带来两个好处：首先，我们的吉普车在空中可以有不同的期望朝向和期望速度。吉普车在空中翱翔时，踩油门、打方向产生的改变会一直到吉普车接触地面的时候才发挥作用，这符合玩家的期望。如果不是这样，就会让人觉得奇怪且不自然。其次，我们能够模拟出车轮突破摩擦力的时候发生打滑的情形。

《越野狩猎迅猛龙》中的实现如图16.12所示。正如你所看到的，有两个不同的参数对应实际速度和期望速度。有趣的是，实际速度永远不会达到期望速度，因为每个车轮在正面和侧面都会受到摩擦力的影响。实际上，吉普车的所有运动都是车轮驱动的。每个车轮都保持它独立的速度和两个摩擦力：侧向摩擦力和正向摩擦力。

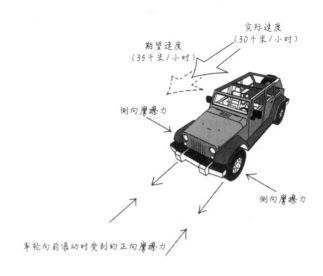

图 16.12　吉普车受到的力

当吉普车转向的时候，车轮的速度的方向可能会发生改变。摩擦力作用在每个车轮的速度的方向上，虽然大部分情况下侧向摩擦力会比正向摩擦力更大，这在吉普车转弯的时候产生了切割效应（carving effect）。如果正向摩擦力比侧向摩擦力小得多，吉普车不会像《小行星》中的飞船那样沿着自己的轴旋转，漂移着滑出一个弯，而是抓住地面，切出一条弧形的运动轨迹，如图16.13所示。

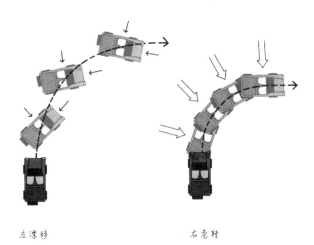

图 16.13 当吉普车转向时，车轮会受到很高的摩擦力，让车身产生"急转"的效果

最后，每个车轮的每个摩擦力的值都有一个"打滑阈值"。这模拟了之前提过的效果，当车轮旋转得太快时，它们会突然打滑，挣脱把它们固定在地面上的摩擦力。图 16.14 展现了这个机制是如何运作的。

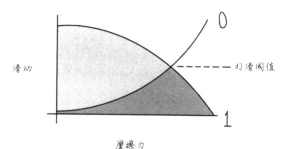

图 16.14 打滑阈值——当超过一定速度后，车轮会挣脱掉摩擦力对它的束缚

当吉普车处于正常状态时，每个车轮都有自己的实际速度和期望速度。在每一帧中，游戏都会检查期望速度和实际速度的不同。如果发动机转速对应的车速和实际速度的差值高于一个特定的阈值，那么侧向摩擦力和正向摩擦力的值就会根据图 16.14 所示的机制进行调整。这是一个渐变的过程，但带来了期望的效果。如果发动机的转速比实际速度快得多，车轮会开始打滑。这个效果在车辆大力向侧面滑行的时候也会出现，这时候吉普车会被弹到空中并开始旋转，然后以笨拙的方式落地。整体的效果是，一种有摩擦力的感觉被制造出来了，这符合玩家对真车的预期。

拖链

拖链的使用实际上是一个物理过程。它可能不符合物理规则,但是它的效果太好了,我们舍不得放弃它。一开始拖链不是物理模拟的,后来改成了是物理模拟的,在吉普车尾门(也是物理模拟的)打开时向后抛出。结果是拖链会随着吉普车的起伏、摇摆而甩动,看起来合适且令人满意。

吉普车的重心会发生改变,这取决于拖链有没有被展开,以及上面有没有挂着一头迅猛龙。如果你觉得吉普车变得古怪起来并且难以操控时,这是因为这辆车的重心向后或向下移动了。通过这个人为的重心转移,我们能够很好地让玩家感觉到拖链有没有放出,以及有没有挂着一头迅猛龙。结果是,吉普车的操控有了恰到好处的笨拙感,同时有需要玩家练习的进阶技巧(包括预测和利用直觉)。玩家可以通过大量地玩游戏,学习如何高效地甩动挂住的迅猛龙,并让这些迅猛龙和吉普车达成任何想要的效果。不过也有一个后果:有时候吉普车在空中旋转着飞的时候,它的行为看起来会有一点怪异。很显然,重心在吉普车的外部。我们最后决定,为了稳定的驾驶效果,坚持现有的设计。

最后,拖链会在巨大的压力下断裂。我们需要去平衡破坏拖链的难度,让它不会一碰就碎,也不会太过坚固。我们用下面这种办法进行测试:让吉普车拖着一条迅猛龙开始加速,然后把拖链缠到一棵树上。当拖链上捆着一头沉重的迅猛龙时,吉普车从静止开始加速应该不会拉断拖链;但如果拖链缠住了一棵树,那么当吉普车加速时它应该总是会被拉断。

情境

从空间情境的最高层面来看,我们创造了一个非常开放的世界。有许多地方可以去,角色身处一个巨大、开放、被高山环绕的区域,同时也有一片看不到尽头的海洋。在游戏中自由奔跑、探索几乎没有限制的特点强化了这种开放的感觉。

这个游戏让人感觉更像是发生在巨大、开阔的山谷,而不是与世隔绝的城市,如图 16.15 所示。游戏中还有几处地方制造了对比的感觉,比如封闭的峡谷或者裸露在地表的石头遮盖下的区域,或者有许多树的森林。但是总体来说,对空间的印象在高阶层面是开放且广阔的。

图 16.15 《越野狩猎迅猛龙》里开放的空间

如果你在地图上看到一个地方，你就可以找到一条路去往那里。因此，这个游戏就有了这种高阶的、吸引人探索的吸引力，这在微观层面很像《魔兽世界》和《上古卷轴 4：湮灭》那样。以游戏中的速度单位来算，整个游戏区域大概是两平方公里。

在中阶层面上，当吉普车四处行驶的时候，地面的材质、环境中的草丛和树以及其他物体都带来了很好的速度感。当吉普车以较快的速度运动、在不同高度间上下、在不同物体间穿梭时，那种感觉好极了，如图 16.16 所示。

图 16.16　物体和材质都产生了速度感，为游戏提供了中阶的情境

从物体的数量、特性和间距来看，游戏提供了大而开阔的区域和小而拥挤的区域的对比，我觉得这很棒。在后者中，玩家需要进行很多躲避动作。

再次强调，我们不打算在玩家撞到东西时惩罚他们，事实上，我们还会基于撞击对吉普车的伤害来奖励他们分数。无论玩家有没有撞到东西，感受都是很积极的。当然，我们也将迅猛龙作为撞击后会获得奖励的物体之一，这样玩家就会不停地追逐和撞击它们。

相对于吉普车向前的速度，我们给吉普车转弯的速度赋予了更多的意义，因为玩家要用相对高的精确度去追逐一个运动的目标，并且迅猛龙会一直设法逃走，虽然它们的速度比你要慢。

游戏提供了多种多样的目标和环境中摆放合理的物体，以强调运动的精确性。此外，目标也刺激玩家去尝试飞车，并搜索可以进行飞车动作的区域。因此，从这个层面上来说，游戏更像是发生在开放的街区，其中有一些非常具体的任务，包括撞击迅猛龙或是绕过各种物体。

总体来说，这主要通过调试中阶层面的交互的灵敏度来影响空间。你驾车绕过障碍，并冲向迅猛龙。在最基础的层面上，躲避障碍或者试着追捕运动中的物体，这是玩家主要做的事情。因此从这个层面上来说，机制在情境中的焦点在于物体的摆放间距和吉普车如何在树林间行驶。

我们在这里实现了不错的平衡性。也许我们还可以删除一些树木，使玩家在环境中穿梭时更容易一些，但是吉普车向前运动的速率和它转弯的次数相比于障碍的间距是比较平衡的，这么看来树木的间距已经算比较宽了。

在最低层面的触觉交互上，游戏并没有像大多数的赛车游戏那样采用典型的滑水道的碰撞方法。因为我们有一个非常开阔的、生机勃勃的世界，玩家可以把吉普车开到任何一个区域，我们不觉得有必要强调太多滑行以避开物体。

实际上，因为玩家想一下撞倒迅猛龙，所以我们让碰撞给人的感觉比别的赛车游戏要更黏一些，这意味着当吉普车撞到迅猛龙以后，会让人感觉真的在用车头进行交互，车子会受力偏向一侧，让人感觉真的撞到了东西。

不过，负面效果可能延伸到吉普车和树或是环境中的物体交互的时候。吉普车有可能在最高速的时候撞到一棵树，然后就完全失去了所有的动力。我们试着通过一些润色效果来减少这个负面效果，比如使用很响的撞击声，并根据撞击的速度让声音听起来更有破坏性。除了真正模拟车辆撞击的变形或者加入一些更高级的粒子效果，我们做了全部能做的事情。

总而言之，模拟、碰撞的触觉水平（触觉情境）给人的感觉是吉普车像是一辆真车，只是这辆车撞到物体后不会发生变形或者毁坏，只是会有一些表面上的破损而已。

润色

从润色效果来看，大部分交互都由模拟来传达，因此并没有大量的润色效果。影响游戏感的最主要的因素是声音效果，因此，我们花了很多精力来确保声音能够传达车辆和环境所进行的物理交互，尤其是车轮和地面的交互。

游戏中有两层声音效果，一层是引擎转动的声音，另一层是尘土被扬起时发出的噪声，它们的声调都是根据车身转向的角度、车轮受到的摩擦力的大小所决定的，而且基于车的整体速度，引擎的声音也是随之调整的。

结果是，玩家真的能感觉到车子在加速、发动机的转速在提高，这进一步加强了速度感。转向时音调的调整也让玩家真的感觉到车子在抓地、急转。随着车轮甩起尘土和碎石，音调升高了，玩家几乎能听到车轮转动和号叫的声音。

在碰撞方面，我们使用了三层不同强度的声音。这些声音是从一个不同的声音列表里随机抽取出来的，以避免玩家反复听到同一个声音，那样的话他们很快就会产生听觉疲劳。这些声音被分成三层。

在最低强度的碰撞上有一个阈值，这是超低速的碰撞，会产生某种塑料相互碰撞的声音，就好像你在等红灯时不小心轻轻碰到了前车的保险杠那样。如果你轻轻地拍一下自己的爱车，听到的声音差不多就是这样的。

在中等强度的碰撞上，这里有令人满意的碰撞声、金属的变形声和玻璃的碎裂声。显然，这里的碰撞比轻拍要重得多，但也不是最重的那种。然后我们给最有破坏性的碰撞（最高速度下的碰撞）做了一些保留。这包括金属撕裂的声音，会延续一小会的玻璃破碎的声音，以及会持续一阵子的碎裂声。

我们还把一类单独的声效留给了更强的碰撞，它只有在吉普车的一部分坏掉时才会被触发。这类声效是最具毁坏性的、最暴力的声音。此外，当吉普车撞到迅猛龙时，我们制作了特殊的、撞击有机体的血肉的声音，它听起来像是用棒球棍猛击一大块牛肉发出的声音。这类声音也有三个不同的强度等级。

如果吉普车撞击的速度非常快，那么声音就会更响、更有力量。在这方面，我们根据碰撞的强度来调整声音、增加灵敏度，传达另一种很强的物理感。

这个游戏中的视觉效果并不多。在吉普车四处行驶的时候，车轮会扬起尘土。当吉普车抓地转弯时，如果施加在车轮上的摩擦力超过了一个特定的值，那么环境中车轮碰触到的地方就会留下胎痕。

除这些效果以外，我们还加入了一些电影式的镜头效果。无论何时，只要有特技（如吉普车在环境中飞起一定的高度），慢镜头就会出现以强调这个特技，吉普车撞到迅猛龙的时候也会发生同样的情况。游戏进入慢动作时，摄像机会拉近发生交互的点，以进一步强调碰撞的重量和冲击。

该讲的内容差不多都讲完了。在动画效果方面，我们还做了一些参数化的动画，例如由代码来对车轮进行视觉上的旋转，这在技术上可以被认为是动画或者润色效果。当吉普车向左或者向右转向的时候，戴眼镜和遮阳帽的迅猛龙驾驶员会把头往左或者往右偏。当开始倒车的时候，它会把一只手搭在方向盘上，转头观察后方，就像一个普通司机会做的那样。

《越野狩猎迅猛龙》中的润色效果真的就这么多了。游戏里并没有很多润色效果来提升物理感和物体间的交互的效果，差不多所有的润色都是通过模拟来完成的。

总而言之，效果，或者说数量很有限的效果（特别是声音效果）都用来让玩家觉得这是一辆真车。事实上，声音效果是从真实的汽车碰撞场景提取的。那些庞大的迅猛龙是由肉、骨骼和皮毛组成的，当它们遇到更大、更重的车时，它们会被捕获。

隐喻

从隐喻的表现形式来说，隐喻是一辆照片般真实的吉普车，或者至少是一辆比例很正常的吉普车，我们可以清楚地看到它是尽力去模仿真正的吉普车的。它不是一辆卡通的吉普车，处理手法也没有任何形象化的意图，如图 16.17 所示。

图 16.17 《越野狩猎迅猛龙》中的吉普车是照片般真实的

环境的分辨率很低，看起来不像是尝试着去打造真实的环境。吉普车和环境之间的关系存在着不切实际之处，吉普车和迅猛龙之间的关系也是如此。迅猛龙看起来像五彩的画，而吉普车看起来则趋向写实，环境又偏向奇幻。

但是总体来说，玩家的期望是这辆车的行为像一辆真车。我们通过一些蠢蠢的东西来减弱这种预期，比如一头戴着眼镜和遮阳帽的迅猛龙开着吉普车去撞其他的迅猛龙，还有一些很傻的音效和飞舞的羽毛，这些都带来了荒谬的感觉。

我们通过这样的方式将期望控制在希望吉普像真车一样，但不会期望它像《GT赛车》那样高精度地拟真。别用最高标准的拟真度来要求它。

所以，在表现形式上，我们让一辆吉普车在一个有着一些超现实元素的奇幻世界里转悠，这个世界里有庞大的、长满羽毛的、像鹦鹉一样的迅猛龙，被开着吉普车的迅猛龙撞倒，如图 16.18 所示。吉普车的处理手法是写实的，环境的处理手法就有一些奇幻，而迅猛龙的处理手法则更油画化、更抽象化。这里存在一些不协调，但是还说得过去。这种荒诞的感觉也让整个游戏让人感觉更抽象和超现实。

图 16.18 《越野狩猎迅猛龙》的主角——一头戴着眼镜和太阳帽的迅猛龙

规则

我们所创造的高阶规则对《越野狩猎迅猛龙》的游戏感有着巨大的影响。玩家在游戏里永远不会犯错，玩家做任何事情都会获得分数，玩家在游戏里几乎不可能得零分。如果玩家玩了五分钟的以后得分还是 0 分，甚至会获得一个"努力程度满分"的奖励，这会给玩家 50 分。这是我们的哲学：认可并奖励每一个可能的行为。结果是，每个可能的行为在感觉上都是值得做的。

所以，撞击一头迅猛龙会得到奖励；弄坏吉普车（我的意思是弄坏车上的某个部分）也会获得奖励；做出特技动作（从高高的物体上飞下来或在空中侧翻或者前翻）还会得到奖励。

每一个独立的交互动作可能的组合，比如用拖链抓住一头迅猛龙，然后用这头被抓住的迅猛龙去撞击另一头，我们都会通过特殊的奖励规则来着重强调。我们设置这个规则的原因是想让整个游戏总是带来积极的奖励。挑战在于时间，玩家要在指定时间内尽可能多地获得分数，这个指定时间的长度非常有限——只有五分钟。

所以，在《越野狩猎迅猛龙》中，玩家永远不会失败。玩家能拿到的最低分是 50 分（"努力程度满分"奖励的分数）。但是我们想让玩家总是能和他们此前的分数进行对比，也可以通过成就系统及高分榜和世界上其他玩家的分数进行对比。

每一个独立的动作都能在一定程度上让玩家得到回报，但回报有多少之分。举个例子，如果玩家在一整局游戏中都在追赶迅猛龙，玩家获得的分数是 200 000，这会让人觉得很合理，因为玩家撞翻了很多迅猛龙并得到了许多分数，这是充满了满足感的。

但是如果重开了一局并打完五分钟，这一局里玩家做了很多特技，完成了夸张的大飞车动作，并且还让吉普车在空中旋转了，这能获得高得多的分数，做这些特技会比抓迅猛龙更让人满足。所以这其实是在让玩家通过实验来在心中建立奖励的相对大小的标尺。

在中阶的影响游戏感的规则上，我们让玩家开车冲向迅猛龙，或者做出飞车特技（飞过特别长的距离，并且在空中旋转等）。这些都是我们鼓励的行为，也正因如此，游戏感发生了细微的变化。

玩家总是开车冲向迅猛龙。因为存在连击系统，玩家总是想撞完一头迅猛龙以后马上冲向下一个东西，不管是什么东西，尽可能快地先撞上去再说，这样才能保持当前的连击不被中断。撞击迅猛龙能够增加连击数，而这又能增加特技连击的数量，所有不同的连击系统都连在了一起。

这种网状结构的结果是，玩家会觉得在开车到各种地方的过程中一直试着把不同的连击元素串在一起，玩家会不断寻找下一个能撞的东西并且向它运动，这时候玩家总是想让车开得快一点，并且根本不担心会撞到东西。玩家的注意力会一直放在将要尝试着撞击的下一个东西上，以及如何把车开过去。

最后，在最低的层面上，《越野狩猎迅猛龙》中的物体并没有生命值的概念。用吉普车或者拖链撞击迅猛龙一次，就能把它打晕或者杀死，这取决于撞击的角度。这会给玩家一种吉普车比迅猛龙重得多的印象。

小结

《越野狩猎迅猛龙》中大部分的游戏感都依赖于复杂的物理模拟。高阶规则奖励每一个行为，并引导玩家在多种多样的区域里获得更多的技巧。我们制作这款游戏的思路是自下而上的：首先是吉普车的模拟和带有布娃娃系统的迅猛龙，它们都被一丝不苟地调试过。然后我们制作了庞大的世界，通过许多斜坡和迅猛龙来让世界变得丰富。当我们对四处开车和撞击迅猛龙的感觉感到满意以后，我们通过奖励和分数来强调每一个可能的物理交互，包括一套伤害系统、一套特技奖励系统、一套迅猛龙奖励系统，以及收集随机散布在环境中的光球的奖励。在此之上，我们建立了连击系统，不仅奖励玩家连续执行同样的动作，还奖励跨系统的动作，并奖励所有开放式的连击动作以外的事件（被完成的任何类型的新的事件都可以）。五分钟一局的计时器和这套奖励所有技巧的系统，再加上高阶的成就目标，共同构成了这款游戏感上佳、玩家乐意反复体验的游戏。

第17章

打造游戏感的准则

在确定游戏感的定义、度量方法,以及使用游戏感的分类法(输入、响应、情境、润色、隐喻、规则)等分析实例后,现在是时候建立打造游戏感的基本准则了。

- 结果可以被预测(Predictable results)——当玩家采取某种动作时,他们可以得到预期的响应。
- 即时响应(Instantaneous response)——玩家的输入获得的响应是即时的。
- 易于上手,难于精通(Easy but deep)——游戏入门非常简单,但游戏的深度让精通游戏的操作变得困难。
- 新颖(Novelty)——即输入得到的结果是可以被预测的,但是也要有足够的新奇性让玩家在长时间玩游戏后依然觉得游戏是新鲜、有趣的。
- 响应有吸引力(Appealing response)——操控过程在美学上具有吸引力。
- 自然运动(Organic motion)——角色在美妙的运动弧线上被操控。
- 和谐(Harmony)——游戏感中的每一个元素都让玩家觉得它们支撑了游戏世界的一部分。

很多时候这七个准则都和被验证过的制作动画的原则相似[1]。它们也许不代表全部的游戏感,但却是一个很好的开始。

结果可以被预测

当玩家采取行动时,他们得到的响应应该符合他们的预期。这并不意味着游戏或者操作要简单。这里的意思是:玩家的意图和结果之间不应该存在干扰。按下一个按钮可能很简单,使用 Wii 手柄的过程可能会很复杂,但这不意味着游戏

---

1 引用自 Frank and Ollie 网站,具体内容参见随书资源包中的 P293.1 一文。

会因为输入方式的不同而给出不同的结果。当结果可以被预测的时候，操作其实是可以被慢慢熟悉并精通的。即便这个过程可能会很困难，但玩家可以享受到战胜挑战的乐趣。当操作变得无法掌控的时候，继续游戏会变得没有意义——特别是当系统会给出随机的结果时。

从设计师的角度来说，创造可预测的结果看上去似乎很简单。但就像米克·韦斯特所说的一样："从表面上看，这很简单，你只要把按按钮一一映射到各个事件上就可以了。但是，因为不同的玩家按下按钮和感知结果的方式存在差别，复杂的情况和歧义可能会发生，从而产生缺乏响应和充满挫败感的结果。玩家可能觉得自己已经在合适的时机做出了正确的操作，但没有得到正确的结果。我们要知道玩家并不是机器人，每次输入都可能会产生歧义，所以单纯依靠简单的映射是无法避免这种问题出现的。"

按照威尔·赖特（Will Wright）的说法，设计一款游戏有一半是对计算机编程，另一半是对人"编程"。创造出能给玩家带来他们期望的结果的实时操控是很难的，因为期望总是存在于玩家的脑海中。

问题在于计算机的硬性精度和人的软性感知之间的不同。对于一台计算机来说，一切都是精确的。按下 Z 按钮 14 毫秒之后，A 按钮被按下了，或者在角色掉下悬崖 9 毫秒后玩家才按下跳跃按钮。游戏对玩家的预期一无所知。所以为了做出一个有着实时操控的系统，我们必须通过映射、隐喻和艺术手法，间接地塑造出玩家的预期，并让玩家可以领先计算机一步，从而预测到下一步会发生的事情，这就是所谓的利用计算机对人进行"编程"。

以下是三种可能会让玩家认为输出结果过于随机，从而导致无法预测的陷阱：操作模糊（control ambiguity）、状态混乱（state overwhelm）和舞台化（staging）。

操作模糊

当把输入和响应结合在一起的时候，有时游戏设计师会在无意间创造出有歧义的操作。在《超级马里奥 64》中，同时按下 A 按钮和 R1 按钮会给出随机的结果：可能是落地重击，也可能是后空翻。游戏会根据按按钮间毫秒级的时间差确定先按下的是哪一个按钮，并给出结果，而对于玩家来说，结果看上去却是随机的。米克·韦斯特说："在这个游戏中，按下 A 按钮会触发基础跳跃，紧接着按下 R1 按钮会触发落地重击。先按下 R1 按钮后按下 A 按钮则会触发后空翻。同时按下它们则会随机触发落地重击、后空翻或者基础跳跃中的一种，玩家对此毫无办法。他们可以一遍又一遍地同时按下这两个按钮，但永远无法搞清楚这三者间的关系。"

对于一款致力于提供连续、可预测的输入结果的游戏来说，这种操作模糊必须被解决。米克·韦斯特在他的文章中提出了一些值得关注的解决方法。

状态混乱

游戏设计师可以根据游戏里的实时情况更改映射之间的关系，从而让低灵敏度的输入变得具有更高的表现力。举例来说，在《超级马里奥兄弟》中，玩家可以很清晰地分辨出马里奥跳到空中时的样子，知道他并不是在地上。虽然此时按下左方向按钮、右方向按钮的结果改变了，因为响应减少了。但因为马里奥明显处于一个不同的状态，按下左方向按钮、右方向按钮导致的改变并不会让玩家觉得奇怪或随机。

但如果我让我的母亲拿起 PS2 的手柄去玩《托尼·霍克：地下滑板》，她一定会手足无措。这是因为角色有着非常多的状态，而新手玩家对于状态切换一无所知。当玩家无法感知到状态的变化时，输入就可能变得更加随机。在游戏中，角色可以处在空中状态、地面状态、手动控制状态、手持滑板状态、滑行状态或者做出花式动作状态等。在每一个不同的状态中，PS2 手柄上的每个按钮都对应着不同的功能。游戏同时还具有大量按钮被同时按下的效果，同时按下两个按钮和按下一个按钮的结果是完全不同的。举例来说，同时按下左方向按钮和 X 按钮是不同于分别按下这两个按钮的。这就意味着每一个按钮都对应着不同的技能。这就不难理解为什么我母亲可能会手足无措了，因为输入可能会产生太多结果，所以她的输入也会变得更加随机。

如果玩家觉得输入带来的结果是随机的，那么最理性的反应就是随机地狂按按钮。很多玩家在第一次玩格斗游戏时就是这样，漫无目的地随机按下各个按钮。最终，固定的模式将会显现，玩家将会明白什么样的输入会带来怎样的结果。但是当你在玩一款全新的游戏时，如果状态和可行操作太多的话，结果会变得不可预测。

舞台化

如果玩家难以理解输入的结果，那么游戏就显得难以预测、无法控制。当玩家无法判断一个结果是由什么输入造成的时候（比如响应发生得太快或者被淹没在了其他动作里时），他就无法做出清晰的判断，从而感觉结果是随机产生的。这和动画原理中的舞台化的概念是相似的，约翰·拉赛特（John Lasseter）是这么解释的："动作只有在舞台上才可以被理解。为了清晰地展示一个动作，观众的眼睛必须在合适的时间被引导至合适的地点。而在同一时刻只让观众专注于一个动作是非常关键的。"[1]

在实时操控中，这意味着提供清晰、即时的反馈。这通常意味着利用粒子效果夸大一个输入的结果，目的是让玩家清楚地知道一个输入所对应的结果，这样他们可以根据自己的意愿让游戏重新产生这个结果。

从游戏设计师的角度来说，我们需要记住：我们只有非常有限的时间来吸引并留住玩家。假如玩家在玩游戏的最初几分钟之内不能感受到玩游戏的乐趣和清晰的导向，我们就会失去他们。他们最开始接触的是游戏中最核心、最底层的反馈回路，即每分每秒都在接触的操作。如果操作在直观上无法做到清晰明了，不能让玩家得到可以沉浸于其中的可预测结果，那么他们就会流失。

可预测性同时意味着推理能力。如果能让玩家在玩游戏的前几分钟里就清晰地判断出整个游戏的结构是最好的，可以让玩家拥有清晰的目标，避免在学习一项新技能时可能会出现手足无措的迷失感，在《超级马里奥兄弟》里，我明白只要马里奥掉进坑里就会丢掉一条命，而游戏只用了一个坑就指明了这一点，所以我在后续的游戏里会努力避开这些坑。但是单纯的可重复性并不代表着可预测性，一个可以被预测的结果不应该只让玩家看到已经发现的事物，也应该指出游戏中依然存在着未曾被发现的可能性。

即时响应

当输入可以得到即时响应时，玩家的感觉自然很好。但这并不意味着必须做出一个极短的响应过程。比如在《光环》中，操控疣猪战车虽然较为松弛和流畅，

---

1 译者注：原始链接已经无法打开，可以参考随书资源包中的 P296.1 中的内容。

但是响应依然非常灵敏,当玩家移动准心时,战车会立刻向所指的新方向转向,如图17.1 所示。

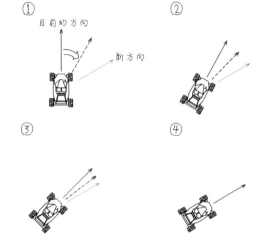

图17.1　在《光环》中操控疣猪战车虽然松驰,但响应迅速

当新方向和疣猪战车目前的方向离得越来越远时,战车会尝试以更快的速度转向。这样造成的结果就是在改变输入后,响应会变得更加明显。所以即便释放的过程漫长而又平缓,但可以让玩家感觉到响应是即时的,如图17.2 所示。

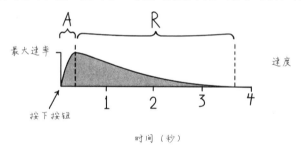

图17.2　《光环》中疣猪战车的 ADSR 包络图

这种效果接近动画中的淡入淡出效果(slow-in, slow-out):在动作开始时加入更多的效果,在中期加入一到两个效果,在临近结束时再加入更多的效果。更少的效果会让动作显得更快,而更多的效果会让动作显得更慢。淡入淡出会柔化动作,让动作显得更有生机。而对于一些打断性的动作,我们会省去一些淡入淡出的效果,让动作变得更加具有吸引力,并让场景多一些突发性。[1]

1　想了解相关内容,可以查看随书资源包中的 P297.1 一文的相关内容。

而跟动画有所不同的是，在游戏中响应时间是非常重要的。如果响应时间过长，那么玩家会感觉游戏本身拖沓、响应迟缓。尤其是当玩家感知到他们的操作和结果有着超过 100 毫秒的延迟时，感觉无疑是很糟糕的。为了保持响应的流畅度，玩家必须可以即时感知结果。攻击时间可以花上 10 秒的时间，但只要在 70 毫秒至 100 毫秒之内给出明显的结果，那么整个过程依然可以让人觉得响应非常迅速。

易于上手，难于精通

一个古老的游戏设计格言说："一款好的游戏可以让人用几分钟就能上手，但是却需要一辈子才能精通。"另一种说法是"基本技巧就和地板一样，而高级技巧却和天花板一样。"这就是说，基本技巧是很容易掌握的，但游戏总会让你渴望去挑战更高层次的技巧，总会有更多的东西让你去学习。精巧的游戏通常都拥有这种特质。

让游戏易于学习的最优雅的方式是利用自然映射。例如，在《几何战争》中，飞船的运动和驱动它的摇杆的运动是一致的，如图 17.3 所示。

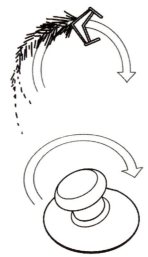

图 17.3 《几何战争》中飞船的运动是一种自然映射

输入和游戏中被控制的物体之间的关系是明显且符合直觉的。类似的道理，要利用玩家们普遍接受的输入和响应之间的标准映射，以避免让玩家去学习新东西。一个方向盘能让一辆车转向；鼠标移动时指针也跟着移动；按 W 键、A 键、S 键、

D键可以移动一个角色,这些都是已经建立好的操控标准的例子。

另外一种让游戏易于上手的方式是新手教程和辅助功能,如自动瞄准、动态难度调整规则(如《马里奥赛车》里的蓝色龟壳)等。让游戏容易上手只要通过直接的迭代过程就可以了,但真正困难的问题是如何让一款游戏变得更有深度。

做出一款有深度的游戏的过程是困难的、难以预料的,这也是为什么有深度的游戏如此有价值。游戏设计师无法预测哪些元素的组合能让人们花费无数个小时去执着地练习。但游戏设计师其实可以驾驭的事物是远远多于单纯地设计输入和响应之间的关系的。即便如此,难度依然很高。我们需要设计各种挑战,用这些挑战来定义技巧和基础行为。

如果一款游戏看上去缺乏深度,更改输入和响应之间的灵敏度可能是一种解决方案。比如通过规则和情境让交互方式变得更加具有表现力,这样可以让设计师刻画出游戏的层次,从而让整个游戏显得更有深度。例如,我们可以跟踪完成一种行为(如从A点跑到B点)需要花费的时间,这就是增加深度的一种方案。只要在这个基础上加入一些简单的操作就可以让玩家获得更好的成绩,之后再让技能的提升变得更加困难。最终,玩家会自发地改变策略来提升自己的成绩。当玩家发现提升成绩的方法之后,他也就达到了更高的技能水平并提升了操控感。在一个有深度的游戏里,游戏可玩的过程的长度是比缺乏深度的游戏长得多的。记录下完成一个行为的时间,向玩家展示结果给玩家带来了他们从未体验过的学习技巧和取得最优结果的过程。

另一种策略是允许多个玩家之间进行对抗,无论是直接的还是间接的。直接对抗的例子包括《雷神之锤》和《街头霸王2》。在这两款游戏中,玩家的角色可以直接攻击其他玩家的角色。间接对抗的游戏里往往都有一个计分板。玩游戏的时候玩家是独自一人,但他们的分数会被记录下来,并进行对比。

允许玩家之间进行对抗会快速让技巧天花板变得无限高。玩家的水平永远不会触顶,比如在《超级马里奥64》中拿到120颗星星,玩家只能比别人做得更好。

新颖

尽管一个输入的结果是可以预测的,但是在响应上还应该有足够细小且微妙的不同,以便让操作令人感觉新鲜、有趣。

新颖的一个敌人是线性动画。即便是像《杰克和达斯特》这样线性动画的效果超群的游戏，你也可以很清楚地看出杰克每次的攻击都是一样的。一旦玩家产生审美疲劳，再高质量的内容也会显得无趣。当第10 000次看到杰克挥拳的时候，这个感觉肯定远不如第一次看见他挥拳时那样刺激。要让玩家对操控感兴趣，设计师需要让操控在玩数个小时的游戏后依然觉得有意思，让即便是重复的动作在每次触发时也会有新鲜感。

很多游戏尝试使用海量的附加内容去解决这个问题，比如让玩家通过一系列的挑战来达到更高的关卡。另外一种方式是加入更多的游戏机制并利用这些机制增强虚拟感受。举个例子，《恶魔城：苍月十字架》这一点就做得不错，这个游戏通过添加不同的"魂"和武器来持续地增加新的虚拟感受，增加的每一个"魂"或武器都为基础行为增加了不同的感受，或者通过新状态扩充了基础行为的范围（比如增加了空中的二段跳）。

另一种方式是提升全局物理模拟的复杂度。游戏中的物理模拟给人的感受很新奇，因为玩家永远不会做出一模一样的行为。虽然玩家可以在《特技滑雪模拟器》（*Ski Stunt Simulator*）中不断得到同样的结果，比如跳过峡谷后再用后空翻跳过一个木屋，但没有任何两次的过程是完全一样的。游戏在每次都会做出一样的响应，但玩家其实并无法感知自己输入上的细微差别。系统的感知会比玩家的感知更加灵敏，因为玩家的感知系统一直在敏锐地适应着周围的物理模拟，就像在现实世界中一样，所以当玩家看到角色在运动时，玩家的潜意识会期待一些事情的发生。玩家经常想的是不会发生两次完全一样的运动，这种推测来自现实的经验：现实世界充满了混乱和不确定性。没有人会以同样的方式挥拳两次。如果我们看到同样的行为一遍又一遍地发生且没有任何变化时，那么就会感觉有些不对。

响应有吸引力

即使完全脱离情境而存在，实时操控也应该是迷人的、在美学上充满吸引力的。这里重要的是要把意义和吸引力分开。情境是很重要的，因为它对于创造虚拟感受中的意义是很重要的，并且提供了测量体积、速率和重量的参照物，但这和吸引力无关。虚拟感受的吸引力使玩家即使在一个完全空荡荡的环境中玩起来也很有趣。

> **游戏实例**
>
> 请尝试不同游戏中的每一种操控感，在没有空间情境的帮助下体验它们的吸引力。"高输入，高反应"测试更有吸引力，因为它的运动比其他三个更复杂、更流畅、更有机。独立游戏设计师凯尔·加布勒在创造有吸引力的游戏方面做得非常出色，杀手群的攻击，特别是重力压头是非常吸引人的。

附加效果和表层动画也可以带来吸引力。《杰克和达斯特》的动画师给乏味的操作加入了极大的吸引力。杰克的动画采用的技术大部分来自传统动画，比如变形和拉伸。他的动作在去掉表层动画后其实是很简单的，但加入动画后看起来就显得很有生机、复杂并具有吸引力了。在《新超级马里奥兄弟》中，假如把马里奥做成一个矩形，那虚拟感受看起来会非常不具有吸引力。但一旦加上动画，马里奥就会在跑动开始和结束的时候逐渐加速或减慢，同时在跑动过程中和快速变向时扬起灰尘，从而变得更加吸引人。

另外一种塑造吸引力的方法是确保无论何时玩家进行输入，响应结果都是吸引人的。这一点对于坠毁和失败状态来说格外重要。一种聪明的方法是在失败状态中投入更多精力，让它们变得更加有趣，因为玩家会经常失败。例如在《特技滑雪模拟器》中，让人物时不时地撞残是很有乐趣的。因为游戏采用了"布娃娃机制"来模拟物理对象，所以撞残人物会基于物理效果产生不同的结果，而不是单调地播放动画。人物可能会撞到脑袋、掉下悬崖、挂在悬崖边上等。在这种极限运动里，观看角色"撞残"的过程是非常具有吸引力的，对玩家掌握游戏的玩法也有着极大的帮助。因为如果失败可以变得有趣，挫败感就会减轻，学习过程也会变得更加轻松。如果玩家玩了很多次还没有成功，那么可以故意"撞残"人物几次来泄愤。旁观者也可以在这个过程中被吸引，从而加入这个游戏中。

自然运动

优秀的游戏都会表现出流畅而自然的运动，如图17.4所示。这在《小行星》《超级马里奥兄弟》和《GT赛车》中都可以看见。

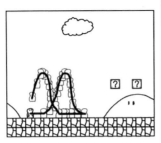 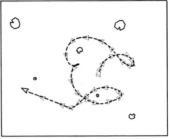

图 17.4 《小行星》和《超级马里奥兄弟》中角色的运动曲线

无论是角色的运动、加在其上的动画还是两者一起，曲线运动、弧线运动都要更有吸引力。事实上，弧是动画的原理之一。"所有的动作，除了少数例外（比如一个机械设备的动画），都沿着一道弧或者是类似圆的路径运动，尤其是在人体和动物的动作上。"弧赋予了动画更自然的动作和更好的流动。想一想钟摆的自然运动。所有的手臂运动、头部运动，甚至眼球的运动都是沿着弧进行的。

在动画领域里，这意味着要沿着一条曲线来排列各个帧。在电子游戏里，则要依靠映射和模拟。

假如把角色运动的每一帧都设定在一条直线上，那么结果会显得很不自然。而通过作用力来改变内在的模拟速度，那么运动就会变得流畅且自然，就像《小行星》里的加速一样。

和谐

游戏的每一个元素都应该支撑着一个独特的物理现实的一部分，并提供一种统一的感受。

游戏世界是会被主动感知的。但不幸的是，对于设计师来说，主动感知是比被动感知更加敏感的。人们在感知与现实生活相关的物理运动时总是格外敏感，如果一件事情看起来不对劲，比如一个球没有按照预想的轨迹弹起，一本书不合理地倒下，一辆车没有按预期转弯，人们就会感知到。在这个方面我们无能为力。玩家每时每刻都在锻炼着感知技能并用它来应对周围的世界。而正是这一点让游戏的设计变得困难，因为一个细微的不合理之处都会被放大得格外明显。

最好的游戏都保持游戏感六大元素的和谐。假如游戏里的一个东西看上去像一辆车，那么操作它的感觉就一定是像在开一辆车。它会正确地转弯、抓地、上下颠簸，还有着和真车一样的引擎声和轮胎抓地的声音。而假如它真的撞上了障碍，那么它也会像真车一样扭曲、变形、撞毁。

如果我们的目标是做出一个像照片一样真实的游戏世界，那我们就走错路了。我们必须让一切变得协调，要让图像变得和现实世界一样，还要让它经得起深层次的主动感知，并利用多种感知，如声音效果配合视觉效果和运动效果。这和被动感知的动画是不同的，它不像皮克斯（Pixar）的电影。即便玩家以"不走寻常路"的方式玩游戏时，游戏也必须看上去、听起来、感觉起来和运动起来合情合理。

图 17.5　不同的表现形式会改变玩家对于事物的声音效果、运动效果和行为的预期

即便如此，我们对于事物如何表现也是拥有控制力的，即便是像汽车这样常见的形象。这种现象是由抽象的一致性引起的。如果在图像、声音、运动、拟真度和规则方面都有着同样的抽象程度，那游戏就是协调统一的，这其中最难处理的是运动。当玩家控制角色运动的时候，其实是很难做到内在协调的。比如，在很多游戏中都有跑动的角色，而角色往往会撞墙。如果撞墙后角色不会受伤而是一直在继续往前跑，协调感就会丧失殆尽。《战争机器》在一定程度上克服了这个问题，它让角色在接触到地面后会做出不同的行为，且声音效果、视觉效果、动作和规则都协调得很好。也正因为这一点，《战争机器》的物理现实在主动感知的推敲下也是站得住脚的。

制作游戏的实际情况是，每个游戏里都有一些很小的不一致的地方。注意游戏感的每一个元素以及它们改变"玩家感知游戏中独特的物理现实"的方式，可以避免这些烦人的小细节，这比许多设计师所了解的更重要。如果角色的手臂穿透一个建筑，或者轻轻一碰木条就能让它飞得很远等情况发生得太频繁，那么玩家可能会流失。

征服感

对虚拟感做出最大贡献的应该是征服感。在玩家完全掌握了某种游戏机制，并成功克服了大部分挑战后，他们很可能就放弃这个游戏了。"重复可玩性"在一定程度上指代了游戏本身的质量和在商业上成功的程度，而"重复可玩性"和征服感息息相关：当玩家觉得在一款游戏里投入很多资源以后，他会继续玩这个游戏。如果他变得精通这个游戏，那么他就可以在游戏中展开表演，进入自我表现的阶段了。

游戏中的即兴表演指的是即时地在游戏中创造出激动人心的新组合。这种组合以一种自然的方式和游戏环境相互呼应，它可能是不经思考的临场发挥、一种快乐的感觉或是进入心流的体验。为了促成这种即兴表演，机制不仅需要在它的输入和响应之间具有很高的灵敏度，还需要在和环境中的物体的交互上具有很多的灵活性。

一些游戏会使用人物状态和游戏环境来创造征服感，比如《托尼·霍克：地下滑板》就通过大量的状态和一个拥有大量排列合理且可以被利用的物体的情境实现了这种效果。角色可以在各种状态下探索环境，并通过不同方式和物体进行交互。所有物体的排列都是非常合理的，所以可以激发玩家的即兴表演欲。因为角色是以不同的方式和不同的物体进行交互，并且会根据不同的状况选择不同的路径去尽情发挥，所以没有哪两次的表现会完全相同。玩家会在即兴表演的过程中对环境进行快速的判断，当处于高水平的表现时，这样的表演会非常具有表现力。玩家会主动进行练习，并通过连招来寻找具有美学价值的表现而不仅仅是会取得高分的表现。这样他们就可以录下表演并上传到网络进行分享。对于他们来说，这款游戏更像是一种利用人物状态和环境道具进行的舞蹈表演。

也有一些游戏是通过调节输入和响应间的灵敏度来塑造征服感的，如《特技滑雪模拟器》。雪板和地面的夹角哪怕只有 1° 的区别，也会创造出完全不同的结果。游戏中存在着大量可以影响交互的规则，比如，当滑雪板以某个特定的角度撞击地面或人物以头撞地的时候就会发生事故，所以玩家有很大的自由做出有趣的即兴表演和表现。当人物在空中以最高高度站立时，手臂将会举起。假如在头部快要着地的时候保持这种动作，就可以用手臂防止头部被撞到而昏迷。这种方式在游戏里是没有被明确指出的，而是通过一些规则的重组而产生的。

当加入多个玩家的时候，自我表现会由内而外地传播出去，从而打开一个崭新的世界，让玩家得到强大的社交体验。比如在《战地2》中，假如角色潜行到敌人身后使用近身战斗技能，那么他将会立刻杀死敌人。这种暗杀是一种正常的游戏方式。而假如角色在死亡后敌人依然在使用匕首戳尸体，那么这种直接的侮辱行为会带来完全不一样的含义，玩家必须以上帝视角看着角色的尸体被侮辱，直到角色重生为止。

小结

本章讨论的所有原理都可以创造出强大的操控感和控制感，从而让游戏成为玩家自我表现的方式。这可以让玩家产生巨大的征服感和拥有感，这种感觉是在玩家可以用有目的的方式进行自我表现的时候产生的。玩家在游戏中通过输出而得到的任何表现，都可以让他们慢慢认同游戏和他们在里面获得的成就。玩家会开始对自己的成就感到骄傲，并产生分享这种骄傲的渴望。

第 13 章

我想做的游戏

在《游戏设计理论》(*Chris Crawford on Game Design*)一书中有一部分是介绍作者(克里斯·克劳福德)想做的游戏的。我认为那是那本书中最有趣、最激动人心的部分:因为那一章完整表现了他所坚持的游戏设计理念和准则。比如,他会提出一个关于创意的问题,然后提出问题的解决方法,最后用他的实例来佐证。在我撰写本书的过程中,在我试图定义游戏感的过程中,我产生了一些关于游戏雏形的想法。无论是否正确,我都想把它们与你分享,希望某一天,有人可以将它们实现。我已经制作出了诸多想法中的一个,并将之命名为《精调》(*Tune*),你们可以在网络中找到它。

1 000 个超级马里奥

当研究玩家和被操控的角色之间的关系的时候,我发出了疑问:"为什么玩家只能同时操控一个角色?"我开始列举那些玩家可以操控多个角色的游戏,却并没有找到多少。我指的是那些可以直接控制、拥有修正循环和身体感的操控方式。我意识到其实在很多即时战略游戏中,玩家是可以间接控制大量部队的,但这并不是我所指的直接的、体感化的、操控感强烈的控制。

如果你去寻找玩家操控多个角色或者操控摄像机角度的游戏,除了少数几个小游戏或实验性游戏(如凯尔·加布勒制作的《虫群》(*The Swarm*)和 IGF 学生作品大赛的决赛作品《崇高夜曲》(*Empyreal Nocturne*)),你可能压根找不到几个大制作作品。复杂性可能是导致这种情况的原因:在 Xbox 上有一款叫作《融合狂热》(*Fusion Frenzy*)的小游戏,它让玩家用一个摇杆操控人物,用另一个摇杆操控炸弹,但玩家在玩游戏的整个过程中充满了烦躁感和挫败感。我认为这个游戏的设计思路可能出了问题，设计者似乎是在问"到底有多少种方式可以让玩家打起来？"让玩家分别操控人物和炸弹，让操控变得困难可能是众多创意中的一种，但我们"不能把鸡蛋放在一个篮子里"。玩家会自行选择他们喜欢的游戏并忽略那些不喜欢的，所以我们应该换一种思路。

一个更好的问题应该是：如果可以同时操控 1 000 个马里奥会产生什么样的感觉？如果可以，从这个思路可以设计出什么样的游戏？注意，这应该是一个自下而上，而非自上而下的过程。我们不应该从游戏的顶层设计上限制玩家的选择，如让游戏过程变得短暂、允许多人玩游戏、或让他们互相杀戮，我们只想知道如果可以同时操控 1 000 个马里奥会产生怎样的感觉。如果可以在游戏中通过直接的、体感化的、操控感强烈的操控手段，去同时操控 100 个、1 000 个，甚至 10 000 个马里奥会怎样？我打赌操控起来就像在控制一股水流，一股由水管工组成的水流。

这个思路是值得去探讨的。我认为只有去尝试设计并在实际体验中才能知道可以开发出什么样的玩法。但我也认为这个过程可能会有很多的挑战。把所有角色都安全地控制到关卡结束就是其中之一。抑或是这个游戏是一个解谜游戏，你的目标是杀死所有的小马里奥，深坑和管道可能会被他们的尸体填满，敌人可能会被他们淹没。玩家可能会问："我该拿这些小马里奥怎么办？"这难道不值得去探索一下吗？

另外，我觉得很有趣的一点是在游戏中无论是否改变操控对象，玩家只能选择操控或者不操控这些对象：这只能是一个一对一的情况。如果我们可以让操控过程变得更加有组织、更加流畅又会怎样？

举例来说，如果在这个拥有 1 000 个马里奥的游戏中加入一个由鼠标控制的、向外扩散的圆形指针，指针中心的马里奥可以被玩家完全操控，而越往圈外走，操控力就会减弱，如图 18.1 所示，这样会如何？

我们可不可以想得更远一些，比如可以同时操控 100 艘宇宙飞船或者 1 000 辆赛车，效果会如何？或者同时操控 100 个马里奥和 1 000 艘宇宙飞船，效果又会如何？只要打破只能操作一个角色的限制，就能看到丰富的可能性。

有几款游戏都使用了独特的方式来挑战这个问题，例如，Farbs 的《内存检测错误》(*ROM CHECK FAIL*)（如图 18.2 所示）和 Gamelab 的《阿卡迪亚》(*Arcadia*)（如图 18.3 所示）。在《内存检测错误》中，角色会时不时地变成一些经典游戏中的人物形象，可能上一秒你操控的还是《塞尔达传说》里的林克，下一秒就变成了《守护者》（*Defender*）里的宇宙飞船或者《太空侵略者》中的人物。当操控的角色发生变化时，敌人和周围环境也会发生变化。我最喜欢这个游戏的一点就是它的角色、空间情境和规则处于不断变化中。

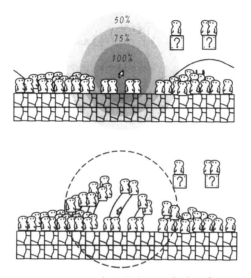

图 18.1　操控 1 000 个马里奥可能会让人感觉很奇怪，或者很棒

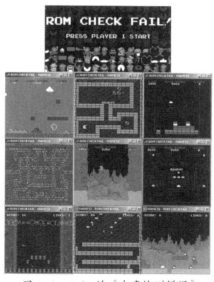

图 18.2　Farbs 的《内存检测错误》

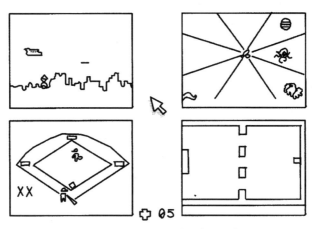

图 18.3 Gamelab 的《阿卡迪亚》

《阿卡迪亚》则让玩家用一个指针同时控制四个位于四个象限中的超级简单的游戏（如跳台游戏和驾驶游戏）。当指针处于不同的象限中时，能起到的作用也会变化。通过移动四个游戏中的指针，玩家可以通过单一的输入来控制四个分离的角色。

"通向世界的窗户"

我的一位学生奥莱恩·伯德姆（Orion Burcham）曾经提出过一个很精彩的创意——"通向世界的窗户"。有没有可能让游戏的触觉世界和我们身边的真实物理世界产生联系？具体是这样的：你拿起一部手持装置，比如任天堂 DS 或索尼 PSP，并把一只高灵敏度的加速器连接在上面。这部加速器可以识别出微妙的位置变化和旋转动作。在屏幕上会呈现出一个第一人称视角的游戏画面，当你拿着机器四处走动的时候，屏幕里的世界也会以同样的速度运动，从而让屏幕看起来就像一个通往另一个世界的入口一样。你可以从随书资源包中的 P310.1 这个视频中看到这个创意。

玩家需要站起来，手持装置，并四处走动才可以体验这个游戏。向前走会让角色以同样的速度前进，在玩家转弯的同时，角色也会转向。这个创意的重点是玩家所处的物理世界和游戏世界的对应关系，而这会成为一个关键性的技术问题。

这让我想起了我在旧金山现代艺术博物馆里曾看到的一件由珍尼特·卡迪夫

（Janet Cardiff）创作的作品。你可以用信用卡购买一台拥有内置显示器的手持摄像机，然后被引导至一张长凳上坐下，戴上耳机，按下播放按钮，然后会看见隐藏的"跟随相机运动"的提示。

当按下播放按钮时，屏幕会出现一段和你的视野基本一致的视频。当你拿着摄像机时，你可以把屏幕里的世界和博物馆的环境结合在一起。然后视频就会开始运动，引导你从长凳上开始，穿过走廊和楼梯，一直到达博物馆的第二层。我有一种几乎是被强迫地跟着视频运动的感觉，努力让屏幕里的世界和现实世界保持一致，这是我从来没有体验过的感觉。很快我便开始无法分清虚拟世界和现实世界的差异，有好几次我差点撞上我面前的真人或侧身躲避一名视频里的人。视频最终把我带上了楼梯，但虚拟和现实间模糊的界限给予了我极大的震撼，以至于我在九年后还是可以准确地回想起当时的行进路线。

我认为这和"通向世界的窗户"是相似的，这样一个接口可以起到点石成金的作用。如果虚拟和现实的界限可以被模糊到这种程度，那么可以做到的事情无疑是令人非常震惊的。虚拟的生物和物品可以被隐藏在公交车站和邮箱的后面。你可能会在你的沙发下面找到一个强化道具，不得不挪开沙发来拿到它，我认为这棒极了。

像 PS3 上的《审判之眼》（*Eye of Judgement*）这样的游戏和非常流行的 EyeToy 已经开始探索虚拟现实的可行性了，我认为这种尝试非常有可能开创出一个全新的游戏时代。

空间关系和亲密行为

当我研究不同游戏所拥有的游戏感时，我发现了另外一个有趣的设计课题：为什么所有的事情都是关于挑战和技巧的？我认为游戏行业可能已经被思维桎梏给困住了，让我们无法继续前进至更有趣的领域。我们难道不是已经可以创造出有着触觉交互的拟真感了吗？我们难道不是花了整整一本书的时间探讨如何让虚拟的游戏拥有和日常生活一样的、知觉层面的交互了吗？那为什么游戏依然总是在考验我们的枪法、车技，或是其他的操作技巧？我们为什么不可以让操作触觉变得像把手伸进一袋豆子里或是抚摸某人的脖子一样？

这可能是因为我们都需要想得更多，只有这样才可以打破困住游戏感的枷锁，望向游戏感的彼岸。这个彼岸包含了触觉体验的每一个部分,而不局限于我们现在所接触到的沧海一粟。

我们接下来做一款关于亲密行为的游戏。亲密行为又有些什么机制呢?

即便在一些不用进行物理接触也可以进行的亲密行为中,亲近感在亲密行为中也是必需的。举例来说,当一个人走进另一个人的私人空间里,只要这个人不是一个陌生人或者不受欢迎的家伙,彼此身体上的亲近感可以马上得到提升,靠近就代表着一种亲近。有一款游戏是让一对情侣靠近对方,看他们在不接触对方的情况下可以靠得多近。还有一款游戏会让一个人的手围绕另一方的身体绕一圈而不触碰到他。这些技巧都可以用来强化并刺激身体上的吸引力。当一个人抱着亲近的目的进入另一个人的私人空间时,就代表着身体上的亲近,无论两者是否进行了物理接触。

我很喜欢电影《无间行者》(*The Departed*)。电影里有一处非常激烈的戏,让人觉得非常火爆,但仅仅用了亲吻等动作。当时,这个场景让我的一个朋友在电影院里情不自禁地发出了赞叹。这个场景里极端性感的一幕是关于很亲密的行为的,但是完全没有任何接触。维拉·法梅加(Vera Farmiga)扮演的角色坐在厨房的角落,莱昂纳多·迪卡普里奥(Leonardo DiCaprio)扮演的角色正面对着她,多么精彩的一刻。我的意思不是说身体上的接触不应该被考虑进去,我只是想说,两个人的靠近是产生亲密感的先决条件。

因此这是个游戏感可能的发展方向。在某种人际关系的模拟器中,你扮演一个男孩或是女孩,利用有趣的控制机制,比如眼神、身体位置、语言、肢体的接近以及捕捉微妙的暗示等,通过正确的顺序或是决策,来跟另一个人表现得更亲密。游戏很难重现电影和文学中复杂的亲密行为。一个场景是否成功基本上完全取决于情境的好坏,情境拥有非常多的细节,比如正在下着大雨,莱昂纳多很明显没有穿外套,维拉刚刚离开公寓,场景灯光很昏暗等。虽然这种线性铺垫的情境有着非常强烈的烘托气氛的作用,但依然无法承受交互式叙事的要求——我认为做出一个在感官上有吸引力的游戏比制作这样一部电影要简单许多。

事实上,我的解决方案很简单。在告诉你答案之前,我有必要指出嗅觉(受蜡烛或香薰影响)、视觉(受烛光或昏暗的光线影响)和听觉(受音乐一类的内容影响)也是可以烘托气氛并增加亲密度、产生感官享受的。我们无法制造嗅觉享受,但制造视觉和听觉享受无疑是可以的。我认为彼得·米勒(Peter Miller)

的 *Eros Ex Math* 系列作品采取的用数学模型做出角色的姿势漂亮的图片，并让大家展开联想就是一个很好的方式。我们的目标是利用大脑的想象力，往玩家的大脑里面装入感受。这样我们就搞定视觉的部分了。

怎样才能做出这样一款游戏呢？

触摸行为

我一直认为触觉，特别是用手指轻触皮肤的感觉是感官享受中很重要的一部分。通过调节速度和触摸方式来尽量轻轻地触摸皮肤可以提供高度的感官享受。事实上科学也解释了这种情况：人的感官系统会在一段时间中对各种输入进行解析。如果感觉是线性的，那么神经细胞就可以感知并预测下一步的刺激并准备好，但如果没有任何有迹可循的模式，那么感觉会变得更加强烈和兴奋，这也是为什么我们几乎不可能通过挠痒痒把自己挠笑。

这个游戏非常简单，它只要求玩家去触摸一个和米勒一样起伏的形体，但不能一直使用一种方式去触摸它。系统会不断发出浅浅的呼吸声来提示玩家当前的进程，呼吸声越快代表离成功越近，当成功后就可以进入下一轮。当一个区域被碰到时它会亮起来，并向触摸点外扩散出一圈光晕。反复触摸同一个区域会产生边际收益递减效应，玩家只有在各个区域以各种方式和速度触摸才能带来最大的收益。

我能想起的操控方式有两种，其中一种需要一些特殊的输入设备。比如带上一只 P5 手套（手指弯曲的程度代表了触摸的强度）并用这只手操控鼠标（改变位置）。然后我会用一层层软壳模拟皮肤，软壳的结构就像千层蛋糕一样，下面的一层会比上面的一层更坚硬。然后测试每一层被触摸后下一层是否可以感受到压力。

如果使用键和鼠标玩这个游戏，触觉的享受将从单纯的操作中被剥离。压力将变成一个单独的操作窗口，玩家一方面需要使用鼠标对皮肤施加合适的压力，同时还要使用另一只手操控键盘来指示操作区域。我想出了一种有趣的"砸键盘"操作模式，即不使用四个按键指代方向，而是让键盘的整个左半边指代左方，右半边指代右方。从"~"按钮到"B"按钮范围中任何一个按键都算是有效的输入，但是玩家不能敲击一个区域水平方向或竖直方向上相邻的按键，这样也会产生收益递减效应。

看不见的角色

在从模拟交互中分离润色效果时，我突然想到了一个有趣的问题。有没有可能单独使用润色效果做出物理感呢？能否用一个看不见的角色做出一款拥有很强游戏感的游戏呢？这个问题我思考了很久，也做出了一些尝试。我发现在摄像机跟着角色运动的时候才可以提供最好的行走的感觉，因为这样可以用视角停滞表现出碰撞的效果。在游戏开发者大会（Game Developer's Conference）上，我很高兴地看到一位名叫马修·科尔巴（Matthew Korba）的先生和我有一样的想法。他制作了一款叫作《隐形狂怒》（*Wrath of Transparentor*）的游戏，讲的是一只隐身的怪物大肆作乱的故事。是的，在没有模拟的情况下是可以做出游戏感的。这听上去不足为奇：在一些第一人称视角的射击游戏中，主角人物是不会被看见的。不过我还是很希望看到这个想法可以被进一步拓展。

如果一款游戏只是单独模拟跑步，唯一可见的只有角色和场景物体交互时产生的润色效果会怎么样呢？这样的游戏世界可以是一片纯白，只有当角色接触到物体时，物体才会出现，整个游戏就好像是在用触觉来探索、重建一个世界一样。

调试

做游戏的时候，我最喜欢的部分就是调试一个机制给人的感受。我觉得这是除打冰球得分及大吃特吃印度馕饼以外，世界上最美好的事情。因此我想，有没有可能做一个关于调试游戏的游戏呢？有没有可能让那些完全不做游戏的人也能感受到调试游戏的乐趣呢？

《精调》这款游戏正是关于游戏设计的，如图 18.4 所示。如名称所述，这是一款关于调试游戏的游戏。玩家必须不断修改游戏参数间的平衡，游戏的目标也会让平衡的过程产生不同的效果。高端的玩家会不断试验参数间的相互关系，并找出符合当前目标的最好的调试手段。

第 18 章 我想做的游戏

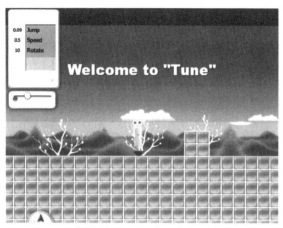

图 18.4 《精调》是一款关于游戏调试的游戏

《精调》这款游戏最初是我在凤凰城艺术学院教授的游戏玩法设计课程的课堂作业。这门课程的目标之一就是以实用且真实的方式让学生体验游戏设计，相较于其他方式，这种方法让学生接触并平衡抽象的数值（精调）来获得乐趣。学生们不用真正去做出一款游戏，因为我已经为他们做出了一个简单的、基于物理效果的跳跃机制，并在这个机制中加入了最关键的参数作为输入调节项，如图 18.5 所示。我告诉学生："这里已经有一个系统了，去把它变得更有趣吧"。然后让他们放手去做。

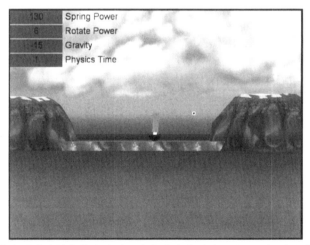

图 18.5 我在凤凰城艺术学院的课程中向学生布置的调试跳跃机制的作业的初版

结果非常有趣，这个作业很快引起了轰动，所以我加入了更多的机制让学生进行拓展。当我在做这些事情的时候，我愈发觉得这些体验是可以被用在游戏系

315

统里的,就像我告诉学生"这里已经有一个系统了,去把它变得更有趣吧"一样,所以,《精调》诞生了。

小结

这些想法都是不完善的,如果它们中的任何一个对你有所启发,请尽管拿去用。想法只会给执行加分,如果你不能将它们好好使用的话,它们是没有任何价值的。我想看到角色在一款游戏里扮演影子,或是根据回声进行定位,抑或是保持眼神接触。很久没有在游戏感的世界里发现什么令人激动人心的变化了,让我们一起加油吧!

第 19 章

游戏感的未来

时至今日,我们已经有一些体验非常棒的游戏了。虽然并没有达到应有的数量,但正如我们所见,那些通过积极的方式影响人类感知的游戏,通过一些假象让感官进入一系列特殊的感知区间,有着非常出色的游戏感。通过对这些游戏进行深入研究,我们试图总结它们的有效性,并揭示一些构想和做法,以帮助我们创作出类似的、让人感觉很棒的游戏。

本书的最后一章将会探讨一些将游戏感作为表达媒介时遇到的问题(无论是正在被解决还是未来能够被解决的问题)以及解决这些问题的方法。另一件有趣的事情则是去质疑:我们是否针对游戏感提出了正确的问题?鉴于游戏感主要是存在于玩家脑海中的一种印象,所有对虚拟事物的操控必须由某种输入设备来调节,那提高游戏感最有效的途径是什么呢?

为了与本书其余部分的结构保持一致,本章依次介绍了游戏感体系的六个部分,以输入为始,以规则为终。

输入的未来

人机交互的关键问题是带宽。截至 2019 年,输入设备的表现潜力远远超出了计算机响应的潜力。教育家和研究员罗伯特·雅各布(Robert J.K.Jacob)说过:"鉴于目前的技术水平,计算机的输入和输出是非常不对称的。从计算机到用户的信息量或带宽通常远大于用户到计算机的带宽。图形、动画、音频和其他媒介都可以快速输出大量信息,但我们还没有掌握任何输入手段,能让计算机从用户那里获取与之规模相匹配的信息量。"[1]

这个问题似乎是"我们如何才能让输入给人的感觉更加自然?"在这种情况

---

1 参考随书资源包中的 P317.1 一文。

下，自然意味着更接近现实生活中的交互方式。我们最终的目标变成了通常所说的解决"执行鸿沟"（The Gulf of Execution）问题，即需要跨越"将用户意图转化为输入设备的物理行为，并最终'翻译'给计算机"过程中的鸿沟。交互设计师、研究员和其他相关人员致力于减少使用计算机工作带来的痛苦和烦恼，这已经成了他们的一个基本目标，但是对于电子游戏而言，这是误入歧途。克服所谓的"执行鸿沟"可以是、也会是一种非常棒而且美妙的乐趣。在电子游戏中，一些障碍是必要的也是可取的。如果意图和行为完全重合，那么就不存在挑战，也不会有学习了，游戏玩法中的许多基本乐趣也会随之消失。如果游戏跨过了"执行鸿沟"，玩家就失去学习、挑战和精通技巧的乐趣了。

问题在于设计正确类型的混淆和障碍。这是让游戏设计师辗转反侧、彻夜难眠的核心问题之一：精致的游戏玩法和烦人的可用性之间有什么区别。什么才是挑战和挫败玩家的"正确"方法呢？我们知道一定程度的挫败感是好的，没有失败的可能就不会有挑战。但是正确的挑战及玩家意图与执行操作之间的障碍才是游戏设计师难以捕捉且努力追寻的事物。因此，就输入设备而言，让游戏内的事物变得更加自然、更有表现力，并且提升输入设备的带宽是很酷的。但需要记住的是，有些游戏的挑战恰到好处，给人的体验很棒，却仅仅使用了几个按钮。《太空战争》就是这样一款游戏。

所有这些与输入设备及其设计有关的是自然和现实之间的区别。例如，鼠标让大部分人觉得有用是因为它是一种直接的位置映射。在桌上移动鼠标，其指针就会在屏幕上移动相应的距离，这个过程是基于"控制—显示"比例的，而对于触摸屏来说，控制与显示之间一直能保持一致，你可以直接触摸屏幕，选择你想要进行交互的某个点。而鼠标则是间接控制的，需要将鼠标在桌面上的移动映射到指针在屏幕上的移动。触摸屏集成了这两者，因此对于"执行鸿沟"而言，触摸屏是一个更好的桥梁。

但是你在触摸屏上玩过难忘的游戏吗？如果输入没有转化成有趣的东西，如果它不是一个复杂系统的简单接口，游戏的乐趣就会随之消失。记住，我们应该去关注让人感觉最自然的那些行为，以及输入与响应之间简单、本能的关系。这和我们在现实生活中的交互是不一样的。现实与直觉控制之间有一个关键的区别，我们不能简单地追寻让输入设备"现实化"。这会影响输入设备基本的优势，即在游戏中控制物体最重要的乐趣——输入的强化。当你试着去描述"使用一小块塑料来控制一台复杂的、数字渲染的模拟汽车"的感觉时,"一个手指的'扩音器'"这句话会出现在你的脑海里。

显然,为了让计算机输入能够映射出真实世界的交互,使之更"自然",我们可能忽略了一个重要的事实,那就是通过简单输入控制复杂系统的感觉是很棒的。这也是为什么在游戏中学习东西会比在现实中学习更加有趣的原因。现实生活是复杂、不公平的,难以驾驭,而游戏则是公平且容易掌控的。通过一个小带宽的、简单的输入设备,我们能够真正与一个非常复杂地系统实现连接,并且体验操纵它的乐趣。

Wii 手柄

罗伯特·雅各布曾说过:"未来的输入机制可能会通过让用户进行'自然'的手势或操作并将它们转化为计算机输入,朝着更加自然和富有表现力的方向前进。"

鉴于任天堂 Wii 主机的成功以及索尼和微软为模仿这一成功所做的尝试,罗伯特·雅各布的这句话似乎颇具先见之明。Wii 手柄可能是良好的游戏感与看起来更加自然和富有表现力的操作之间存在冲突的最好的证据。这一点在玩《塞尔达传说:黄昏公主》的时候特别明显。对于每一次剑击,玩家都需要挥动 Wii 手柄,但这并不能让玩家感觉更好。事实上,这感觉像是玩家意图和角色在游戏内行动之间存在不必要的混淆和障碍。为什么不是只简单地按下一个按钮,像玩《塞尔达传说:风之杖》一样呢。

关于《塞尔达传说:风之杖》最有趣的事情之一,是游戏中对剑斗的深度和精通的强调。在游戏中的第一个岛屿上,一个剑术宗师会训练你。在此过程中,通过角色在一对一剑斗中的表现,即在不被击中的条件下击中剑术宗师的次数,挑战被划分成了多个难度级别。通过战胜每个级别的挑战,角色会获得新的能够在整个游戏中使用的剑术。在最高的级别中,角色必须在自己不被击中的条件下连续击中剑术宗师 500 次。我真的做到了这一点,并且还是在玩这个游戏的初期就完成了这个挑战。相匹配的奖励是在剩下的游戏中更深层次的满足感和乐趣,因为我在游戏初期花费时间所习得的技能,让我在之后的游戏里能够成功,同时让我觉得自己强大并且能掌控游戏的剩余部分。

Wii 手柄的这种通过手势来控制的优势在《塞尔达传说:黄昏公主》中完全

丧失了。因为胡乱挥舞 Wii 手柄并不存在精确度，这种挥动设计也没有带来其他好的体验。这是对玩家意图的人为阻碍，它通过高度灵敏的输入（高输入灵敏度）来驱动一些非常细微的动作，而这些动作多数都是事先录制好的动画（低响应灵敏度）。这样一来，《塞尔达传说：黄昏公主》就失去了《塞尔达传说：风之杖》的剑斗机制中的对于掌控的快感。寻找击打空隙以便躲闪和迂回不复存在。在使用 Wii 手柄时，感觉像是没有任何精确性地胡乱挥舞。

现在看来，Wii 手柄由于不成熟而成了一个未能长久占领市场的产品。这也可能是由于其感知的是相对位置而非绝对位置，并且受到这种定位方式的制约。尽管如此，Wii 手柄仍然是输入设备未来发展的指引者，是希望的灯塔。因为它预示着一种设备（可能在两代产品之后出现[1]）能够引入完全三维的绝对位置传感器，并广泛应用到家用主机中。基本上来说，我们希望有一种能够理解所有三个维度的移动和旋转的设备。我们想要一种能够像鼠标那样灵敏地感知位置，能够左右、上下移动并沿着所有三条轴旋转的设备。那样一来，我们就总是能够获取两个维度（甚至一个维度）的信息，并仍然能够获取所有三个维度的旋转和位置变化。

这是我们每一个人对于 Wii 手柄的期盼。但事实却并非如此，它更像是一个带有烦人的边界的鼠标，加上能够测量三个维度上的旋转的加速度计。它并不能识别由下到上的运动，但可以通过终止运动的位置了解前后关系。真正令人满意的是一个能够识别和理解完全三维空间中的位置的设备，从而让玩家能够通过上下、左右的移动来控制游戏中的事物，同时让设计师能够把这些动作直接映射到游戏中去。不幸的是，相比通过按一个按钮完成游戏中挥剑的动作，当我们挥动 Wii 手柄的时候，还存在着许多设备输入和游戏响应之间的障碍，这是一种错误的游戏障碍。

触觉设备

输入设备的另一个让游戏感前景广阔的发展方向是所谓的发展触觉设备。触觉设备最开始应用于商用飞机，用于减缓伺服控制器造成的麻木感。在没有伺服控制器的轻型飞机中，驾驶员能够直接从控制中感觉出飞机是否接近失速状态。

---

[1] 当我写这本书的时候，任天堂刚好发布了 Wii Motion Plus，这会为 Wii 手柄带来最初承诺的完全三维的运动传感器，这真的是太棒了。

第 19 章　游戏感的未来

当飞机迎角接近危险的失速迎角时，操纵杆会开始振动，这对飞行员来说是一个重要的指标，说明是时候调整航向以避免飞机失事了。在大型喷气式客机中，控制的复杂性使得飞行员完全无法再依赖直接触摸的感觉来判断空气阻力对飞机的作用，这就造成了飞行员的感觉与飞机的"感觉"之间产生了危险的"失联"。为了消除这种影响，当飞机迎角接近已知的失速迎角时，机载系统会测量飞机迎角的角度并对操纵杆施加振动力，模拟早期飞机给人的感觉。这被称为触觉反馈，它能通过提升操控感让飞行员更好地控制飞机。了解到你的安全着陆依赖于飞机操纵杆的振动功能的正常运作，你可能会感到有些困惑，但它已经有效使用很多年了。触觉反馈非常重要，并且已经有了非常实际的应用。

至于其在游戏感上的应用，隆隆声已经成了现代主机控制器的一个常见功能，比如 Xbox 360 和 PS2 的手柄，如图 19.1 所示。未来改进的潜力在于一种更加精致的隆隆声。

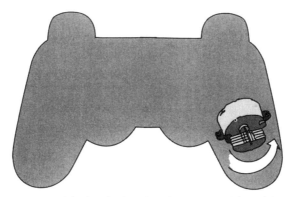

图 19.1　PS2 手柄中的振动马达通过做圆周运动来让手柄振动

手柄的振动效果是通过一系列让简单的重物旋转来实现的。当重物旋转时，手柄会实时振动。

可以通过整合以下三种可调节的运动方式提升触觉设备的振动效果。

- 振动的灵活性：这已经应用于当代手柄的振动中。振动马达可以每秒转动一次，或在任何时间间隔内转至最大振动状态（每秒多次）。
- 线性移动和旋转：除了旋转的重物，手柄还应该具备能够从一侧移动到另外一侧，并且前后、上下移动的重物。
- 振动的柔和度：振动应该能够产生不同强度的运动，不仅有轻微的还有强力的振动。而不是非黑即白，非运动即静止。

毋庸置疑，这类技术已经并将继续得到发展，但对于大规模生产而言，它要么仍然过于昂贵，要么质量太差。然而，通过提升触觉更广泛的表现力，游戏感能得以显著提升。这可能会产生各种可能的组合，如每秒两次的轻度线性移动，或是只出现一次的剧烈的上下移动。游戏角色右侧受到的冲击力会让控制器很难在短时间内向左摇动，而物体间轻柔的触碰可能会产生高频的轻微振动。我能够预见到未来会有这样一款游戏，能够让玩家操控角色的双手划过各式各样的物体，通过多个方向的振动来感知物体的纹理、材质，这会成为一个游戏机制的核心。这属于游戏感提升方面尚未被开发过的边缘地带。

触觉反馈的变化被称为"力反馈"，其中有物理制动装置——反推控制器，这已经被专业的飞行操纵杆和方向控制器普遍使用多年。游戏代码会对方向控制器或者飞行操纵杆进行控制，模拟出在某时刻发生的扳动或拉动，以及造成的相应影响。这些力反馈之所以尚未引起注意，是因为它们总是作为一种特殊的效果作用于比较粗糙的控制器上。它几乎从未被用来告诉玩家游戏对象状态的细微差别。至少说，不会像一台发动机的声音所造成的反馈一样。在玩赛车游戏时，根据赛车速度的快慢，引擎声音会有高低的变化，力反馈看似不知从何而来，为原本反馈粗糙的控制器赋予生命，补充了控制的微妙变化给人的感觉，使得通过微小输入能够产生更大的响应。你不会想要感觉自己是在和输入设备战斗来实现你的意图。你只是想让游戏中的东西去做它应该做的事情，以及你认为它应该做的事情。当它的行为不当时，这种输入的阻碍作用就会变得更大，造成强烈的挫败感。这也许就是为什么力反馈设备一直被应用于驾驶游戏这样体验需要尽可能真实的小众游戏中。然而，对于一般的大众游戏而言，建立一个真人大小的驾驶舱是不可行的，如何解决这些问题也不应该是增强游戏感的核心。

增强游戏感的潜力是相当诱人的。一种超级灵敏的触觉设备能够提供"和真正接触的体验水平一致"的游戏感吗？我保证是这样的。有了正确的调试和细节，玩家可以像感受一个球、一块坐垫或一团黏土一样感受游戏中的虚拟物体。Novint Falcon（如图 19.2 所示）是一种低成本的、旨在精确提供这种感觉的商业设备。作为输入设备，它可以识别所有在三维空间的运动。从原理上看，这很不错，我们有了一个低价的、能够在三维空间中输入并且可以在三个维度上提供强大抵抗力的输入设备，这足以用来模拟触觉交互。事实上，Novint Falcon 的演示软件配有虚拟的球体，你可以改变表面材质的类型（从砂纸到砾石，从坚硬到柔软，

第 19 章　游戏感的未来

从蜂蜜到水），然后通过这个输入设备探测周围的事物和环境，感受其中的不同。它还有发展的潜力。如果你在演示正在运行时将设备放在屏幕后面，就会出现令人难以置信的奇妙情况，你会感觉到实际上触摸的东西其实并不在那里。问题在于，它必须通过厚实、笨重的旋钮来完成感知。这就像通过一个无形的门把手来触碰一个球一样。

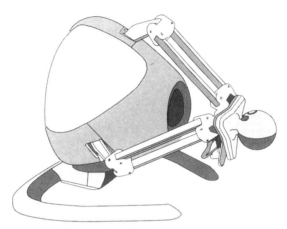

图 19.2　输入设备 Novint Falcon

这个设备存在的另一个问题是容易使人疲劳。这是真正的、难以解决的问题。就我个人而言，当我使用这个设备玩了 10 分钟演示游戏之后，我不得不去冰敷一下我的手腕。我的手腕像脆弱、萎缩的蠕虫，使用这个设备产生的疲劳感使我不能、也不想再玩这个游戏了。它带来灼烧般的痛苦！这对我来说像是一个矛盾，一方面我渴求更加自然、真实并且提供更大带宽的输入，另一方面，我希望在数字世界中操纵物体更加便捷。玩 Novint Falcon 中的游戏《块魂》时，Novint Falcon 给我的感觉像是在 20 分钟之内扔了 20 个保龄球。而我在游戏中获得的体验似乎并不值得我去努力。Novint Falcon 忽略了一个事实：通过微小输入产生巨大响应是游戏操控重要的吸引力之一。

我们想为手指找到一个"扩音器"，而不是一个会反抗我们的控制器。如果抓住设备的握把不那么麻烦，如果它能像更传统（也更昂贵）的手臂式触觉设备那样具备更大的自由度，那么游戏体验会截然不同。

另外，触觉设备总是需要某种类型的固定端。终极的触觉设备将会像控制器或者 Wii 手柄那样可以被握住，但仍然会给玩家物理反馈。可以肯定的是，实现这一目标所涉及的技术挑战很大。游戏操纵杆或摇杆上的弹簧提供了几乎相同的反馈，它只是没有被代码调控而已。因此，如果最终没有一个非常微妙的、能感受细微差别的方法（如感受地毯和柜台或者其他东西之间差异的能力），触觉设备很难成为创造游戏感的强大工具。如果它在广泛的商业化应用中达到了必要的精细程度，那么某些行业可能会率先使用这项技术。到那时候，输入设备的家谱上就会出现一个有趣但最终没有结果的分支了。

所以就未来而言，输入设备及其潜在影响游戏感的路径似乎已经设定好了。我们将看到渐进式的改良而不是飞跃式的革命，而且这些改良将主要是技术性的。更优秀的振动马达、更出色的位置感知和体验更棒的输入设备的物理结构将会让游戏的操控感更好。正如Xbox 360上的《失落的星球》比红白机上的《生化尖兵》给人的感受更好一样，未来的输入设备即使没有做出革命性的改变，也一定会带给我们更棒的操控虚拟物体的感受。

响应的未来

游戏感在响应方面的未来是什么呢？假设输入以一系列信号的形式出现，那么游戏对这些信号的响应有哪些不同的方式？随着信号的增加和改变，它们如何影响游戏感的各种可能和意义？

想想你驾驶过的最古老的汽车。它给你了什么样的感觉？在转向或刹车方面它会如何响应？它的减振器怎么样？对我来说，我驾驶过的最古老的汽车是我朋友的1970年生产的雪佛兰Chevelle。除了重达二吨半，它没有转向助力，宽大的底盘上只有一套简易的减振器。这个汽车像是个魁梧的野兽，很难驾驭。驾驶这辆车会让你耗尽力气，这感觉就像是试图驾驶一台装有火箭发动机的航空母舰一样。现在再想一想你驾驶过的最新的汽车，相比之下感觉如何？就我而言，我父亲的新的丰田凯美瑞混合动力车是我驾驶过的最新的汽车。它驾驶起来极其平稳且安静，真的毫不费力。这里的对比是最具启发意义的，因为它反映了早期游戏和现代游戏之间的差异。

《超级马里奥》系列游戏中响应的进化

正如我们在第13章中看到的，原来的《超级马里奥》是一个简单的对牛顿物理学的实现。它有速度、加速度和位置，也能够处理诸如重力等基本力。这就是说，《超级马里奥》的模拟方法应该被分类为自上而下，而不是自下而上。它只模拟它需要的参数，并以尽可简单的方式完成。受到硬件的限制，《超级马里奥》的模拟方法是基于设计决策的。如果说有什么特别的话，就是最终的结果带给了玩家非常棒的游戏感。

关于游戏如何解释和响应输入的信息，《超级马里奥》的响应有着对时间敏感的特征，有着不同的状态和组合。跳跃的力量取决于按钮被按下多长时间。马里奥在空中的时候，不同的状态赋予了方向按钮和 A 按钮不同的含义。此外，马里奥还利用了组合输入按钮，当 B 按钮被按下时，按方向按钮的响应会随之改变。它在许多方面都超越了同时代的游戏。

在之后的几年里，这个准则一直被重复使用，《超级马里奥 2》《超级马里奥 3》和《超级马里奥世界》基本使用了同样的方法，只是增加了更多的状态和更多的时间敏感机制。比如在《超级马里奥世界》中，虽然游戏里有了更多的组合按钮和状态，但是基本的构建模块和原理是一样的。在这几代游戏里，响应的变化是渐进式的，而不是革命性的。

《超级马里奥 64》采取了完全不同的方法。原有的碰撞砖块的方式被替换为马里奥在三维空间中的运动，使得马里奥不得不与各种多边形发生碰撞。敌人掉落的金币会喷出来，沿着山坡轻轻滚下去，扔出去的砖块会在空中飞行、滑动，并与其他物体发生碰撞。马里奥还可以在斜坡上与很多企鹅比赛向下滑。

最重要的是，马里奥本身被模拟得更加强大、健全，每个预先确定的运动和摇杆输入的组合都为马里奥的物理系统增加了自己特殊的、可预测的力。马里奥有了自己的质量和速度，并且可以在任何地方与任何东西相撞，而这个游戏世界也能给出可预测的模拟响应。此外，玩家需要处理更多的输入、状态和组合。摇杆作为一个更加灵敏的输入设备，通过提供最大程度的表现力和灵敏度减轻了模拟的负担，但游戏里还是有越来越多特殊的、时间敏感的跳跃动作，摇杆的每个方向仍然能和不同的按钮形成千变万化的组合，从而产生不同的结果。

不过，《超级马里奥 64》中模拟的根本区别在于它更多的是自下而上的，而不是自上而下的。与仅仅模拟那些必要内容相比，它采用了更加通用的方法来实现更广泛的结果。这个系统的很多部分是为了解决物体受到一定的力而运动的一般情况而设计的，这种物理模型能够应用于许多不同的对象。因此，《超级马里奥64》有许多不同的物理系统。[1] 从基本的系统开始进行调整,再与其他特例结合给模拟机制的底层增色。这是一个自下而上的系统,而不是东挑西选所需的参数,然后将它们自上而下地编译。

《阳光马里奥》(Mario Sunshine)延续了《超级马里奥64》的方法,增加了一套水动喷气机以及强劲的水下模拟机制,为游戏添加了浮力元素。

最后,《超级马里奥银河》从自下而上的模拟开始,进一步增加复杂的层次,创造了可塑的重力、第三个角色(指针),以及对非常复杂的手势输入的识别。

这引出了一个问题:下一步是什么呢?马里奥显然还没有到达最终的版本,但是观察马里奥对于不断改进的输入设备的不同响应方式是非常有趣的。当新一代马里奥游戏出现的时候,几乎总是伴随着新的输入设计。和之前每一代一样,游戏似乎总有一个更加复杂的模拟来推动马里奥运动,并做出不同的、新颖的事情来响应输入,同时用愈发精细、成熟的方式解释和分析。事实上,多年来马里奥已经涉及了大部分"游戏对输入的响应对游戏感的影响"的问题。起初,游戏的模拟是自上而下的,只能用最简单的模拟方法来模拟最简单的参数。但是,游戏最终的模拟进化到了自下而上的,有了更加强大、更加普遍的适用性,甚至还有了更复杂的能够改变重力等级的特殊规则。同时,最初游戏对输入的响应是简单却易于理解的,有着对时间、空间和状态敏感的特征。随着时间的推移,这些对于输入的响应也逐渐成熟起来,有了不同的输入组合和状态,也有了更多对时间敏感的动作。在最新的马里奥游戏中,它在对输入信号的翻译和响应中还增加了手势识别。

解释和模拟

存在两种会显著地影响游戏感的响应方式。

首先是对输入的解析和识别。对一款游戏来说,有着无数种方法去从一个输入设备里接收输入信号,然后基于时间、空间、状态等因素去解释、转化和重构这些信号。由于我们拥有越来越强的处理能力,这些不同的处理输入信号的方法

---

[1] 如果你想看点令人震撼的内容,在网络中搜索"如何打通《超级马里奥64》"。在17分38秒前后,最疯狂的场面出现了。通过一系列的物理系统的漏洞,这位玩家只收集了16颗星星(而不是要求的70颗)就打通了整个游戏。这是自下而上的系统的一个特点:存在意料之外的行为,或者说"涌现式"的行为。

可能对操控的含义产生显著的影响。

其次是模拟。当我们把更多的处理能力投入到物理模拟中，仿真就能变得更加复杂和强大。我会犹豫是否要使用"现实主义"这个词，尽管这是程序员向我们描述他们目标的常用方式。我以为更值得称赞的目标应该是创建有趣、统一、稳定的模拟，但我相信这就是程序员在和玩家谈到现实主义这个词时想要表达的内容。无论如何，解释和模拟似乎是将来会改变游戏输入、响应的主要方式。

解释

解释在电子游戏的早期就建立了基础。凭借游戏的代码，输入可以在不同的时间被赋予不同的含义，如《杰克和达斯特》中角色的跳跃。当游戏中的物体处于太空中的不同位置时（如在《奇怪吸引子》中发生的情况），或是各种输入的含义可能会随着角色状态的变化而变化（如《托尼·霍克：地下滑板》中的情况）时，随着游戏的成熟，我们应该期望输入和响应间的解释会有着怎样的演变？这种演变的方向是什么？它会如何影响游戏感呢？

解析复杂输入的一个明显例子是手势识别。它在 Wii 手柄上被广泛使用，从《Wii 运动：网球》（*Wii Sports: Tennis*）中的球拍摆动，到《瓦里奥制造：平滑移动》（*Wario Ware: Smooth Moves*）里的臀部摇摆。事实上，为了能简化 Wii 手柄将一系列输入识别为特定手势的过程，让特定的手势能够更好地映射到游戏中的响应，任天堂给开发人员提供了一整套基于手势进行创作的工具——Ailive。在此之前，也有《黑与白》（*Black and White*）那样的游戏，它们试图用鼠标输入实现与使用 Wii 手柄输入基本一致的效果。

所有这些系统的问题在于它们把复杂的输入变成了简单的响应。玩家四处抽打和大幅度的一举一动，仅仅等同于按下一个按钮。在某些情况下，如在《Wii 运动：保龄球》（*Wii Sports: Bowling*）中，玩家可能会认为游戏已经识别了手势的细微差别，但通常不是这样的。在大多数情况下，大型挥舞动作的输入会映射到一个按按钮动作中。结果让人非常不满意，这就好像点燃一个大型爆竹最后却只发出可悲的呜咽声。出于这个原因，当我们将一个具有极高灵敏度的运动映射成游戏中二进制的"是"或"否"响应时，就显得多此一举了。未来，我们期待看到更多类似《Wii 运动：保龄球》的游戏，而不是类似《塞尔达传说：黄昏公主》的游戏。《Wii 运动：保龄球》不仅仅检测手势，还根据 Wii 手柄的旋转和释放时加速计显示的数值对速度进行判定，从而模拟出保龄球的运动曲线和速度。换句话说，它在接受输入信号的过程中通过微妙和细微的手势对其进行分层。可以想象得到，这是手势识别未来发展的康庄大道。

有一件似乎没有发生太多变化的事情：对当今的输入设备本身以及如何利用它们进行全面的探索。尽管玩家通常认为这些是愚蠢的噱头，例如在《合金装备》(Metal Gear Solid) 里与 Psycho Mantis 战斗需要交换控制器端口，在《塞尔达传说：梦幻沙漏》里不得不先合上再打开 DS 才能在地图上"戳记"（标记地图），但这无疑让人耳目一新。在这些游戏之前，玩家可能不会想到通过合上、打开 DS 或是拔出手柄来进行有意义的输入。但是系统的确能检测到这些动作，因为它们都是输入空间的一部分。这些交互动作和形式让我们明白，目前我们对特定输入设备的理解和思考是非常狭隘的。《大神》(Okami) 和《音乐打字机》(Mojib Ribbon) 这样的游戏把使用摇杆带到了有趣的新领域，可以让玩家利用设备固有的灵敏度进行准确的绘画操作。

为什么不做更多这样的事情？为什么没有一款使用整个键盘来操控一个或者多个对象的游戏？这是一个技术约束（如键盘矩阵问题，如何利用输入设备已有的惯例）的组合。但是，天呐，为什么至今还没有人尝试过这些事情呢？这是一个重要的问题，但是考虑到处理它的潜在风险，这将继续成为一个无法解决的难题。

模拟

在未来，我们可能会看到更多更详细、更健全、更复杂的对物理现实的模拟。这可能是一件好事，也可能不是。更复杂、更详细的模拟能带给我们打造全新表现的可能性。最有意思的是有可能重新定义角色和操控的含义。未来，我们可能可以控制一个卷曲的烟柱、一瓶液体或一万只小鸟。像是《乐克乐克》、*Mercury*、《史莱姆吉什》以及 *The Odyssey Winds of Athena* 这样的游戏都说明了这至少是一个应该继续探索的有趣领域。但是目前来看，无论是基于视觉效果的构建还是游戏中模拟事物的方式，都存在潜在的危险。产生这种危险的原因是现实主义里有瑕疵，并且现实并不十分有趣。要牢记我们的目标是制造娱乐和愉悦。把物理感提升到前所未有的水平，并通过先进的模拟仿真技术朝着新型的交互形式稳步前进有着令人兴奋的前景，但模拟出面对面的真实性完全是浪费时间，如果玩家想要真实性，他们可以从计算机前离开。

概括而言，提高模拟的复杂性意味着采用越来越自下而上的方法。物理引擎寻求创造一组通用的规则，这些规则可以成功且让人满意地解决针对游戏世界中任何地方、任何对象的特定的交互。或者，至少尽可能接近这样。不过，让我们先把技术问题放在一边，凭空想象一下。假装我们有一个超级先进的物理模拟系统，它以一种智能的、吸引人的方式处理任意两个对象之间特定的交互。这为我们带来了什么？它如何提升游戏的游戏感？

第一个也是最明显的结果是直接的物理交互变得越来越复杂。在这种情况下，增加模拟中的真实感的目标转化为以更高的细节水平模拟世界中物体的物理交互，这增强了游戏世界间接的物理现实感。作为一种令人满意的人形事物碰撞和交互的方式，它会被足球比赛类和其他体育比赛类游戏所使用。我们不会使用预先创建的线性动画或是只使用动画来驱动角色的运动，而是会看看混合模型，其中角色由动画驱动，而动画反过来受角色的影响。例如，两名足球运动员完美地碰撞，他们之间的动画转换为看起来合适的活动的人偶。

我希望这项技术能够在更有创造性的世界中找到其他的用途，这些世界具有偏离传统模拟的物理特性。但实际上，这里的模拟只是作为润色效果，它对游戏玩法没有影响。*Madden 2020* 可能会和 *Madden 2009* 一样（除了积极的人形模拟）使得角色的超复杂的攻击和编队交互更加可信。幸运的是，模拟遇到了当时超现实主义的处理手法，两者协调成一个令人满意的内聚整体，而不是我们目前看到的不匹配的东西。

《孤岛危机》（*Crysis*）似乎在完美无瑕地模拟细节方面遇到了很多麻烦，但对于游戏玩法方面的模拟没有太大影响。玩家可以通过击打树干的任何一点摧毁树木，穿过茂密的植被，或引发壮观的爆炸，但就游戏本身而言，这些交互活动的相关性似乎接近于零。把它和《半条命2》（*Half life 2*）进行比较会发现，物理交互是最重要的，而且差异显著。

这里巨大的好处是更复杂、更可信的交互，尤其是在低阶和中阶的情境中，玩家可以真正推动游戏中的人穿过人群并与人群中的人交互。我认为这可以有许多的应用，而不仅仅局限于体育活动中。它可以有效地表达人与人之间的关系和亲昵的言行，触觉和距离在这其中发挥着巨大作用。

另一件有趣的事情是，一个不可思议的强大模拟赋予玩家精致的、新兴的、基于物理系统的游戏玩法。闪光弹工作室的首席执行官兼技术天才马修·韦格纳（Matthew Wegner）将物理游戏定义为"玩家主要与复杂的物理系统的机制进行交互的游戏"。这与《超级马里奥兄弟》这类游戏是不同的,虽然《超级马里奥兄弟》采用自上而下而不是自下而上的方法模拟了重力、速度等内容,但它只模拟了不得不模拟的事物,而不是从强大但通用的模拟开始建立模拟之外的游戏感。如果你从一个物理模拟(这个模拟旨在涵盖各种各样的情况,并囊括了力、速度、形状、重力、摩擦力和阻力等内置概念)开始,那么游戏感和玩法的类型将会不同于马里奥这样的游戏,后者只模拟了最低限度的游戏感,这种游戏感是预先设计好的并且游戏必须实现。像这样包含更加复杂的系统的游戏通常被称为物理游戏。物理游戏的例子包括《犰狳空间》、*Truck Dismount*、《功夫玩偶》(*Ragdoll Kung Fu*)、《人偶格斗》(*Ragdoll Masters*)、《小小大星球》(*Little Big Planet*)、*Nobi Nobi Boy*、*Toribash*、*Flatout*、《死亡赛车》(*Carmageddon*)、《粘粘世界》(*World of Goo*)及《细胞因子》(*Cell Factor*)等。

这个想法本质上是从自下而上开始的,通过强大的全功能物理模拟,然后找到并强化系统本身令人愉快的交互。首先,系统被创建;然后,游戏玩法从中发展出来,依靠这个系统的稳健性和灵活性来寻找令人愉快的玩法。例如,《掉下卡车》(*Truck Dismount*)包含了一个物理模拟的人偶、一辆卡车和一些其他道具。为了获得分数,玩家必须通过有创造性地使用各种力量和道具来破坏人偶,使它受到最大力量的撞击。玩家可以将卡车翻倒在角色身上,当卡车撞到墙壁或任何其他有创意的变体时将角色放在卡车的前面。

如果说爵士乐是为音乐家设计的音乐,那么《特技滑雪模拟器》就是为游戏设计师而设计的游戏。这个游戏的玩法非常难以学习,但是一旦掌握就会获得极大的回报,这使得它成为一个除忠诚的"受虐狂"和化学爱好者群体之外几乎没有人玩过的游戏,玩家必须学会游戏的玩法并掌握游戏令人困惑的困难操作。*Ski Stunt Simulator*(由英国哥伦比亚大学的研究员米歇尔·范·德潘内(Michel Van De Panne)所做的游戏)也许是一个"展示学术项目如何对当代电子游戏产生实际影响"最好的例子。它本身就是一个美丽的小游戏,但它真正表明的是一种创造游戏操作的新方法:通过模拟肌肉而不是任意添加力量。玩家在《特技滑雪模拟器》里操作的是一个受控的、灵活的人偶。

对复杂对象的物理控制

游戏设计的一个很好的问题是"如果玩家做出了某种行为,游戏应该怎么办？"在这种情况下，我们不是扮演一个向对象任意添加力的处于上帝视角的角色，而是让玩家扮演肌肉的角色。这种力量使得物体可以缩放，按照字面意思，就是从它的内部以弹簧的形式改变它的大小等。

这是一个完全不同且尚未被开发的设计领域，可能是因为它很难设计和表现。模拟的一些潜在的方向体现在诸如 Chronic Logic 的《桥梁建筑师》(*Bridge Builder*) 和 2d Boy 的《粘粘世界》那样的游戏中。在这两款游戏中，玩家构建并控制小型组件部分中大量复合的物理对象。对这类物体的实时操控表明了游戏感的一个吸引人的潜在方向。事实上，Chronic Logic 的《史莱姆吉什》推动了这个方向的发展，让玩家可以通过控制一个复杂的弹簧产生一种独特而且极好的感觉，远远领先于它所处时代的其他游戏。

实时操控的另一个有趣的方面可能是对流体、雾或烟的模拟。对于流体的实时操控会是怎样的呢？阿彻·麦克莱恩（Archer Maclean）为 PSP（Play Station Portable）制作的 *Mercury* 表明了它的潜力，但是我更倾向于通过操纵或引导周围更多的流体来体验操控的感觉。对于雾和烟，道理也是一样的，操控雾和烟会产生什么感觉？我希望有一天能够找到这个问题的答案。

同样的，通过简单的鸟类蜂拥控制算法控制成群的生物可以带来非常有趣的感觉。

总而言之，响应是游戏感在未来最适合得到提升的组件。游戏设计师首先通过响应定义了游戏感，所以这里存在着最大的进步潜力。通过更详细地模拟物理交互来改善游戏感仍然存在着一些机会，但这种现实主义方法给予的回报正在迅速减少。真正的价值在于对复杂现象（如流体、气体或成群的鸟类）的模拟。即使使用更传统的牛顿物理学模拟，也存在着巨大的机遇让我们以新颖的方式控制物体，或者从模拟部件（如弹簧和重物）中构建出迷人的复杂物体。模拟肌肉而不是模拟任意的力量只是尚未被深入探索的可能性之一。

情境的未来

正如我们在本书中所定义的那样，情境是游戏中角色和所有其他物体的运动被赋予意义的背景，是调试游戏的另一部分。例如，在第 5 章中，你被要求去想象马里奥处于白色的空白区域（就像黑客帝国中主角获得枪支的地方）内，并考虑以下问题：在这片白色的空白区域内，马里奥的动作是否有任何意义？答案当然是否定的。没有墙，就不会有踩墙跳。这可以延伸到《超级马里奥》和《超级马里奥64》中的所有机制，从复杂的机制（如长跳、三级跳和踩墙跳，这些动作基于和环境对象进行直接的物理交互）一直到最基本、低级别的运动，角色根据玩家手指在 N64 手柄上的运动而四处奔跑。即使是在最低级别的运动中，如果没有 Castle Courtyard 或 炸弹王国这样的背景，马里奥四处奔跑的速度以及如何快速转向等都是没有意义的。

情境在每个层面都赋予运动意义。在任何游戏中，这都是真实的游戏感的一个关键组成部分，我们将其定义为一个持续的修正循环，玩家可以控制一个或多个物体，其中的空间操纵非常重要，而且在空间内转向以及是否撞到物体等实际上都是游戏的一个重要组成部分。

为了调整角色的运动，玩家必须有一个可以用于调整运动的空间，基本上就是这么简单。赛车游戏需要赛道、道路两侧的各种东西和向远处延伸的山丘，而赛道需要包含不同水平的弯道。在没有赛道的前提下，调整汽车的前进速度只能通过能够以多高的速度左右转向来感受，汽车是否打滑以及摩擦滑动的位置都不再有意义。这些都是细微但非常重要的细节。

当马修·韦格纳谈论《越野狩猎迅猛龙》中的物理系统时，他给出了一个非常好的例子。他首先将吉普车调整为一组非常具体的参数，然后创造了一个调试参数的环境。然而他发现，由于环境中没有任何超过一定坡度的山丘，于是美术人员开始拼凑一堆丘陵地形，每次吉普车越过一座小山时，它就会触底、翻车并失去所有动力。这只是关于"空间布局的一个小细节如何深刻地影响游戏感"的一个例子。正是在空间和运动之间的这种相互作用中，大多数的游戏感被创造了出来。

所以空间至关重要，这是调整游戏感的另一块拼图。出于这个原因，具有最佳游戏感的游戏通常是同时创建机制和情境的那些游戏。创建机制和情境也可以被称为创建游戏花园，游戏设计师可以在其中构建、调整机制，如用一大堆不同的对象填充一个特定的空间，然后以不同的间隔将它们分开等，在尝试了一系列不同形状的对象和配置方式后，调整游戏的机制，尝试所有不同的可能性。游戏设计师的目标应该是让游戏拥有尽可能多的、不同的可能性，以便在创建空间时尽可能充分地探索空间，并探索特定参数或者运动速度的变化如何在不同层面上改变角色与其周围环境的交互，以便做出明智的决定。

情境还提供了创建速度印象的参考点，如第 8 章所述。如果你驾车在高速公路上行驶并且身边没有任何东西，你会看到同样的现象，你失去了速度的概念，最终在一条奇异的高速公路上进入被催眠的状态，最终的结果可能是对你的状况造成不利影响。

情境赋予角色的运动以空间意义，同时影响游戏感，这是最高水平的空间意识，我们在第 8 章深入地讨论过这个问题。这也是《魔兽世界》广阔的开放世界与《托尼·霍克的滑板》拥挤的封闭世界之间的区别。《魔兽世界》传达了一种巨大的开放性和空间感，而在《托尼·霍克的滑板》中，角色的相对速度和物体的密度让玩家觉得环境非常紧凑，物体不断向角色飞来。在早期的《托尼·霍克的滑板》中，这一点并不那么明显，但在后来的游戏里，角色的运动速度已经增加到了让所有周围的环境令人感觉非常紧密的程度，随着游戏的进展，环境开始不断向远处延伸，试图抵消这种印象。

最后，情境通过限制空间来定义挑战。如果玩家操控有一个物体穿过太空并且周围什么也没有，那就没有挑战了。没有任何物体需要绕过，也没有任何东西可以用来衡量所建立的技能。如果有一堆被紧密包裹着的物体，绕着它们转动可能是一项真正的苦差事，但是突然之间，物体运动的速度及其转弯半径都有了很大的意义。正如我们所说，这是游戏设计师创造游戏中的挑战的方式。在早期的关卡里，物体间隔很远，任何朝角色而来的障碍物、敌人或运动的物体都是缓慢运动的，它们更容易对付也更容易绕过。随着游戏进程的发展，这些事物开始变得越来越密，角色的容错率变低了，角色必须跳上一个非常小的平台，或者不得不通过越来越难的转向来绕过一些障碍。这就是贯穿这个游戏的难度分布。

我们在这里确认的是情境影响游戏感的四种不同方式：作为调整机制的衬托，创造速度的印象，成为高级的空间意识，限制空间。

问题是，影响游戏情境的四种不同方式在未来将如何被应用？这些方式将如何演变和进化？它们将如何改变 20 年、30 年或 50 年后的游戏感？

首先，创造速度的印象作为当今游戏制作的一个自然结果，它似乎已经非常成功了。在诸如《火爆狂飙》这样的游戏中。速度的印象是非常有效的，它有视角的变化和模糊效果、很棒的音效，同时物体的运动看上去非常迅速而逼真。即使在《刺猬索尼克》这样早期的游戏中，也能通过有效地操纵相对角色而言静态的物体来产生绝佳的速度印象。

　　这不仅仅和快速前进有关。我们已经对游戏中刻意地运动非常缓慢的物体进行了一些很好的探索，如《汪达与巨像》中笨重的巨像，或者《神偷：暗黑计划》（Thief: The Dark Project）中被迫刻意地缓慢运动的角色，这些都能帮助玩家充分探索有趣的游戏玩法。

　　未来，我们在速度方面所学到的经验会很有帮助，并且不太可能被大规模地修改。

　　然而，在触觉和物理交互的最低层面上，可能会有更多有趣的模拟。就影响情境的方式而言，我们最终可能会对角色提供更具反应性的物理情境。一个很好的例子是《乐克乐克》中的交互类型，它们具有非常丰富的表现力及柔软的质地，环境中不同的柔软感会完全改变玩家对角色运动的感觉。

　　再来看一个有趣的反例——《史莱姆吉什》，几乎所有与吉什交互的东西都是坚固的，这与吉什本身形成鲜明对比（吉什本身是一个大型的柔软的弹簧）。

　　我们还可以通过角色与环境交互看到更多的灵敏性。例如，在《托尼·霍克的滑板》中，游戏感非常依赖于角色的动作和环境中物体之间的协作。在《托尼·霍克：地下滑板》里，角色可以与许多不同的物体进行交互，并且有非常多不同的交互方式，伴随着这些交互方式形成的是一种真正的表现力。例如，当角色到达斜坡时，会有许多选择：角色可以沿着墙的侧面爬上去，跳着碾过墙的顶部，手动翻过顶部，也可以手动爬到侧面，然后再沿着墙壁爬到顶部。所有这些不同选择存在的原因是角色与游戏世界中所有给定事物潜在交互的丰富性。结果，出现了一种非常美丽的、富有表现力的特质，即开始让人感觉像是自由和个性表达的特质。玩家能以自己的风格在这个游戏世界里遨游。

　　《刺客信条》（Assassin's Creed）和新版的《波斯王子》等游戏已经继承了部分与环境交互的方式，并且把它带入了一个有趣的未来。然而，当设计师允许技术主导的时候，玩家大部分个性化表达的感觉开始消失。重要的是不要痴迷于让角色与环境的每一次物理、触觉的交互都那么完美，以至于让设计师们忘记了为玩家设计需要学习和掌握的技能，这是在早期的《托尼·霍克的滑板》中发生的事情。我们需要继续强调机制，使得玩家发挥他们的本能，学习并开始熟悉他们的直觉空间。

　　在中阶层面上，我们基本上做得很好。即使空间操纵和路径绘图方面的最新技术变得越来越有趣。例如，在《杀手：血钱》（*Hitman: Blood Money*）中，设计师实际上在 Mardi Gras 关卡里创造了一个非常拥挤的人群，角色必须穿过人群才能到达目的地。《刺客信条》也相当有效地做到了这一点，这种交互非常有趣，但背后仍然没有足够的推动力。它看起来很酷，但我们没有找到它的情境。

中等水平的空间交互（必须绕过各种物体及通过限制空间来创造挑战）被理解得很好，而且未来不太可能会发生太大变化。像《街头霸王》（*Street Fighter*）这样的游戏完全是以有趣、有创造性的方式来操纵空间。我们知道如何通过限制空间在游戏中创造挑战。

但是，相比于简单的物体避让，有一个领域尚未被探索，它具有重新定义游戏感以及真正让游戏感与众不同的巨大潜力，那就是空间关系。因此，如果你看一下贾森·罗勒（Jason Rohrer）制作的 *Passage* 和 *Gravitation*，或是罗德·亨布尔（Rod Humble）制作的 *The Marriage*，会发现他们都通过空间交互表达了深刻而有意义的主题。他们在规则方面做了许多工作，贾森·罗勒确信规则可能是一种表达媒介，与文学、艺术、电影等媒介一样有效，它们定义的许多规则都是关于空间关系的。例如，在《通道》中，玩家有一个可以走动的角色，而且这个角色可以穿过许多不同的狭小空间，之后假设他遇到了一个女人并且他们成了伴侣，他们走在一起，但许多区域却不再能穿过了。因此，在这个改变的空间关系中，贾森·罗勒讨论的是关于人类状况和关系的本质。这是一个非常吸引人的方向，可能会非常有效。

我们需要重新思考对电子游戏环境中空间关系的含义的理解，并寻找除简单构建挑战以外的表现潜力，这是不可避免的事物。基于物理层面的亲密关系的游戏有很大的潜力，因为物理关系关乎空间关系的亲密程度，以及人与人之间的空间动态。例如，当某人面向一个方向和面向另一个方向时，有什么区别？当有人站在你面前盯着你的脸而不是坐在房间对面时，意味着什么？如何说服设计师削弱角色之间的眼神交流？利用文化习俗和非语言交流的可能性是无穷无尽的。

在最高阶层面的空间交互中，我们只需要略微关注我们正在做的事情。有些游戏可以创造出真正出色而有效的高级空间感，如《魔兽世界》。许多多人在线游戏都失败了，但《魔兽世界》成功地创造了拥有巨大而美丽的开放视野的感觉。像《部落》（*Tribes*）和《战地 2》（*Battlefield II*）这样的游戏也开始创造类似的感觉，这其中有巨大的开放性和可能性。在这些游戏中，你可以通过一个有趣而开放的空间，真正获得那种旅行的愉悦感。

太多游戏会把物体做得非常大，却失去了重要的空间细节，从而传达出空间巨大且开放的感觉或构建一个游戏感良好但相对更小的空间。通过这种空间的高级诠释来观察游戏感，玩家有可能表现出巨大的表现力和操控力。通过把物体做得很大并将其放在屏幕底部居中的位置（与在电影画面中放置一个角色相同的方式），能让角色看起来非常小，我们可以让玩家感觉自己渺小且微不足道，在玩第一人称视角游戏的时候玩家可以获得相同的感觉。当角色相对于环境中的一切显得巨大且强力的时候，玩家会获得截然相反的感受，我们可以通过这些方式来表达想要表达的事物。

作为一个有趣的侧重点，当游戏从一个紧密、单向、受重力束缚并且具有巨大的空间感的世界转变而来的时候，旅行和穿越的感觉是《超级马里奥银河》缺失的东西。《超级马里奥银河》会让玩家迷失方向，感觉周围一片空白，唯一需要注意的是这个角色所在的小行星。在我看来，《超级马里奥银河》失去了许多东西，因为玩家没有能力或机会绘制出一个自己的空间，也无法逐渐熟悉并融入其中。培养这种熟悉感是令人欣慰的，这是玩游戏的基本乐趣之一。

在未来，就情境及其影响游戏感的方式而言，整体上不太可能会有太大的变化。但请注意，在最高级别的空间意识中，有一些很好的机会可以创造出具有更出色游戏感的世界。通过明智地应用建筑学知识以及深刻地理解空间活动、流动和平衡，我们可以获得很多东西。我们将可以真正改变玩家对特定空间的感受从而提高游戏的表现力。

总体来说，我们可以体验到的最大好处就是更清楚地了解情境对于游戏感是多么重要，认识到情境是游戏设计的后半部分。这不仅仅包括角色的运动，还包括角色周围物体的位置和场所、特征和形状，它们赋予角色丰富性、交互活动和意义。

润色的未来

润色目前是游戏行业最庞大、最重量级的分支领域之一。随着处理能力以及将处理能力用于越发细致的特效上（这些特效传达了物理印象）的能力的提高，我们在润色方面已经发展得很好了。

例如，试着玩一玩《失落的星球》(*Lost Planet*)。物体间触觉和知觉的相互作用能够在每一个物体中产生如此多令人、惊讶的效果，并且它们是完美协调的，它们可以展现物体间相互作用的本质。

即便如此，相比于玩家脑海中正在发生的事情，图形和声音要"盲目"许多。正如克里斯·克劳福德所说，我们将所有时间花在了"说"上面，我们应该花时间让计算机更好地"倾听"和"思考"。随着向游戏感的未来迈进，我们可能需要从润色（正被加入游戏中）当前的水平中向后退一点。例如，如果你看一下像《毛毛球》(*Chuzzle Deluxe*)或《幻幻球》这样的休闲游戏，会发现它们几乎完全由润色元素组成，如微小的粒子喷射、头发掉落的细微动画和物体爆炸。每一个交互的表面都闪烁着人造的光泽，并开始变得相当华丽，就像《超级马里奥银河》一样。好像世界上每一个物体都在等待着爆炸，物体好像存储着潜在的能量，当角色触摸它的瞬间，它会喷射出一堆颗粒物和小星星的碎片，并且这些东西到处飞舞。但是这种润色的目的微乎其微。

太多的润色效果会分散玩家的注意力，因为它会使玩家大脑难以接收角色周围的物理现实传递的感受。形成对比的是马里奥滑步时脚下扬起的灰尘，这些润色效果很棒，因为它们很容易被理解。但是，当每一个物体开始到处喷射东西的时候，它如何与物理现实的体验相协调呢？

相比之下，如果看一下《汪达与巨像》这样的游戏，你会发现它真的将润色效果的使用和游戏机制与概念（试图传达庞大的物体四处运动的概念）协调得很好。每一个小特效都意在支持单一的物理印象：它是四处走动的、庞大的巨像。所以重要的是仔细思考想要传达的感觉，同时考虑这种感觉是否与你的隐喻和正在运作的模拟相协调。

在未来，随着更多的处理能力被投入到润色中，润色将支持越来越先进的模拟，并且更有可能创造出出色的游戏感。这些润色效果可能会过度，但总体来说，只要明智地使用它们，将有助于创造更好的物理印象并改善游戏感。

隐喻的未来

当我们在第 10 章中针对游戏感定义隐喻的时候，我们将其拆分，拆分之后的隐喻似乎是：表现形式、处理手法、艺术的执行方式，以及它是写实还是形象化，抑或是抽象。

我们还研究了表现形式和处理手法的各种组合方式，它们能够影响我们在玩家脑海中设定的关于事物如何表现的期望。我们探讨了如何操纵这些期望以实现我们的目的。我们还研究了当这些期望没有被传达到玩家脑海中时，我们所设定的期望是如何被建立起来的。特别是，我们断言，高度模拟真实世界的游戏会走向失败，因为根据实际经验来满足期望是极其困难的。

我们使用的例子是一个真实的驾车游戏。玩家"上车"，然后立即加载所有关于汽车的先验知识。他们将通过先验知识观察自己与这辆数字汽车的每次交互，这些知识是通过他们驾驶过的每辆汽车、在电影和电视中看到的汽车、在书中读到过的汽车，以及这些汽车的相互作用和行为方式建立的。这是游戏设计中一个非常重要的问题。这是游戏感的"恐怖谷"，此时的处理手法和表现接近真实的效果，但游戏给人的感觉、事物的相互作用、事物行动的方式都还无法接近那种表现水平。

显然，这是一个需要避免的巨大陷阱。

为了发展隐喻，我们需要探索形象和抽象领域。我们看到这已经在发生了，特别是在独立游戏方面，如《每日射击》、《像素垃圾：伊甸园》(*Pixel Junk Eden*)和《花》(*Flower*)。所有这些游戏都赞成超现实主义，类似于《块魂》，并且打破了事物必须反映现实世界才有意义的观念，它们创造了有趣的交互，产生了出色的游戏感。

我们的想法是不仅要考虑改变表现形式，而且还要通过隐喻来考虑形象或抽象游戏。玩家扮演的是什么角色？为什么玩家总是必须扮演一个角色？或者为什么玩家总是必须扮演汽车、飞行的东西、自行车或玩家在现实世界中已经接触过的东西呢？

为什么玩家不能驾驶一辆有着20只腿的巨型猫形巴士，载着一群奇怪的兔形生物从一个地方到另一个地方呢？或者为什么玩家不能扮演恐惧，并研究它意味着什么？如果你制作了一款扮演恐惧的游戏，然后以某种方式与角色和环境进行触觉交互或类似的交互，会发生什么？对于像这样概念性的想法，物理上的触觉交互是什么样的？或者如果玩家扮演疾病或细菌，玩家的游戏目标是接近不同的感染媒介会发生什么？当你选择各种奇怪的隐喻表现形式，操纵这些奇怪的事物在一个超现实的世界里四处探索时，即使当交互只停留在触觉层面，仍然可能看到一个广阔的未来，并且朝着非常积极的趋势加速发展。我们可能会看到一群怪异的多边形鸟类飞来飞去，在一个奇异的乌云环境中攻击巨大的没有固定形状的船只或一些抽象的矢量物体，或者像双翼飞机一样猛扑和翱翔，抑或是控制流体或一种爬过地面的巨型蠕虫。

无论未来是什么，明确的方向是用非现实的结构和机制进行隐喻的表现。这是一件非常积极的事情。游戏设计最可能的工具之一就是角色转换，即使你对游戏有一个相当宽泛的设置理念，只需简单地切换你所扮演的角色就能完全改变游戏，并且可以解锁新的、有趣的玩法，这些玩法是我们从未考虑过的。

例如，当学生参加我在凤凰城艺术学院开设的初级游戏设计课程时，他们的首要任务是制作一个具备三个独特目标的棋盘类游戏。我总是能在这些作业中找到一个兽人大战精灵的游戏，游戏中的小型角色可以在方格上移动，有生命值和攻击力等。它们还能占领城堡，可能还会穿过某个区域。

对他们来说，当前的问题是"如果玩家扮演的不是兽人或精灵，而是城堡呢？"他们必须考虑城堡在被占领时会有什么样的感受，以及如果城堡的目标只是造得尽可能大，而一点也不关心哪一支军队拥有它会怎么样？此时，如果玩家认为一支军队有更多的钱来建造更高的护栏，那么玩家有可能会打破自己的墙，让入侵的军队进入。把这个概念推得更进一步，如果玩家扮演一个小地鼠，试图在所有这些奇幻生物战斗区域的中心建造自己的家园会怎么样？或者，如果玩家扮演的是天气，同时玩家的目标是摧毁所有的建筑，让每个角色变得悲惨，不得不忍受潮湿和寒冷，使得人们再也不想战斗，效果会怎么样？

这个想法只是用批判和创造性的眼光去看待隐喻的概念，转换玩家所扮演的角色，从而开发新的游戏玩法。关于游戏感，我们仍将表现为某种物理上的触觉交互。但是现在我们打开了游戏世界的一扇新窗户，正如我们所理解的，这个世界可能不受现实世界的物理定律的限制。

如果我们能够提炼出我们作为人类所依赖的物理交互语言的本质，然后将其重新融入纯粹抽象和迷人的事物里，那么我们将朝着正确的方向前进。

规则的未来

规则可能是游戏设计中被探索的最多的领域，这可以追溯到数千年以前的人类文化。由物理元素构成的棋盘游戏，只有通过管理这些元素的交互规则才能被赋予意义，这就是玩法的来源。例如，来自古中国的围棋、有五千年历史的埃及游戏《议会》（*Senate*）、来自非洲的《非洲棋》（*Macala*）、从印度和波斯传至南欧的《国际象棋》（*Chess*），以及其他数不清的棋盘游戏。所有这些不同的游戏完全依赖于规则和对规则的探索。

我们还有相对庞大的文献基础，例如约翰·赫伊津哈（Johan Huizinga）的著作《游戏的人》（*Homo Ludens*），它在探索规则的本质方面做得很棒。还有一本埃里克·齐默尔曼（Eric Zimmerman）和凯蒂·萨伦（Katie Salen）所著的 *Rules of Game*，它将传统游戏规则的开发应用于电子游戏设计。本书对上述文献的补充是将规则分为三个层次，概括如下。

- 高阶规则为游戏中的特定对象赋予了某种意义，使其看起来更加令人满意或更加不合人意。
- 中阶规则为特定操作提供了即时的特殊含义，通过与环境中对象间距的改变相同的方式来定义游戏感。
- 低阶规则可以通过诸如摧毁敌人所需的命中数等事物来定义质量和韧性这样的物理属性。

如果我们考虑这三个层级之间的相互作用，那么我们会发现，游戏开发者今天对很多地方还没有真正探索过。

这在诸如 DS 上的《恶魔城：苍月十字架》这样的游戏里非常明显。凭借完美无瑕的规则，《恶魔城：苍月十字架》超越了其他类似的产品，成为一个非常出色的原创作品。这是一款非常精彩的游戏。击杀整个游戏中的每一个敌人都代表着一种潜在的能力提升，精心设计的奖励计划确保每一个敌人都必须被玩家击杀一定的次数，玩家才能获得他们掉落的魂，玩家可以装备这些魂，使其成为自己的能力。游戏中每一个玩家与之战斗过或交互过的生物，都有可能成为一种新的能力。当玩家遇到一个新生物时，这是非常令人兴奋的，因为玩家会意识到只要把它连续杀死 20 次，它才有可能掉落魂，然后玩家就可以将魂装备成武器。这可能获得一些很好的能力，玩家可以在整个余下的游戏中提升自己的能力。

在设计电子游戏时，我们常常被游戏本身的出色表现所迷惑。我们对能够驱动周围物体、操纵它们，以及物理方面的触觉水平（低阶规则）感到非常兴奋，以至于忽略了我们最具潜力的资产之一——赋予游戏中的事物以意义（中阶规则和高阶规则）。重要的是不要忽视事物与规则（协调和应用隐喻）之间精心构造的复杂而灵活的关系。

例如，在每一代的《塞尔达传说》中，每当玩家获得链枪时，总会觉得非常兴奋。赢得某些道具会提高兴奋程度，因为道具可以升级、改变和提升玩家与游戏世界交互的能力。

展望未来，我们需要更多地思考如何在所有层级上通过改变事物之间的抽象关系，来改变事物之间空间关系的意义。

例如，贾森·罗勒制作的 *Gravitation* 和 *Passage*，以及罗德·享布尔制作的 *The Marriage* 等游戏都指明了一个有极大吸引力的可能的方向。这些游戏远离挑战，试图创造胜利、享受的情感等。它们使用规则来形成关于人类状况的非常深刻且有意义的表达和观点。罗勒和享布尔正在寻找一种在电子游戏中没有人认为可能的表现力。所以我认为这是一个非常出色且非常吸引人的方向，我们可以在规则方面进行探索。

顺便说一句，值得注意的是，以上三款游戏都将空间交互作为规则的一部分。当一个角色与另一个角色交互时，游戏会赋予这个交互大量的概念性意义。它和"收集一百枚金币就能给我一颗星星，从而让我可以进入城堡的新区域"相比，是一个非常不同的概念性意义。它是一种更加深刻、更经过深思熟虑、更细致入微、在情感上更令人满意的关系。

在未来，考虑我们如何操纵抽象变量之间的任意关系以及拓展游戏中可能的表达和连接范围将变得越来越重要。

小结

作为一种艺术形式，电子游戏有可能成为创造力和技术的最终融合，同时以独特的参与方式吸引、娱乐、激发、教导和触动我们的情感。如果没有良好的游戏感，游戏的参与性会受到严重影响。幸运的是，有许多改善游戏感的富有成效的途径，例如以下内容。

- 给输入设备配备更好的马达、更好的位置感应装置和让人感觉更棒的物理构造。未来几代输入设备将会为它们所控制的虚拟事物提供更好的，甚至是革命性的游戏感。

- 游戏响应能模拟复杂的现象，如流体、气体或成群的鸟类。即使使用更传统的牛顿物理学模拟，也有巨大的机会以新颖的方式操控物体，或者从模拟组件（如弹簧和重物）中构建出吸引人的复杂物体。模拟肌肉而不是任意力量只是尚未深入探索的可能性之一。响应是改善游戏感的最具潜力的领域。
- 更多地关注情境，虽然它改善游戏感的潜力相对较小，但无论如何，在最高层级的空间感知上，它提供了让我们创造游戏感更出色的世界的机会。通过明智地应用建筑知识以及更深入地理解空间活动、流动和平衡，我们将能够真正改变玩家对特定空间的感知方式，从而实现我们的表达效果。
- 明智地使用润色效果，随着可用的处理能力的提升，它将支持越来越先进的模拟，使我们更有可能获得出色的游戏感。
- 游戏所控制的隐喻可以运用大量有创造性的新方式来开发让人意想不到的玩法。游戏提供了一个窗口，让我们看到一个可能不受我们所理解的自然物理定律限制的游戏世界。如果我们能够提炼出我们作为人类所依赖的物理交互语言的本质，然后将其重新融入纯粹抽象和迷人的事物里，那么我们将朝着正确的方向前进。
- 更加注重如何使用规则来操纵抽象变量之间的任意关系，这会拓展游戏中可能的表现力和连接的范围。

游戏感的未来显然是游戏的未来的一个子集。未来是开放且让人兴奋的，不仅技术在不断发展，研究如何创造优秀的游戏的学科也在不断发展。我们正在开发一个关于"游戏的不同方面如何运作以及它们是如何演变的"可重复使用的知识框架，本书是增加这些知识的一次小尝试。越早停止重复发明先前已经被其他人创建或优化的基本方法，我们就能更快地将游戏提升到一个全新的水平。

后记

亲爱的读者,当你阅读完本书时,是否对"游戏感"有了更深入的了解呢?国外游戏制作行业的发展较国内领先许多年,业务体系更加完善,知识沉淀更加丰富。我们一直希望能把国外游戏制作行业多年积累的专业知识带给国内读者,希望这本书能带给你一些灵感与帮助。

为了保证全书的翻译品质和所用术语的专业、精准,我们特别邀请了四位权威的业界专家对译文进行校对和把关。他们在游戏领域历经千锤百炼,拥有相当丰富的游戏制作实战经验和严谨认真的游戏研究精神,在优秀的外语能力的加持下,他们不仅深耕游戏制作领域,还是颇为高产的游戏相关图书翻译专家。他们分别是(按姓氏笔画为序):沙鹰、沈黎、陈潮、单晖。我们常感动于专家们的敬业严谨。在书稿校对过程中,就算是一个普通的单词,他们也会反复修改,推敲,斟酌。四位资深、权威的业界专家保证了本书的品质,这也是保障本书专业性的底气。

感谢13位"西行者"项目学员,他们在阅读和理解英文原版书的同时,给本书的翻译工作提供了很大的支持。本书的问世,离不开他们的努力,这些学员是(按姓氏笔画为序):万梦斐、王志鹏、王怿杉、王牌、李彦超、李奥、张哲宇、张恩博、柯骏武、胥晓寒、夏彬杰、龚喜谜缘、JIHEE GONG。其中,王怿杉、李奥、张哲宇和张恩博还参与了本书的整体校对工作,主动、认真、细致是他们对自己成长的要求。

此外,在此向为"西行者"项目辛勤奔走于一线的各位导师致以诚挚的谢意,感谢他们在"西行者"项目中不计回报的投入与不辞劳苦的付出,感谢他们对于图书翻译工作的全力支持与专业指导,他们是(按姓氏笔画为序):马冰冰、王艳玲、叶丹、刘超、陈欣、罗海波、谢丹。另外,由衷感谢王佳女士对于本书的贡献,是她组织起这支严谨专业的翻译团队,将优秀的知识传播给更多的读者。

每一位厨师都希望自己做的饭菜可以得到品尝者的认可。此时,我们的心情同样如此。《游戏感:游戏操控感和体验设计指南》就像是我们经过诸多努力做出的一道菜,在翻译、校对本书的过程中,我们尽量"原汁原味"地呈现本书英文版的原貌，同时努力确保译文符合国内读者的阅读习惯。现在，当把它送到你手上时，我们也有一个小小的心愿——希望你能在阅读中有所收获，并喜欢它。如此足矣！

腾讯游戏